创意实例欣赏

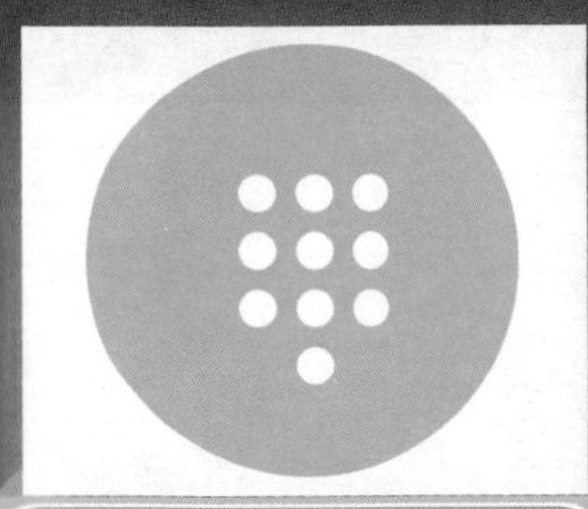

椭圆
视频：第 2 章 \2.1.1 简单形状

矩形
视频：第 2 章 \2.1.1 简单形状

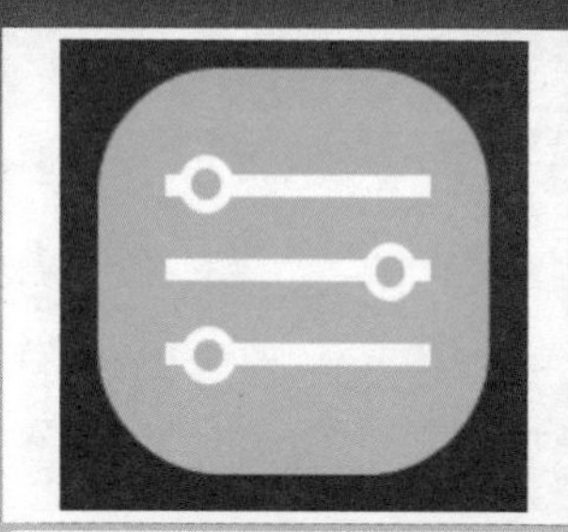

圆角矩形
视频：第 2 章 \2.1.1 简单形状

Tuesday
27

椭圆矩形
视频：第 2 章 \2.1.1 简单形状

组合图形
视频：第 2 章 \2.1.2 组合图形

布尔运算
视频：第 2 章 \2.1.3 布尔运算

立体效果
视频：第 2 章 \2.2.2 立体效果

发光效果
视频：第 2 章 \2.2.3 发光效果

投影效果
视频：第 2 章 \2.2.4 投影效果

更赞的UI 热门APP

Photoshop

类型设计从入门到精通

陈玉芳 等编著

机械工业出版社
CHINA MACHINE PRESS

前言

随着智能手机和各种移动终端设备的普及，APP 作为第三方应用程序，现已把人们带入一个习惯使用 APP 客户端上网的时代。目前，各种 APP 应用层出不穷，APP UI 设计师也成为了人才市场上十分紧俏的职业。

本书内容

本书是一本介绍使用 Photoshop 设计制作 APP 界面的图书。全书分为 9 章，第 1 章介绍了 APP UI 设计基础，帮助读者了解 APP UI 入门理论与设计基础；第 2 章、第 3 章介绍了 Photoshop 在 APP UI 设计中的基础应用、APP 界面中常见元素设计，帮助读者掌握如何使用 Photoshop 制作 APP 基本图形及界面元素；第 4 章介绍了常见界面构图与设计，使读者了解 APP 界面的构图，以及学习制作常见的界面。前面章节的内容使读者由浅及深逐步了解使用 Photoshop 制作 APP 元素及单个界面的设计思路和制作过程。第 5 章 ~ 第 9 章介绍了完整 APP 界面的设计，包括游戏类 APP UI 设计、音乐类 APP UI 设计、社交类 APP UI 设计、购物理财类 APP UI 设计和生活工具类 APP UI 设计，涵盖了各类热门APP的设计制作，每个APP都包括3~4个界面讲解，并介绍了素材的准备，以及每个界面之间构图、配色的统一性等注意事项。

本书特色

理论 + 实操，专业性强。本书将 APP UI 设计的相关理论在实际操作中逐步引出，不仅能使读者学到专业知识，也能在实际操作中掌握实际应用，从而全面掌握 APP 的界面设计。

案例丰富，实用性强。书中前 4 章为 APP 基础实例的讲解，包括 APP 界面中的所有元素与控件等，后 5 章为完整的 APP 界面实例讲解，涵盖了游戏、音乐、社交、购物理财和生活功能等热门 APP 类型。

设计 + 心得，内容全面。书中每章添加了“设计师心得”模块，讲解了 APP UI 设计中的行业知识，知识更全面，帮助读者拓展了 APP UI 设计的相关知识。

视频教学，轻松学习。本书配套光盘中包括书中所有实例的视频教学，读者可以通过书盘结合，轻松掌握书中知识。

本书适合读者

本书不仅适合 APP UI 设计爱好者，以及准备从事 APP UI 设计的人员，也适合 Photoshop 使用者，包括平面设计师、网页设计师等相关人员参考使用。同时，也可作为相关培训机构及学习的辅助教材。

本书团队

本系列图书由多位 UI 设计师、用户体验设计师，以及设计类院校专家、教授共同策划编写。其中本册图书由河北工程技术高等专科学校陈玉芳老师负责主要编写工作，共约 45 万字。参与本书内容编写、整理、素材收集，以及案例测试工作的人员还包括：张小雪、何辉、邹国庆、姚义琴、江涛、李雨旦、邬清华、向慧芳、袁圣超、陈萍、张范、李佳颖、邱凡铭、谢帆、田龙过、周娟娟、张静玲、王晓飞、张智、席海燕、宋丽娟、黄玉香、董栋、董智斌、刘静、王疆、杨枭、李梦瑶、黄聪聪、毕绘婷、李红术等人。

由于编者水平有限，书中疏漏与不妥之处在所难免。在感谢您选择本书的同时，也希望您能够把对本书的意见和建议告诉我们（详细联系方式参看图书封底）。

目录

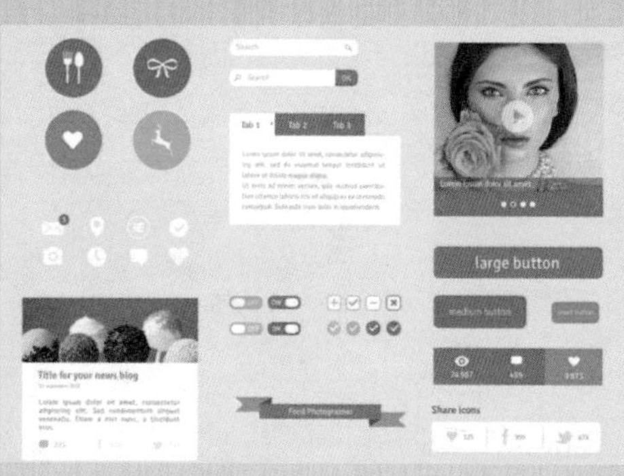

Home
About
Portfolio
Contacts
Bruce Wayne
Button
Select
Search
Purple
Option 1
Option 2
Option 3
UI kit

Prev
I agree
Prev
I agree
Option 1
Option 2

5:20 PM
Browse Movies to Make
Summer Fruit Picking

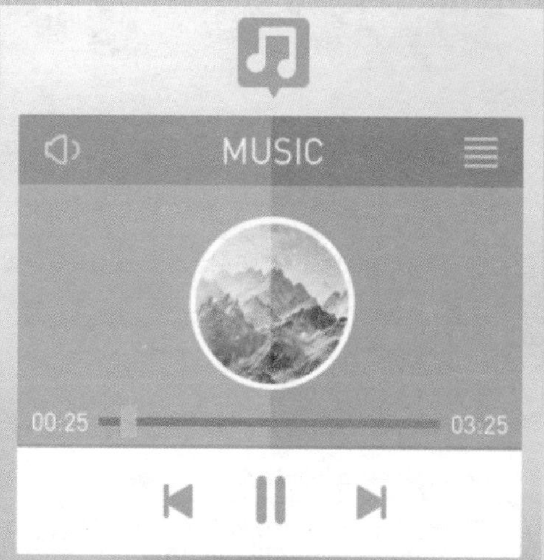
MUSIC
00:25
03:25

du
步行
首创语音指路
再也不用问路了
出行就用
百度地图
进入地图

第 8 章　购物理财类 APP UI 设计 235

第 9 章　生活工具类 APP UI 设计 252

第1章 APP UI设计基础

APP的界面是由多个不同的基本元素组成的，如图标、按钮、菜单、表单等。将各个基本元素进行搭配布局，同时保持色调、材质、风格的统一，才能形成一个界面。主界面与其他多个界面之间再进行组合，最终就构成了一套完整的APP应用程序的各种界面。

1.1 APP UI 设计入门

本节将介绍 APP UI 的基础入门知识，帮助读者了解什么是 APP UI 设计、APP UI 设计的原则与表现形式。

1.1.1 什么是 APP UI

APP 是 APPlication 的简称，又叫手机应用程序。人们的手机桌面上会显示各种各样的应用程序图标，每一个图标就代表了一个 APP，比如有浏览网页的浏览器 APP、播放音乐的 APP，以及网上购物的 APP 等。

UI 是 User Interface（用户界面）的简称。UI 设计是指对软件的人机交互、操作逻辑、界面美观的整体设计。

APP UI 即手机应用程序的 UI 设计，它是 APP 应用程序设计中的重要一环。优秀的 APP UI 设计具有美观易懂、操作简单且具有引导功能，在使用户视觉感官愉快、增强其兴趣的同时，拉近用户与设备之间的距离，从而提高 APP 的使用效率。

目前我国正经历如火如荼的互联网创业热潮，APP UI 设计作为其中一个重要的工种，就业前景非常广阔。

图 1–1 APP UI

1.1.2 APP UI 设计的原则

为了使用户获得更好的视觉体验和操作体验，设计 APP 界面的过程需要遵循以下一系列的原则。

1. 视觉一致性

视觉一致性是 APP 界面设计最重要的原则。在设计界面元素时，把握外形、颜色、质感的统一，才能使整个界面形成统一的风格，如图 1–2 所示。

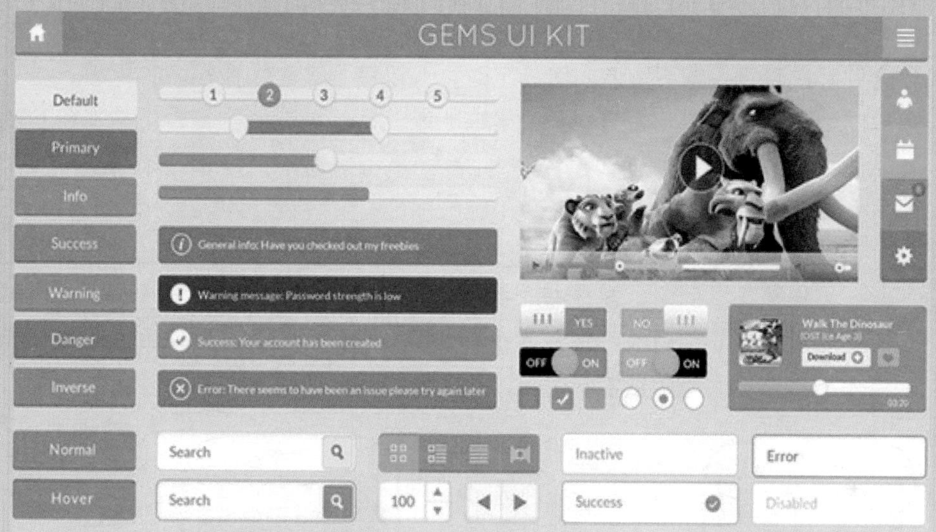

图 1–2 视觉一致性

2. 简易性

简易性是指界面应简洁、直观、易用。软件就是为了方便用户使用而设计开发的，所以在设计的时候要充分考虑到软件的简单性、易操作性和实用性，这样才会吸引更多的用户。界面中华而不实的修饰、元素等会削弱程序本身的功能，也不便于用户使用。iOS 系统中的界面设计严格遵循了简约、直观的设计原则，如图 1–3 所示。

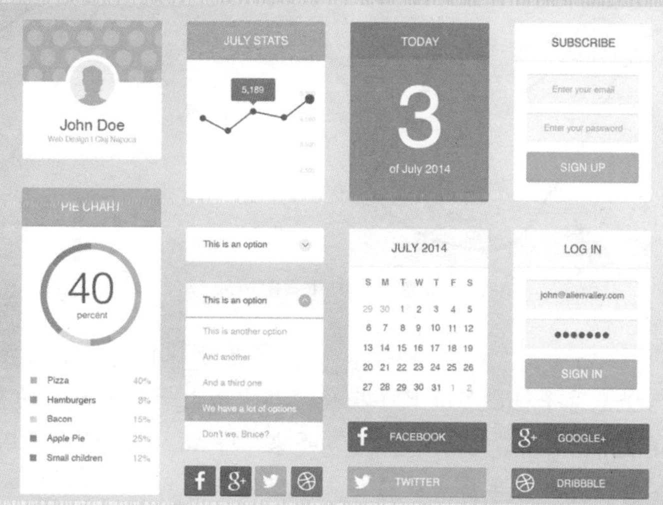

图 1–3 简约、直观的界面设计

3. 用户导向

在设计手机软件界面时，设计师要明确软件的使用者是谁，要站在用户的立场和观点来考虑设计软件。

手机 APP 软件如今已成为企业宣传产品和文化理念的手段，因此作为一种交互方式，就需要设计师做好软件的 UI 设计去吸引大量用户来使用。

4. 遵循用户习惯

根据用户的使用习惯、操作习惯来设计。比如，在对某个操作进行确认时，按钮上会显示出“确定”或“确认”等文字，以提示用户进行操作。按钮上的文字和菜单上的信息设计都要注意用户习惯，当不知道如何设定时，可以借鉴其他优秀程序的界面。

应用程序中的控件可以实现开启 / 关闭等功能，这些控件的位置也影响了用户的操作体验，操作起来是否顺手、方便，是检测 UI 设计是否遵循用户操作习惯的标准。用户使用手机的习惯有以下 3 种。

- 单手持握操作占 49%：单手持手机是主流的持机方式，如图 1-4 所示。同时，调查还发现有 67% 的人习惯用右手拇指操作，33% 的用户则使用左手拇指进行操作。尽管屏幕尺寸在不断变化，但是人们依然习惯用拇指操作。

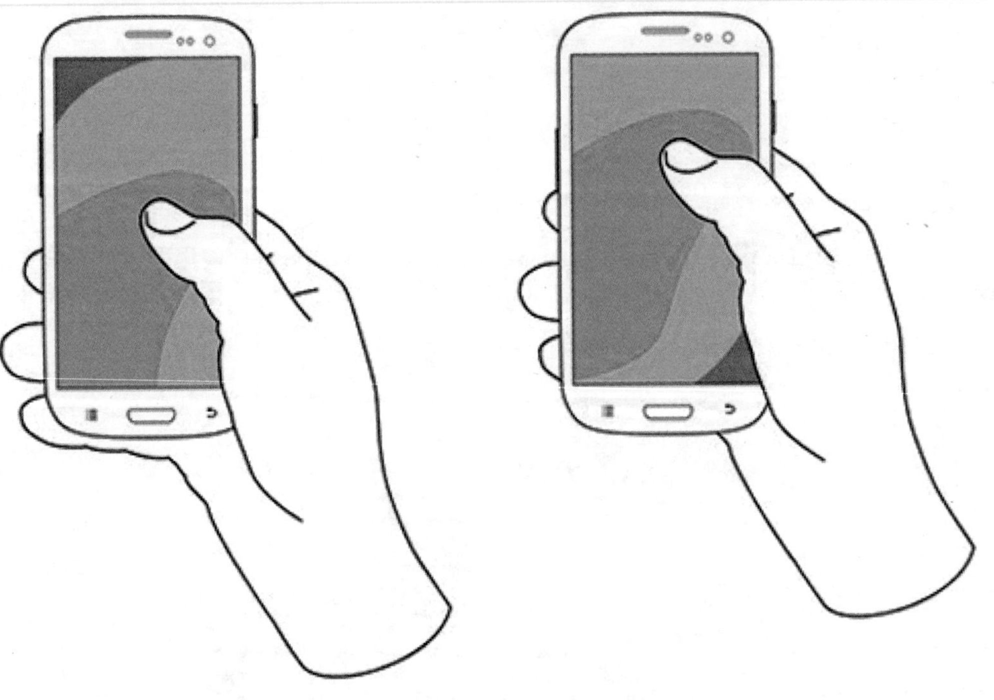

图 1-4 单手持握操作

- 一只手持握，另一只手操作占 36%：除了单手操作和双手同时操作，人们还会用一只手拿着手机，另一只手操作，其中用大拇指来操控的有 72%，用其他手指的是 28%。而有 79% 的人使用左手来拿手机，21% 的人使用右手拿手机。如图 1-5 所示为一只手持握，另一只手操作示意图。

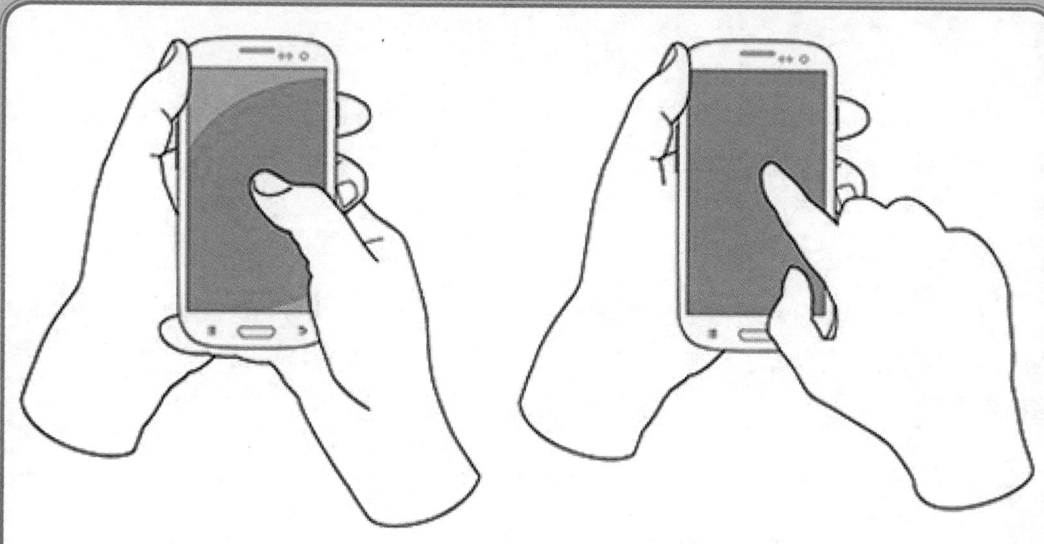

图 1-5 一只手持握，另一只手操作

双手操作占 15%：双手操作的用户中，有 90% 的使用者在双手操作时竖着拿手机，只有 10% 的情况是横着拿手机使用的。另外，即使是使用双手操作，使用者也会只用一根手指操作，可能是右左手的大拇指或是其他手指。如图 1-6 所示为双手操作示意图。

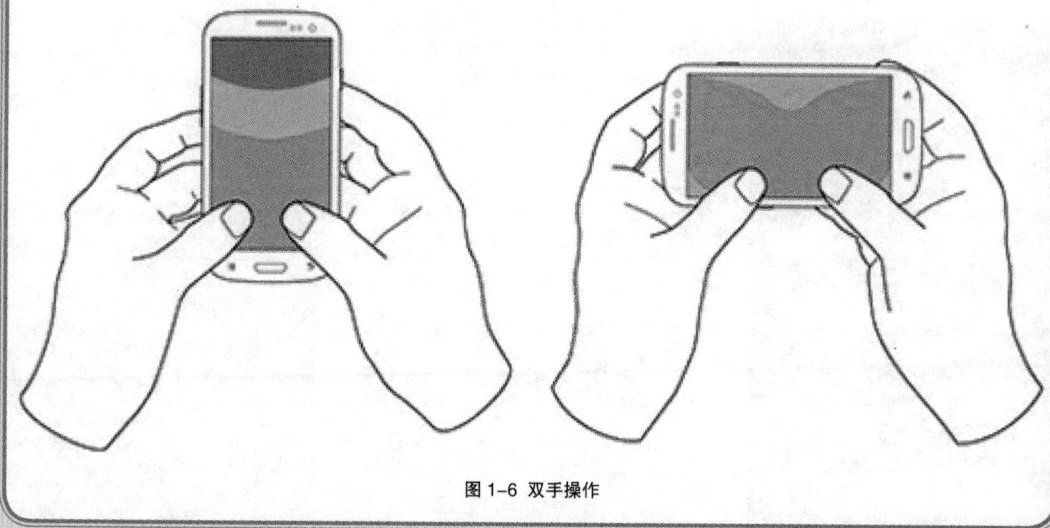

图 1-6 双手操作

掌握了用户使用手机的操作习惯后，在设计时将重要的操作放在界面的两侧，便于用户进行单手操作，将次要操作放在界面的顶端，这样的设计更符合用户的习惯。

5. 操作人性化

用户根据自己的习惯设置界面就是操作人性化的表现。目前很多 APP 都支持用户设置界面的皮肤、风格等，这些人性化的功能让用户体验到了程序的多样性和丰富度。

6. 色彩搭配原则

不同的颜色对人有不同的影响，使人产生不同的感觉，例如黄色可以让人联想到阳光，是一种温暖的颜色；黑色就显得比较庄重，所以设计软件时要根据软件主题和功能来做好色彩的搭配。

7. 视觉平衡原则

只有具备平衡的视觉效果才能够让用户舒服地使用软件，所以设计师不可忽视这一重要原则。要达到视觉平衡，需要按照用户的阅读习惯来设计，使界面整齐，用户才可以流畅地阅读内容。

8. 布局控制原则

有很多设计师不是很重视界面的排版布局，所以设计得过于死板。或者直接模仿别人的软件界面设计，把大量信息堆积在页面上，导致布局凌乱，造成使用者阅读困难的问题，这都是不可取的。

1.1.3 APP UI 表现形式

下面介绍常见的 APP UI 表现形式。

1. 简洁与留白

简洁界面更适合深度阅读，在信息爆炸的互联网时代，应用更强调以内容为主。这样的表现形式更能体现产品的文化气韵和精致高雅的品质，如图 1–7 所示。扁平化就是界面简洁的表现之一。

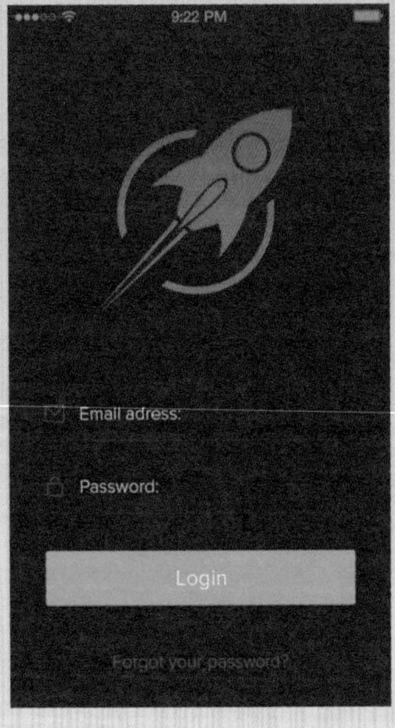

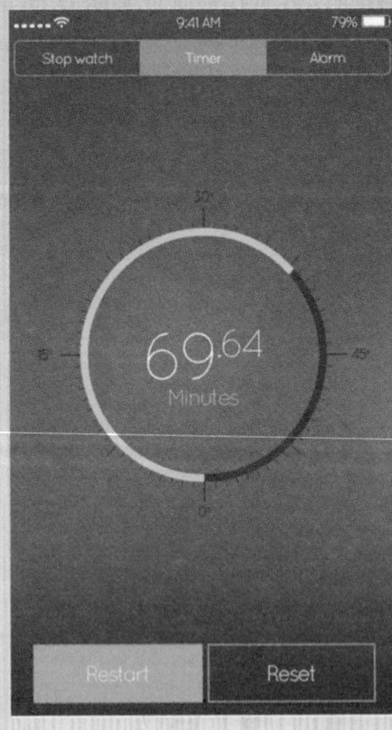

图 1–7 简洁与留白

巧妙运用留白能提升 APP 的阅读性与体验感，主要运用在以下产品中。

- 以文字内容为主的产品，例如新闻、书籍、杂志等。
- 富有浓厚文化气质的产品。
- 高端、有科技感的产品，Web 端产品运用较多。

2. 单色调与多彩色的运用

色彩是设计的一部分，不同的色彩能给人带来不同的感觉。色彩可以营造氛围，极大地影响了 APP 的整体体验。另外，颜色可以用来树立 APP 的个性，比如友好、有趣或优雅。

◎ 单色调。

随着 iOS7 的发布，出现越来越多具备唯一主色调的风格设计，采用简单的色阶，搭配灰阶来展现信息层次。仅仅用一个主色调，也能够很好地表达界面层次、重要信息，并且能展现良好的视觉效果，如图 1-8 所示。

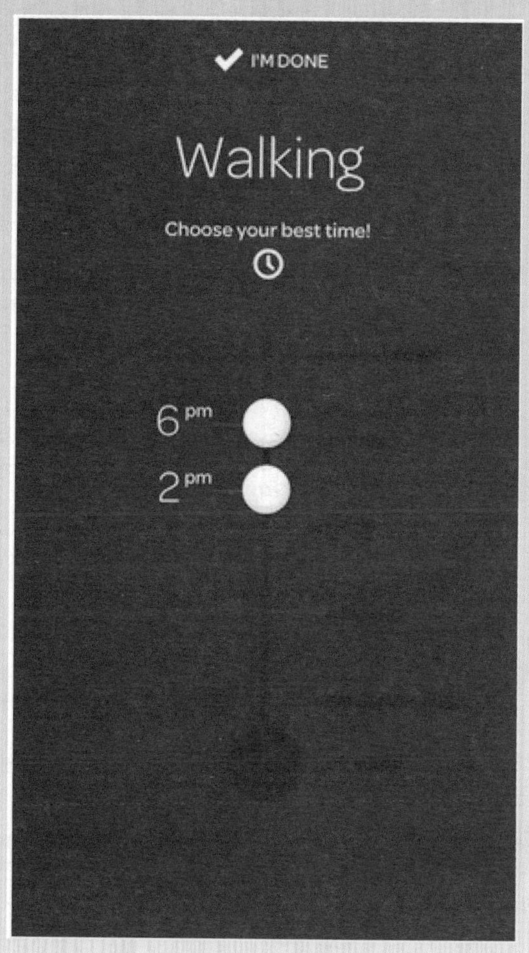

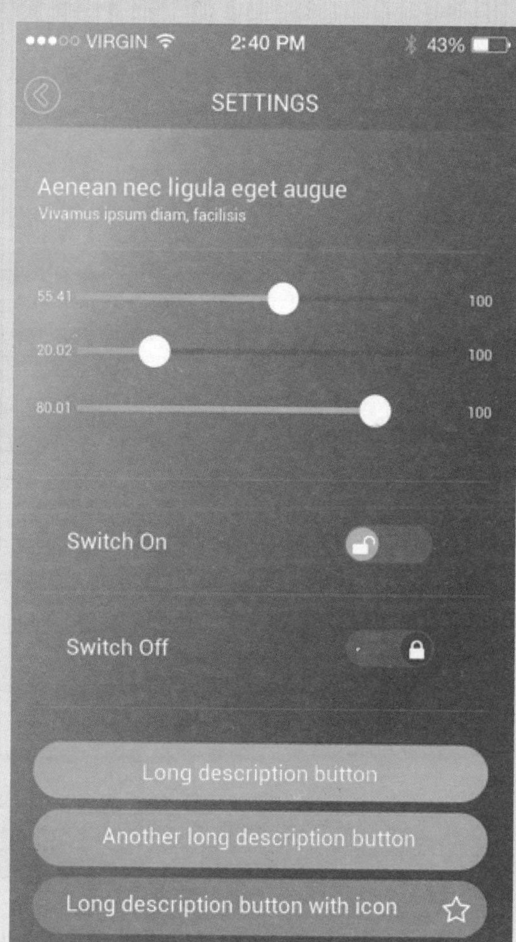

图 1-8 单色调

◎ 多色彩。

与唯一主色调形成对照关系的，就是多彩色风格。多彩色风格是由不同页面、不同信息块采用多彩色撞色的方式来设计的风格，如图 1-9 所示。甚至同一个界面的局部都可以采用多彩色撞色，如图 1-10 所示。但是对于一些内容型的 APP，这种风格并不适用。

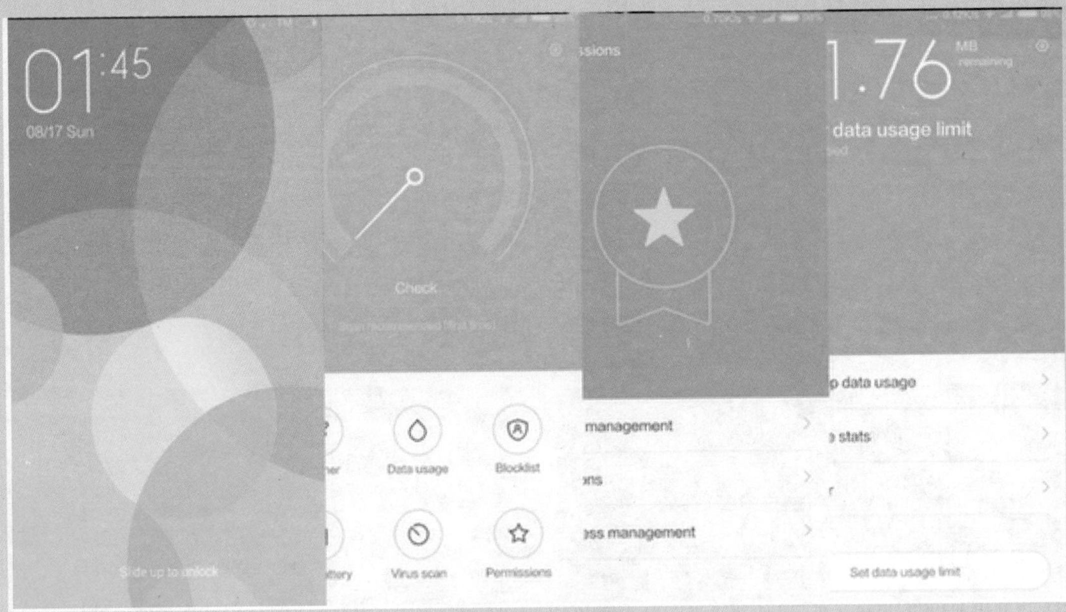

图 1-9 不同页面的多彩色

图 1-10 同一界面的多彩色

3. 信息数据可视化

至于对信息的呈现，越来越多的 APP 开始尝试数据可视化、信息图表化，让界面上不仅有列表，还有更多直观的饼图、扇形图、折线图、柱状图等丰富的表达方式，如图 1-11 所示。

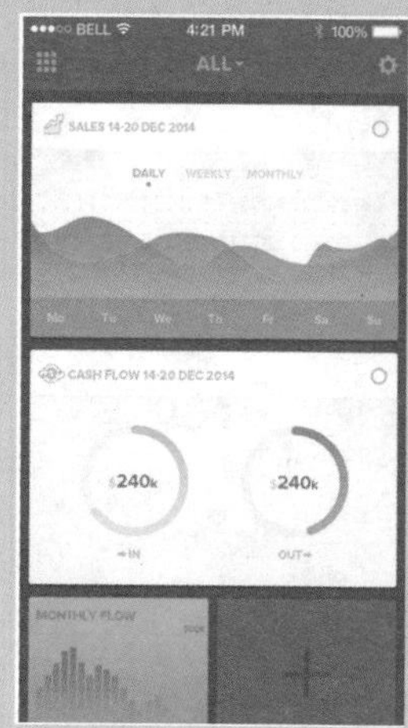

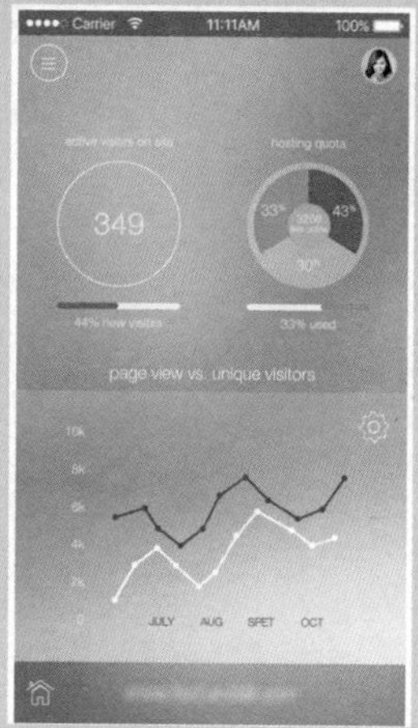

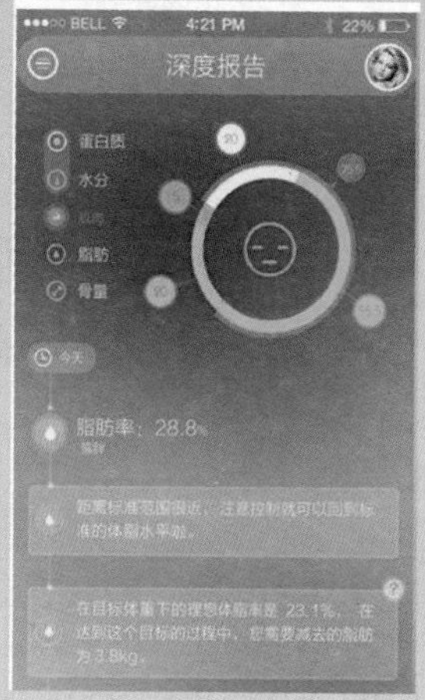

图 1-11 信息可视化

4. 运用图片营造气氛

不仅游戏强调沉浸式体验，应用类 APP 也同样强调沉浸式体验。例如酒店、餐厅、旅游、天气等类型的 APP 试图通过图片营造一种精致、优雅且让人身临其境的感觉。以及通过 APP 创造亲密无间的感觉，如图 1-12 所示。

图 1-12 运用图片营造气氛

用通栏的图片作为整个 APP 的背景，既提升了视觉表现力，又丰富了 APP 的情感化元素。使信息或操作浮动在图片上，这种设计方法对字体和排版设计要求更高，难度也更多，但极容易渲染出氛围，如图 1-13 所示。

图 1-13 大图作为 APP 背景

5. 圆形的妙用

圆形是最容易让人觉得舒服的形状，尤其是在充满各种方框的手机屏幕内，增加一些圆润的形状点缀，立刻就会增加活泼的气息，以及使人产生好感，如图 1-14 所示。当然应用圆形后也要处理圆形的实际点触区域，不能因为设计成圆形后点击区域也变小了，导致点击准确率下降，虽美观度提升但易用性却受到了影响。

图 1-14 界面中的圆形

1.1.4 APP UI 设计流程

任何设计都需要按流程来进行，APP UI 设计也不例外。

1. 产品定位

根据产品的功能，分析不同场景下的网络环境、光线和使用条件等，针对共性因素和特定因素，提供相应的功能和界面设计。

考虑用户的系统体验，因为用户在使用其他同类APP软件时，积累了大量的使用经验，并且自觉地养成了一定的使用习惯，因此，用户的习惯十分重要。

2. 风格定位

产品定位直接影响着产品的风格。风格有很多种，扁平化的、立体化的、卡通的、清新的等，如图 1–15 所示。选择一种主颜色，以及相应的搭配色彩，以符合风格定位。

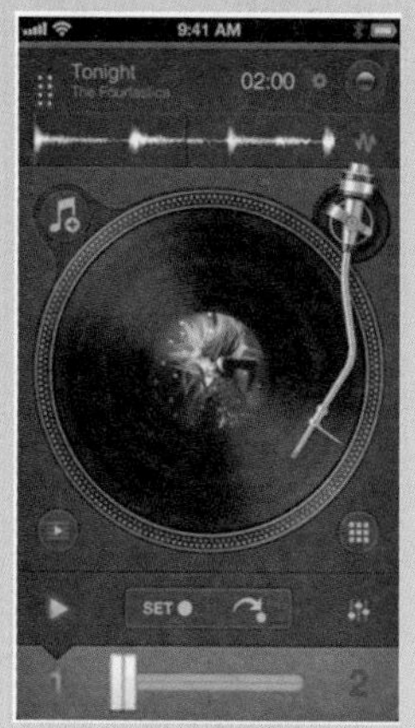

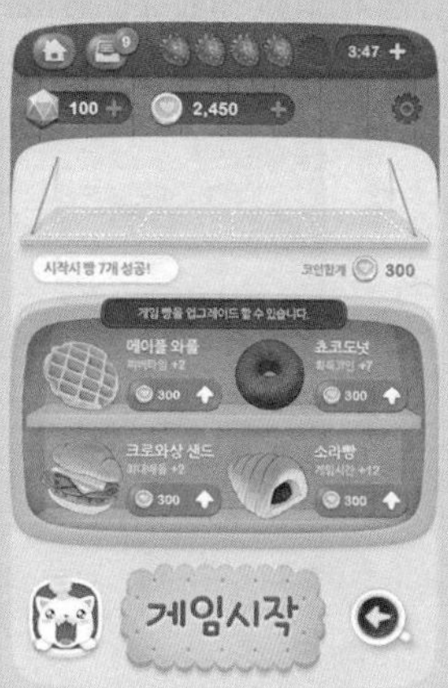

图 1–15 不同的产品风格

3. 产品控件设计

对产品界面中的菜单、按钮、功能图标等控件进行设计，以及对选用何种控件进行分析研究，如图 1–16 所示。

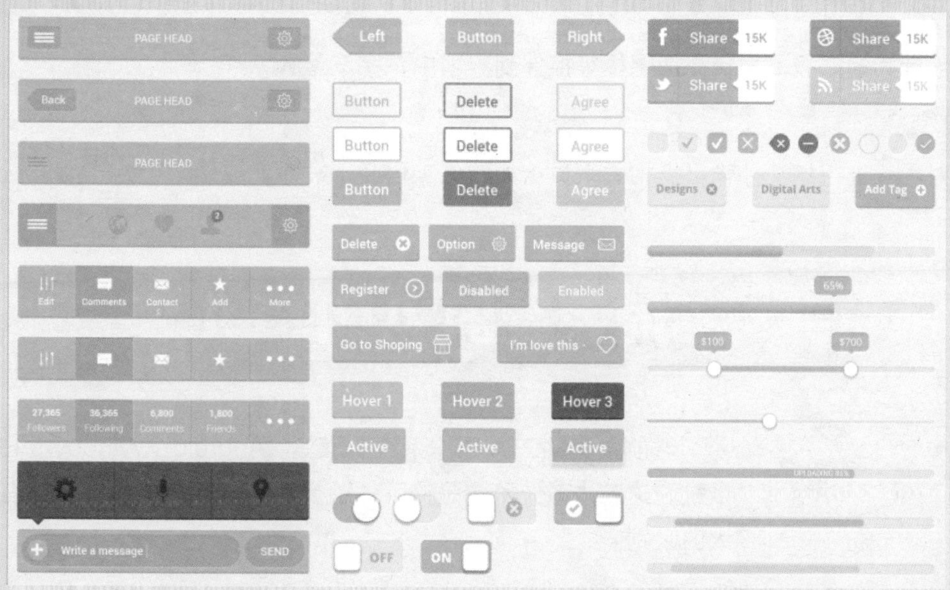

图 1–16 产品控件

4. 界面整体视觉优化

完成原型后对整体进行视觉设计，对界面的文字、配色、布局、图标大小等，统一规范，整体对齐，并对间距等进行细节调整，优化统一，查看交互细节、交互操作是否符合用户操作习惯。

5. 应用图标设计

应用图标是 APP 的入口，与 APP 界面中的功能图标不同。将应用图标设计放在最后是为避免 APP 界面修改导致应用图标的修改。也能使应用图标和 APP 界面达到统一。为保证不同界面和网页推广的使用，必须保证应用图标可以输出为多种尺寸，并且在小尺寸中也能清晰辨别图标中的信息，如图 1–17 所示。

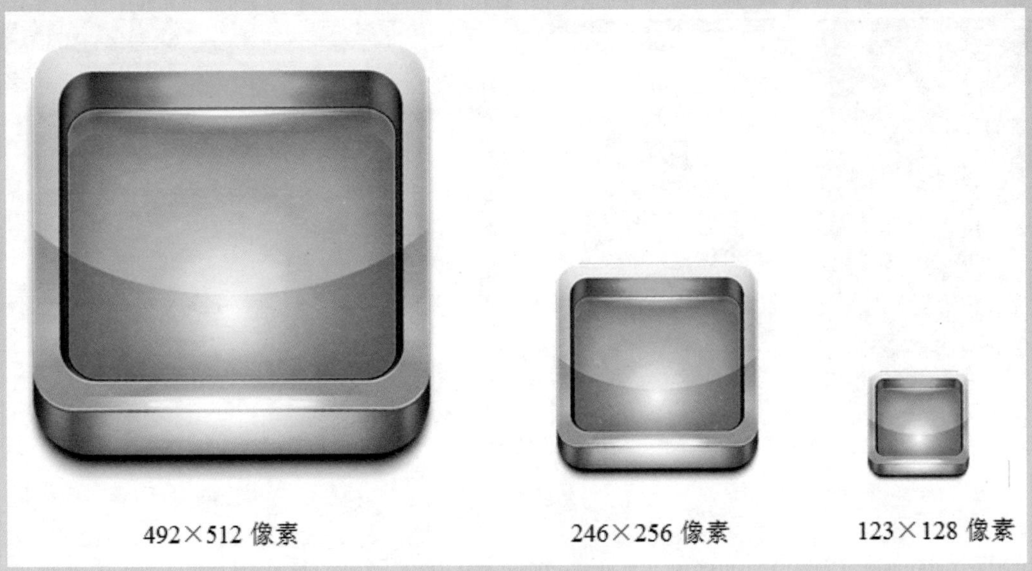

图 1–17 不同尺寸的应用图标

6. 其他页面设计

设计其他二级页面，添加图标等控件到界面中，完成整套 APP 设计。

7. 切片与输出

对图片进行切片并输出给相关人员（如软件工程师），即完成了一个 APP UI 的设计。

1.2 不同系统的 APP UI

当前主流的三大操作系统为 iOS、Android、Windows Phone 系统。这三大系统不论是交互体验，还是界面风格设计，都有着很大的区别。

1.2.1 iOS 系统

苹果 iOS 系统自 7.0 版本开始，就使用了扁平化的设计风格，无论是 APP 图标，还是界面按钮，都是简约风格。iOS 系统一贯追求简约、大方的设计和人性化的操作。如图 1–18 所示为 iOS 系统的界面展示效果。

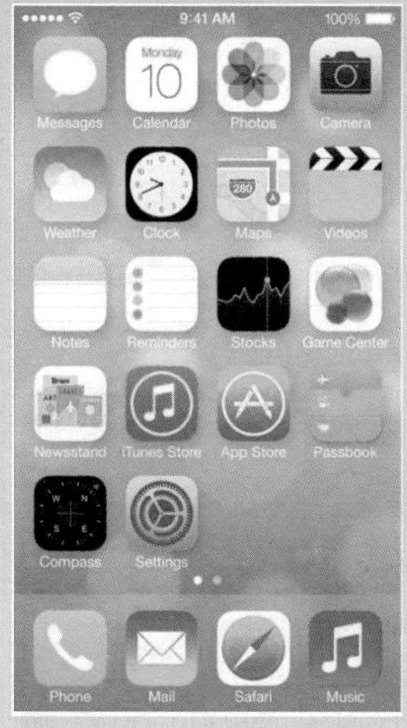

图 1-18 iOS 界面展示效果

1.2.2 Android 系统

Android 系统一直都是比较开放式的设计，其图标、界面控件都较为真实、拟物化。相比 iOS 系统而言，Android 系统的界面显得更炫，界面元素拥有了更多的特效，如图 1-19 所示为 Android 系统的界面展示效果。另外，Android 系统也在向着扁平化方向发展。

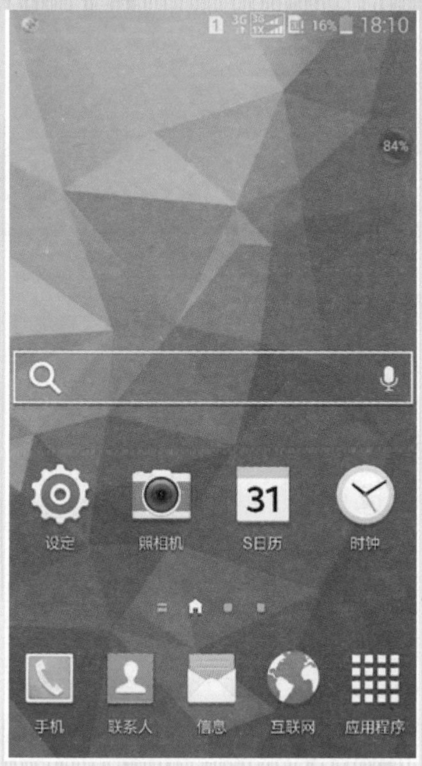

图 1-19 Android 界面展示效果

1.2.3 WP 系统

WP 系统全称 Windows Phone。WP 8.1 的桌面以动态磁贴的形式呈现，一个磁贴代表一个应用程序，并支持磁贴尺寸的改变。该系统有一个独有的设计，可以使用全景视图展示一个完整的程序界面。WP 系统使用的扁平化风格，更偏向于单色块的设计。界面中的元素都进行了简单化，如图 1-20 所示为 WP 系统的展示效果。

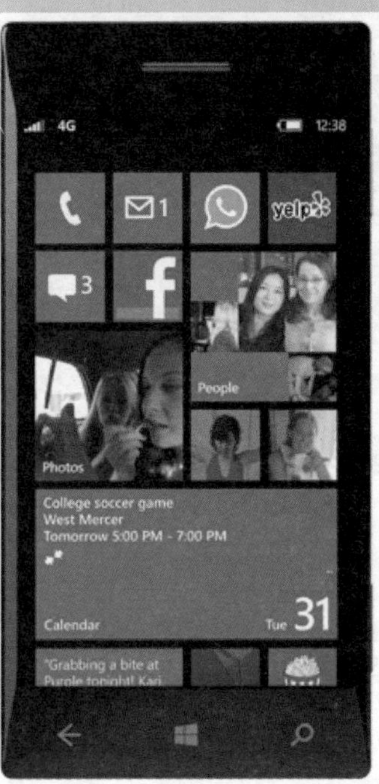

图 1-20 WP 界面展示效果

1.3 APP UI 设计基础

APP UI 设计的尺寸、图片格式、配色等内容是学习 APP UI 设计必须掌握的基础知识。

1.3.1 APP UI 中的图片格式

图片格式是所有设计中最基础的知识，下面介绍 APP UI 中的图片格式。

1. JPEG

JPEG 是一种广泛适用的压缩图像标准方式，也是互联网上最常见的图像存储和传送格式。JPEG 非常适合被应用在那些允许轻微失真的像素（英文缩写为 px）色彩丰富的图片场合。但不适合于所含颜色很少、具有大块颜色相近的区域或亮度差异十分明显的较简单的图片。在 APP UI 中不适合用来绘制线条、文字或图标，因为它的压缩方式对这几种图片损坏严重。

2. GIF

GIF 分为静态 GIF 和动画 GIF 两种，扩展名为 .gif，是一种压缩位图格式，支持透明背景图像，适用于多种操作系统。“体型”很小，网上很多小动画都是 GIF 格式。但 GIF 只能显示 256 色。和 JPG 格式一样，这是一种在网络上非常流行的图形文件格式。

由于 8 位颜色深度的限制，GIF 不适合应用于各种色彩过于丰富的照片存储场合。但它却非常适合应用在 LOGO、小图标、按钮等需少量颜色的图像。

3. PNG

PNG，图像文件存储格式，其设计目的是试图替代 GIF 和 TIFF 文件格式，同时增加一些 GIF 文件格式所不具备的特性。PNG 格式也是一种无损压缩，但与 GIF 格式不同的是，PNG 同时支持 8 位和 24 位的图像。8 位 PNG 图片的用途与 GIF 格式的图片基本相同。

1.3.2 设计尺寸规范

不同的系统、手机型号，界面尺寸不同，设计师在设计前需要了解不同的界面尺寸，才能在设计中根据需要来选择相应的尺寸。

1. iPhone 的界面尺寸

iPhone 的 APP 界面一般由状态栏、导航栏、主菜单栏和中间的内容区域组成，如图 1-21 所示。因为宽度是固定的，所以设计开发起来很方便。注意，px 即为像素的英文缩写。

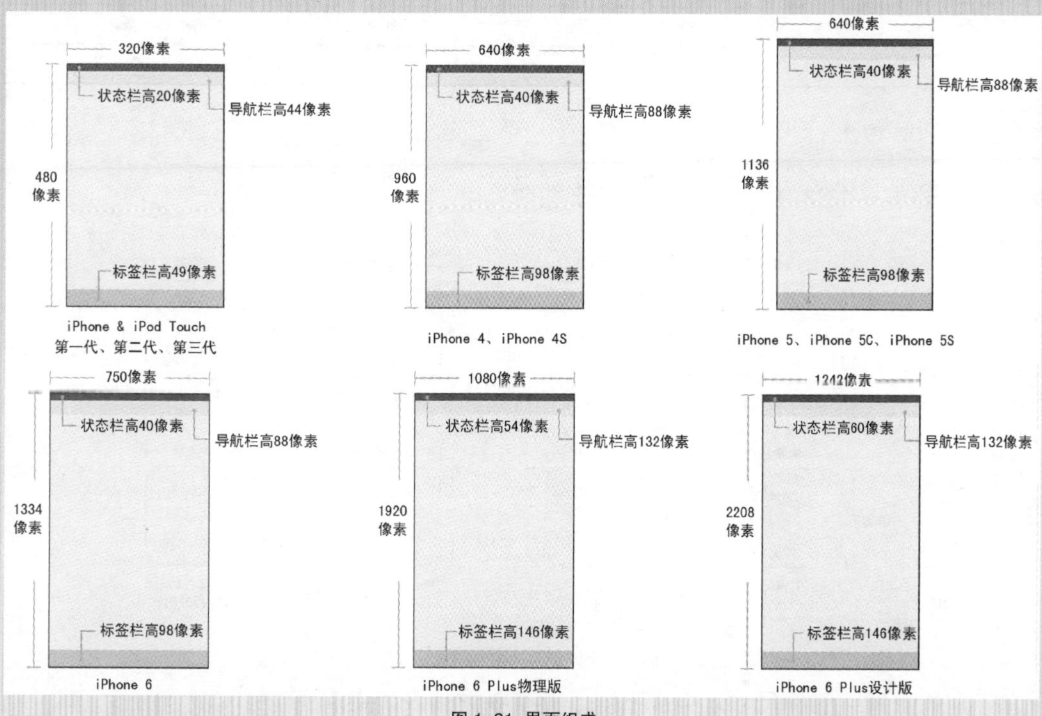

图 1-21 界面组成

⊙ 界面尺寸。

- 状态栏：显示运营商、信号和电量的区域，高度为 40 像素。
- 导航栏：显示当前页面名称，包含页面“返回”等功能按钮，高度为 88 像素。
- 主菜单栏：显示在页面下方的区域，一般作为分类内容的快捷导航，高度为 98 像素。

具体的尺寸参数如表 1-1 所示。

表 1-1 iPhone 的界面尺寸

设备	分辨率	PPI（像素密度）	状态栏高度	导航栏高度	标签栏高度
iPhone 6 plus 设计版	1242×2208 像素	401PPI	60 像素	132 像素	147 像素
iPhone 6 plus 放大版	1125×2001 像素	401PPI	54 像素	132 像素	147 像素
iPhone 6 plus 物理版	1080×1920 像素	401PPI	54 像素	132 像素	146 像素
iPhone 6	750×1334 像素	326PPI	40 像素	88 像素	98 像素
iPhone 5、5C、5S	640×1136 像素	326PPI	40 像素	88 像素	98 像素
iPhone 4、4S	640×960 像素	326PPI	40 像素	88 像素	98 像素
iPhone & iPod Touch 第一代、第二代、第三代	320×480 像素	163PPI	20 像素	44 像素	49 像素

⊙ 字体大小。

iPhone 上的英文字体为 HelveticaNeue，中文一般是冬青黑体或是黑体 - 简。有关文字的大小根据不同类型的 APP 都有不同的定义，如表 1-2 所示为百度用户体验部提供的统计资料。另外，我们也可以把好的应用截图放进 Photoshop 里对比，从而调试自己设计的文字大小。

表 1-2 字体大小

		可接受下线（80% 用户可接受）	较小值（50% 以上用户认为偏小）	舒适值（用户认为最舒适）
iOS	长文本	26 像素	30 像素	32 ~ 34 像素
	短文本	28 像素	30 像素	32 像素
	注释	24 像素	24 像素	28 像素

2. iPhone 图标尺寸

iPhone 平台中的图标尺寸如图 1-22 所示。

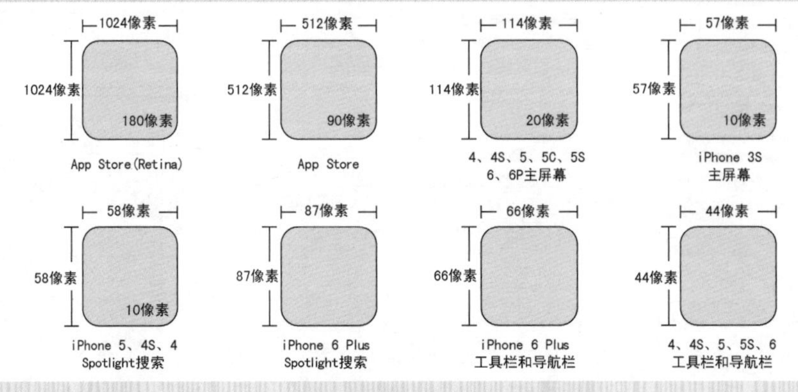

图 1-22 图标尺寸

不同的位置，图标尺寸大小也不同，具有参数如表 1-3 所示。

表 1-3 iPhone 平台图标尺寸

设备	APP Store	程序应用	主屏幕	Spotlight 搜索	标签栏	工具栏和导航栏
iPhone6 Plus(@3×)	1024×1024 像素	180×180 像素	114×114 像素	87×87 像素	75×75 像素	66×66 像素
iPhone6(@2×)	1024×1024 像素	120×120 像素	114×114 像素	58×58 像素	75×75 像素	44×44 像素
iPhone5 、5C、5S (@2×)	1024×1024 像素	120×120 像素	114×114 像素	58×58 像素	75×75 像素	44×44 像素
iPhone4、4S(@2×)	1024×1024 像素	120×120 像素	114×114 像素	58×58 像素	75×75 像素	44×44 像素
iPhone & iPod Touch 第一代、第二代、第三代	1024×1024 像素	120×120 像素	57×57 像素	29×29 像素	38×38 像素	30×30 像素

3. iPad 的设计尺寸

iPad 的尺寸示意图如图 1-23 所示。

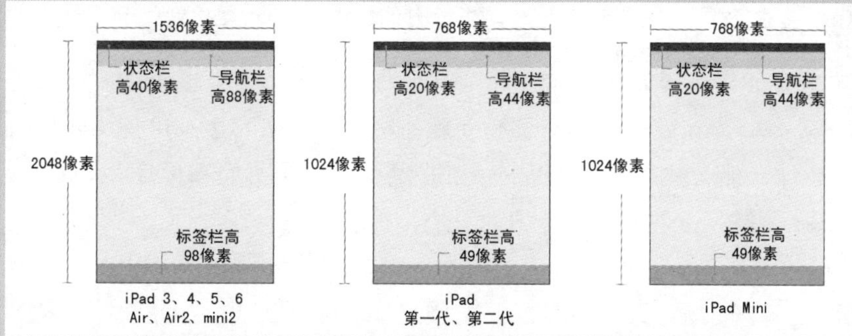

图 1-23 iPad 的尺寸示意图

具体的尺寸参数如表 1-4 所示。

表 1-4 iPad 的设计尺寸

设备	尺寸	分辨率	状态栏高度	导航栏高度	标签栏高度
iPad 3、iPad 4、iPad 5、iPad 6、iPad Air、iPad Air2、iPad mini2	2048×1536 像素	264PPI	40 像素	88 像素	98 像素
iPad 1、iPad 2	1024×768 像素	132PPI	20 像素	44 像素	49 像素
iPad Mini	1024×768 像素	163PPI	20 像素	44 像素	49 像素

4. iPad 图标尺寸

iPad 图标尺寸示意图如图 1-24 所示。

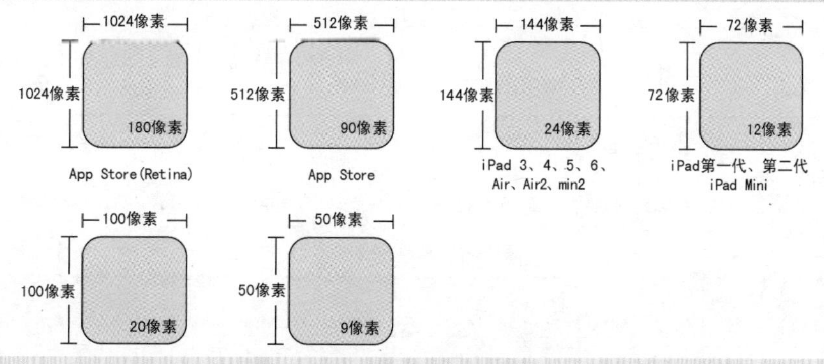

图 1-24 iPad 图标尺寸示意图

iPad 设备的图标尺寸参数如表 1–5 所示。

表 1–5 iPad 设备的图标尺寸

设备	APP Store	程序应用	主屏幕	Spotlight 搜索	标签栏	工具栏和导航栏
iPad 3、iPad 4、iPad 5、iPad 6、iPad Air、iPad Air2、iPad mini2	1024×1024 像素	180×180 像素	144×144 像素	100×100 像素	50×50 像素	44×44 像素
iPad 1、iPad 2	1024×1024 像素	90×90 像素	72×72 像素	50×50 像素	25×25 像素	22×22 像素
iPad Mini	1024×1024 像素	90×90 像素	72×72 像素	50×50 像素	25×25 像素	22×22 像素

5. Android 设备的尺寸与分辨率

Android 有数不清的机型和尺寸。这里介绍一些主流的设计尺寸，如 480×800 像素、720×128 像素。众所周知，Android 手机分辨率发展得越来越大，所以建议使用 720×1280 像素这个尺寸来设计，在切图时可以通过点九切图做到所有手机的适配。

⊙ 界面基本组成元素。

与 iOS 的一样，Android 设备界面也有状态栏、导航栏和主菜单栏，以 720×1280 像素的尺寸来设计，那么状态栏的高度应为 50 像素，导航栏的高度应为 96 像素，主菜单栏的高度为 96 像素。但是由于是开源的系统，很多厂商也在界面上各显神通，因此这里的数值也只能作为参考。

Android 为了区别于 iOS，从 4.0 开始提出了一套 HOLO 的 UI 设计风格，鼓励将底部的主菜单栏放到导航栏下面，从而避免点击下方材料时误点虚拟按键，很多 APP 的新版中也采用了这一风格。

⊙ Android 设备的尺寸。

Android SDK 模拟机的尺寸如表 1–6 所示。

表 1–6 Android SDK 模拟机的尺寸

屏幕大小	低密度（120）ldpi	中等密度（160）mdpi	高密度（240）hdpi	超高密度（320）xhdpi
小屏幕	QVGA（240×320 像素）		480×640 像素	
普通屏幕	WQVGA400(240×400 像素) WQVGA432(240×432 像素)	HVGA（320×480 像素）	WVGA800（480×800 像素） WVGA854（480×854 像素） 600×1024 像素	640×960 像素
大屏幕	WVGA800(480×800 像素) WVGA854(480×854 像素)	WVGA800（480×800 像素） WVGA854（480×854 像素） 600×1024 像素		
超大屏幕	1024×600 像素	1024×768 1280×768WXGA(1280×800像素)	1536×1152 像素 1920×1152 像素 1920×1200 像素	2048×1536 像素 2560×1600 像素

⊙ Android 系统 dp/sp/px 换算表。

Android 系统 dp/sp/px 换算表如表 1–7 所示。

表 1–7 Android 系统 dp/sp/px 换算表

名称	分辨率	比率 rate（针对 320px）	比率 rate（针对 640px）	比率 rate（针对 750px）
idpi	240×320 像素	0.75	0.375	0.32

（续）

名称	分辨率	比率 rate（针对 320px）	比率 rate（针对 640px）	比率 rate（针对 750px）
mdpi	320×480 像素	1	0.5	0.4267
hdpi	480×800 像素	1.5	0.75	0.64
xhdpi	720×1280 像素	2.25	1.125	1.042
xxhdpi	1080×1920 像素	3.375	1.6875	1.5

6. 常见 Android 的图标尺寸

图标的所在位置不同，尺寸也不同，Android 平台 APP 图标的常用尺寸如表 1-8 所示。

表 1-8 Android 平台 APP 图标的常用尺寸

屏幕大小	启动图标	操作栏图标	上下文图标	系统通知图标（白色）	最细笔画
320×480 像素	48×48 像素	32×32 像素	16×16 像素	24×24 像素	不小于 2 像素
480×800 像素 480×854 像素 540×960 像素	72×72 像素	48×48 像素	24×24 像素	36×36 像素	不小于 3 像素
720×1280 像素	48×48 像素	32×32 像素	16×16 像素	24×24 像素	不小于 2 像素
1080×1920 像素	144×144 像素	96×96 像素	48×48 像素	72×72 像素	不小于 6 像素

1.3.3 配色原理

配色是设计中永恒的话题。在手机APP界面设计中，色彩是很重要的一个UI设计元素。合理地搭配色彩能够制作出震撼的视觉效果，设计出吸引人的焦点。

1. APP 中的三色构成

APP 色彩搭配方案是由主色、辅助色和点缀色构成的。

- 主色：主色约占 75%，是决定画面风格趋向的色彩。主色并不是只能有一个颜色，它可以是一种色调，一般为同色系或邻近色的 1 ~ 3 个，如图 1-25 所示。

图 1-25 主色

辅助色：辅助色约占20%，辅助色用于辅助主色，使画面更完美、更丰富、更显优势，如图1-26中所示的白色、灰色为辅助色。

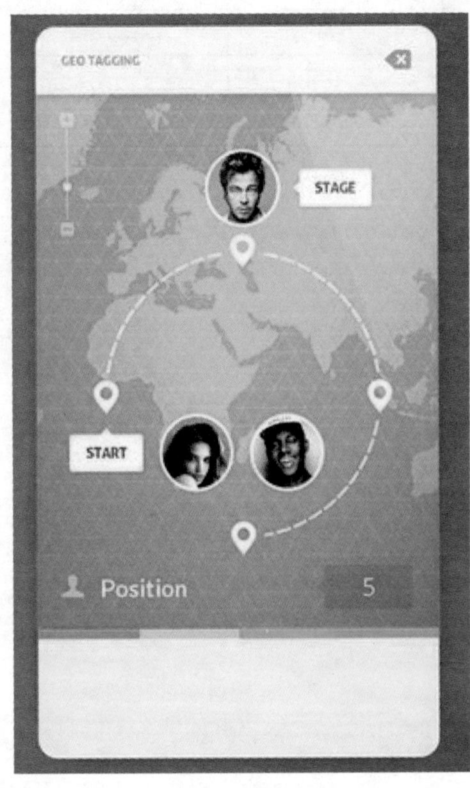

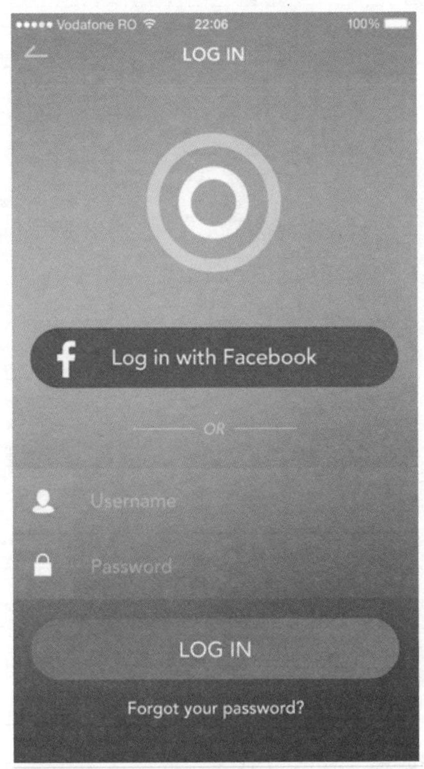

图1-26 辅助色

点睛色：点睛色约占5%，起到引导阅读、装饰画面、营造独特画面风格的作用，如图1-27所示，左图中的蓝色、黄色和绿色为点睛色，中间图和右图中的红色为点睛色。

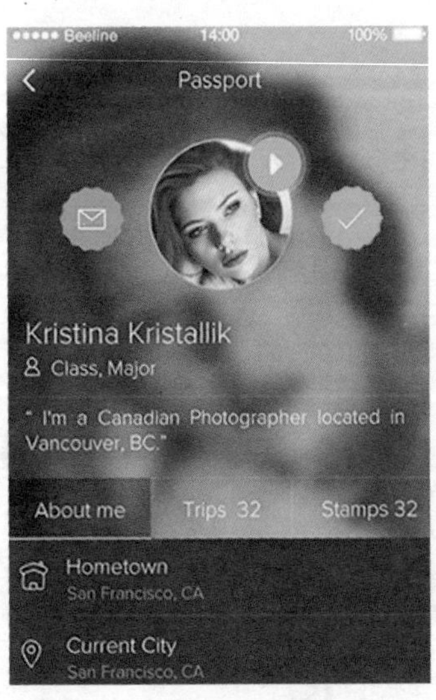

图1-27 点睛色

2. APP 色彩运用原理

手机 APP 界面要给人简洁整齐、条理清晰的感觉，依靠的是界面元素的排版和间距设计，以及色彩的合理、舒适度搭配，如图 1–28 所示。

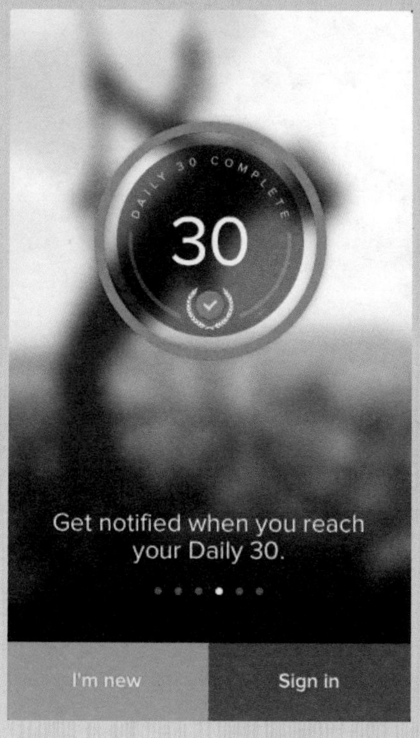

图 1–28 色彩的搭配

其色彩运用原理如下：

- 色调的统一：针对软件类型及用户工作环境选择恰当的色调，比如绿色体现环保、紫色代表浪漫、蓝色表现时尚等。淡色系让人舒适，而背景为暗色可以不让人觉得累。
- 色盲、色弱用户：在进行设计的时候，不要忽视了色盲、色弱群体。所以在进行界面设计的时候，即使使用了特殊颜色表示重点或者特别的东西，也应该使用特殊指示符、着重号，以及图标等。
- 颜色方案的测试：颜色方案的测试是必须的，因为显示器、显卡的问题，色彩的表现在每台机器中都不一样，所以应该经过严格测试，通过不同机器去进行颜色测试。
- 遵循对比原则：对比原则很简单，就是在浅色背景上使用深色文字，在深色背景上使用浅色文字。比如，蓝色文字在白色背景中容易识别，而在红色背景则不易分辨，原因是红色和蓝色没有足够的反差，但蓝色和白色反差很大。除非场合特殊，一般不使用对比强烈、让人产生憎恶感的颜色。
- 色彩类别的控制：整个界面的色彩尽量少使用类别不同的颜色，以免眼花缭乱，使整个界面出现混杂感。

1.4 设计师心得

1.4.1 APP UI 设计师必须掌握的技能

随着智能手机和各种移动终端设备的普及，APP 作为第三方智能手机应用程序，现已逐渐把人们带入一个习惯使用 APP 客户端上网的时期，APP UI 设计师也成了最热门的职业，想要成为 APP UI 设计师必须掌握以下基本技能：

1. 熟练操作绘图软件

对设计绘图软件的熟练操作是制作一款优秀 APP 的前提，这类软件有很多，其中最常用的为 Photoshop 和 Illustrator，本书选择的是 Photoshop CC。

2. 了解移动端的界面模式

三大移动平台之间，有着相似之处，但是在深入探究它们的交互设计时，会发现它们在理念上的巨大差异。作为一个设计师，需要明白这些差异所在，以及它们是如何体现在实际实例中的。

3. 审美能力

对界面的视觉设计、色彩的观察和分析、文字的选择、整体界面的统一等都是设计师必须要有的基本审美。

4. 理解能力和手绘能力

设计师应该具备理解能力和手绘能力，能快速地看懂产品需求文档，以及在设计前期的手绘草图能力。

1.4.2 APP UI 发展趋势

随着智能设备的不断发展，APP UI 也会跟着变化，总结一些可以预见的设计趋势，对于 APP 的产品设计师是有非同寻常的意义的。

1. 更大的屏幕

大屏手机或平板手机的屏幕越来越大，如图 1-29 所示，预计在将来越来越受欢迎。市场调研公司 IDC 认为屏幕超过 5 英寸的手机销售将激增 209%。

图 1-29 更大的屏幕

2. 拟物化的回归

从微软到苹果、谷歌，在去拟物化的方向上越走越远，拟物化设计似乎已经成为过时的代名词。但是扁平化开始引入许多拟物化的元素，使得现在两者的差别不再那么明显，如图 1–30 所示。未来人们将会在更多的地方看到拟物化的设计，无论是从未过时的复古风，还是移动端 APP 设计中，对于细节、质感的需求开始再度旺盛，拟物化确实正在适度地、适时地逐步回归。

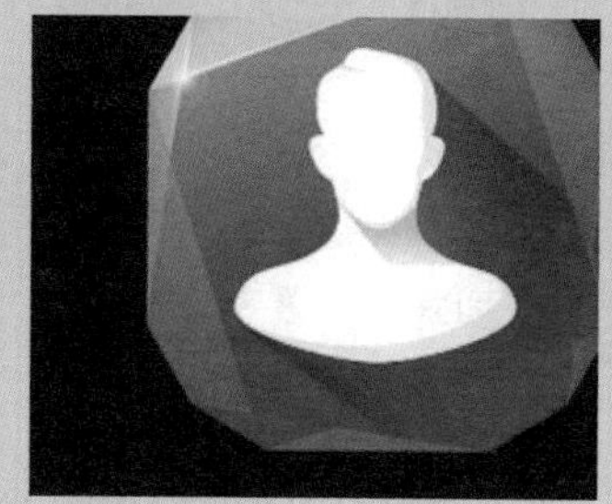

图 1–30 在扁平化中加入拟物化元素

3. 更简单的配色

简约美是近年来最流行的设计思路，而更简单的配色方案也贴合这一思路。随着 iOS 新系统而流行起来的霓虹色的影响力已经淡化，现在的用户更加喜欢微妙而富有质感的用色，整洁和干净正在压倒华丽而浮夸的配色趋势。

4. 大胆而醒目的字体运用

每个 APP 都在试图争夺用户的注意力，大胆而醒目的字体运用符合这一需求。在当前的市场状况下，大屏幕手机和平板是主流，这一点是非常重要的使用背景。大字体在移动端 APP 上呈现，会赋予界面以层次，提高特定元素的视觉重量，让用户难以忘怀。字体够大、够优雅、够独特、够贴合，也就能提升页面的气质、特色，而这正是移动端 APP 设计的另外一次重要的机会。

5. 交互设计的崛起

移动端 APP 重视用户需求的另外一个表现就是对于交互设计的重视。越来越多的用户开始重视产品本身的交互设计，所以作为设计师和开发者自然有义务提供更优秀的交互设计、更强大的视觉设计、更富有创造性的架构。

6. 社交媒体的加成

不论是在国内还是国外，社交媒体和 APP 的整合正在持续不断地推进着，如图 1–31 所示的登录界面中以微信、微博登录就是很好的体现。

图 1–31 社交媒体的加成

7. 隐藏的菜单

有些设计趋势是顺应新的硬件迅速发展，有些却经过了长久的酝酿。这一条便是应对既定的界面设计规则缓慢发展起来的。

屏幕将越变越大，但移动 APP 提供的工作空间还是比台式机和笔记本电脑少。一种解决方案是将功能隐藏，直到它被需要的时候才出现；将导航隐藏，滑动时才显示功能的按钮或组件。这些只为了一个目的——保持屏幕洁净。

8. 游戏性和个性

相信大家已经注意到，应用程序越来越好玩，例如，让人不由发笑的对话框、更新通知的小彩蛋等。设计师们用明亮的色彩、弹性的面板和诙谐的文本，使得界面的游戏性与个性加强。

9. 简单的导航模式

清晰的排版、干净的界面、赏心悦目的 APP 界面设计是目前用户最喜欢也最期待的东西。相比于华丽和花哨的菜单设计，简单的下拉菜单和侧边栏会更符合趋势。

其实这并不是没有道理的。设计复杂的 APP 越来越多，用户对于新的 APP 的学习成本也日趋提高，简单的导航设计的直观与便捷，可以让用户更容易找到他们需要的东西。所以简单的导航模式更加平稳、流畅、轻松、友好。

10. 使用模糊背景

这种设计在 APP 的设计中逐渐多了起来。模糊背景符合时下流行的扁平化和现代风的设计，它足够赏心悦目，可以很好地同与时下流行的元素搭配起来，提升用户体验。从设计的角度上来看，它不仅易于实现，帮助设计规避复杂的设计，也可以降低设计成本，如图 1-32 所示为模糊背景的 APP 界面。

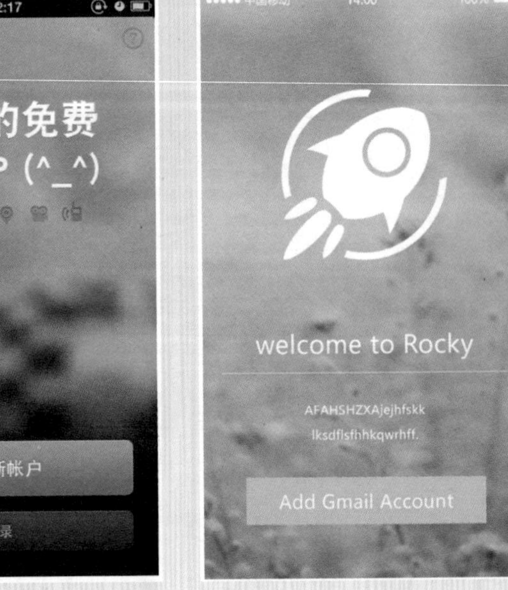

图 1-32 模糊背景

第2章 Photoshop在APP UI设计中的基础应用

UI设计的基础是图形设计。任何APP UI都是由正方形、长方形、圆、椭圆等简单图形组合而成的。在学习复杂的APP UI设计之前，本章展示了使用Photoshop的基础功能绘制简单的UI小元素，并通过图层样式等功能，让这些基础元素呈现立体化、多样化等视觉效果。

2.1 APP UI 设计中的基本图形绘制

在制作 APP UI 界面时，必须选择一款合适的绘图软件，本书选择的是 Photoshop CC。在 Photoshop 中，“矩形工具”“椭圆工具”“圆角矩形工具”等是最基本的绘图工具，也是 APP UI 设计中的常用工具。

2.1.1 简单形状

简单形状是指常见的圆形、矩形、圆角矩形等，在 Photoshop 中也是使用相应的工具进行绘制的。简单形状常见于图标、按钮等 APP 界面中的小控件。

1. 椭圆

在绘制 APP 界面的过程中，经常会使用“椭圆工具”绘制椭圆元素，包括椭圆图形、按钮、图标等，如图 2-1 和图 2-2 所示。

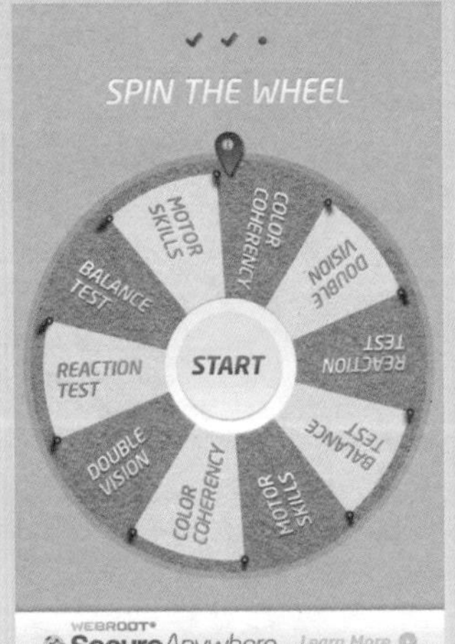

图 2-1 椭圆元素 1

图 2-2 椭圆元素 2

设计思路

“椭圆工具”是 Photoshop 中最常用的工具之一，一般使用“椭圆工具”绘制 APP UI 设计中的圆形元素。本节将使用“椭圆工具”绘制简易的椭圆图标，制作流程如图 2-3 所示。

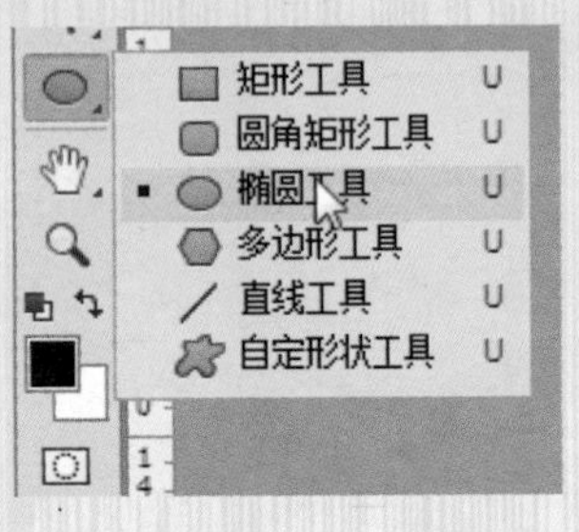

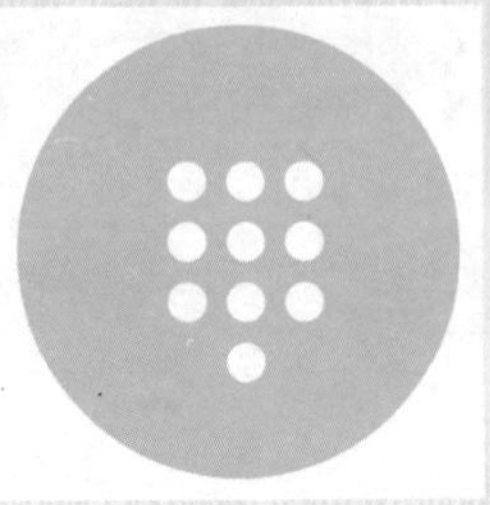

图 2-3 制作流程

制作步骤

知识点	"椭圆工具"
光盘路径	第 2 章 \2.1.1 简单形状 \1. 椭圆

01 启动 Photoshop，按 Ctrl+N 组合键打开"新建"对话框，设置相关参数，如图 2-4 所示，单击"确定"按钮新建文档。

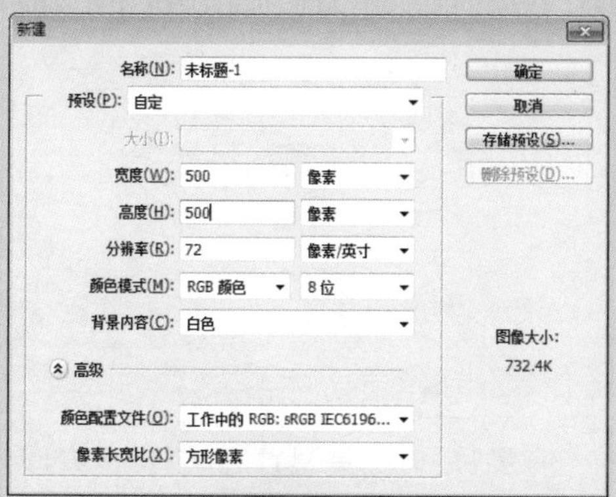

图 2-4 "新建"对话框

02 在工具箱中选择"椭圆工具"，如图 2-5 所示。

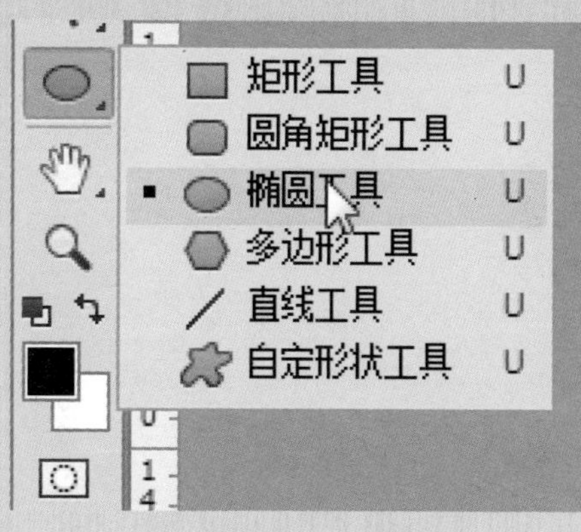

图 2-5 选择"椭圆工具"

03 在选项栏中单击"填充"右侧的色框，在打开的面板中单击"拾色器"图标，如图 2-6 所示。

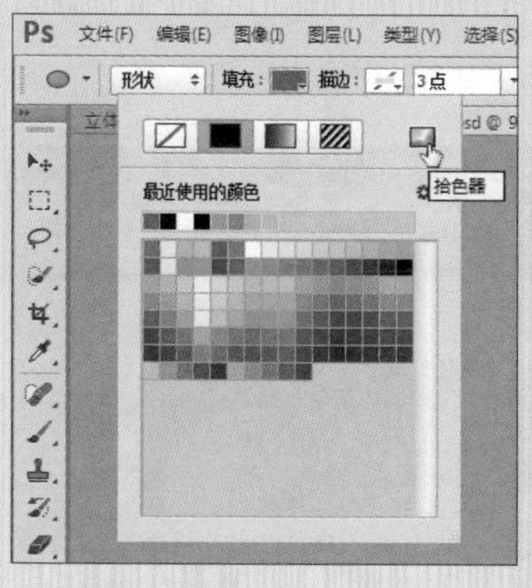

图 2-6 单击"拾色器"图标

04 在弹出的对话框中选择一种颜色，如图 2-7 所示，单击"确定"按钮关闭对话框。

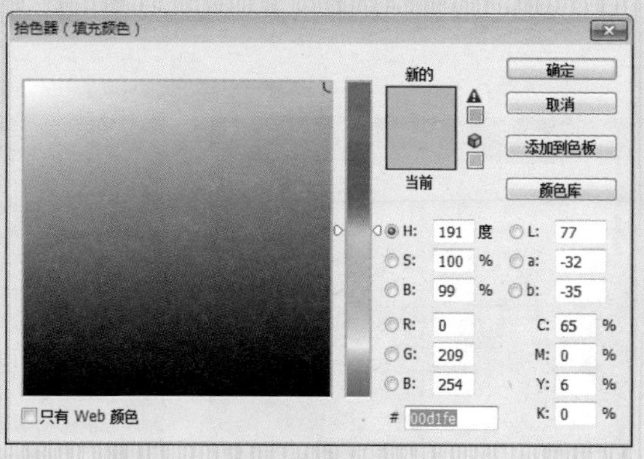

图 2-7 选择颜色

05 进入选项栏中设置宽、高参数均为 350 像素，如图 2-8 所示。

图 2-8 设置宽、高参数

06 在画布上单击并拖动鼠标绘制圆形，如图 2-9 所示。

07 再次使用“椭圆工具”绘制圆，修改填充颜色为白色，复制多个并进行排列，效果如图 2-10 所示。

图 2-9 绘制圆形

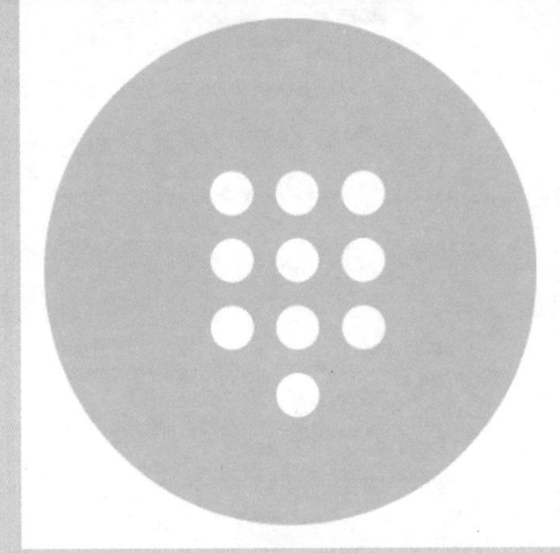

图 2-10 完成效果

提示 1：使用“椭圆工具”时，按住 Shift 键可以绘制正圆。

提示 2：选择对象，按 Ctrl+C 组合键复制，按 Ctrl+V 组合键可以在当前位置粘贴；或者在选择对象后，按住 Ctrl 键拖动，释放鼠标后即可快速复制该对象到新的位置；也可以直接按 Ctrl+J 组合键复制图层。

READ MORE

2. 矩形

使用“矩形工具”可以绘制出正方形、矩形的图形效果，一般 APP 整个界面外框就是矩形，而界面中用于分隔的对象也常用到矩形，如图 2-11 所示。

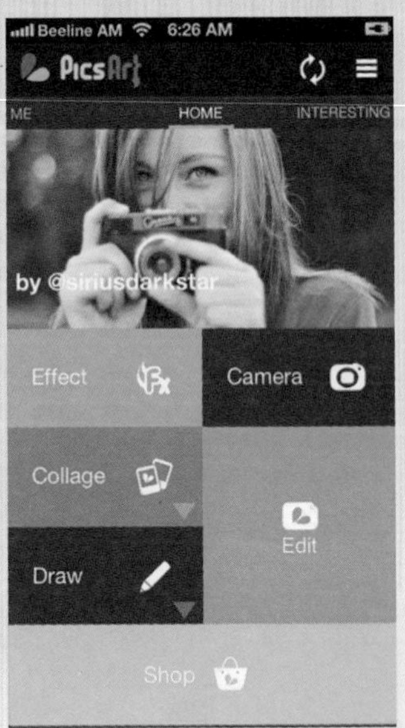

图 2-11 矩形元素

设计思路

使用“矩形工具”就能绘制矩形、正方形等图形，矩形与其他图形的结合就能形成丰富的元素，本节主要使用“矩形工具”，并配合“椭圆工具”，绘制简易的相机图标，制作流程如图 2–12 所示。

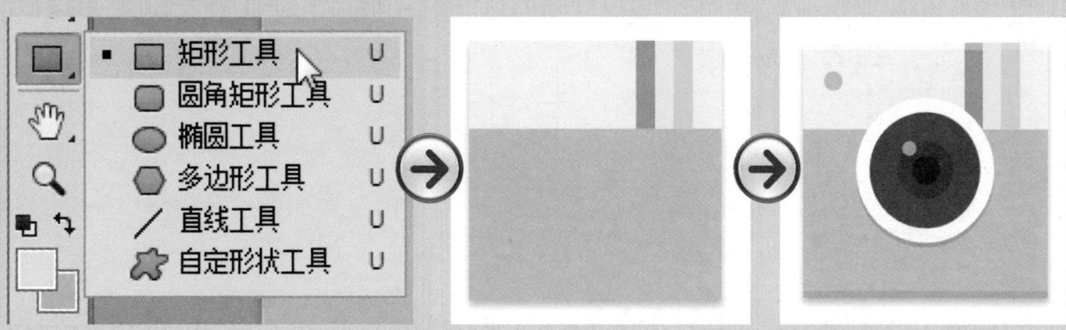

图 2–12 制作流程

制作步骤

知识点	“矩形工具”
光盘路径	第 2 章 \2.1.1 简单形状 \2. 矩形

01 新建文档，在工具箱中选择“矩形工具”，如图 2–13 所示。

02 在画布中单击并拖动鼠标，即可绘制一个矩形，如图 2–14 所示。

图 2–13 选择“矩形工具”

图 2–14 绘制矩形

03 双击“矩形 1”图层，在打开的对话框中选择“投影”复选框，并设置参数，如图 2–15 所示。

04 单击“确定”按钮。使用“矩形工具”，设置填充颜色为 #eeeeee，绘制矩形，如图 2–16 所示。

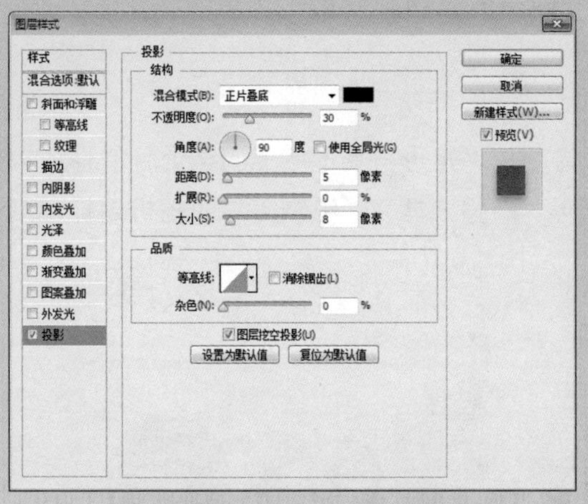

图 2-15 选择“投影”复选框

图 2-16 绘制矩形

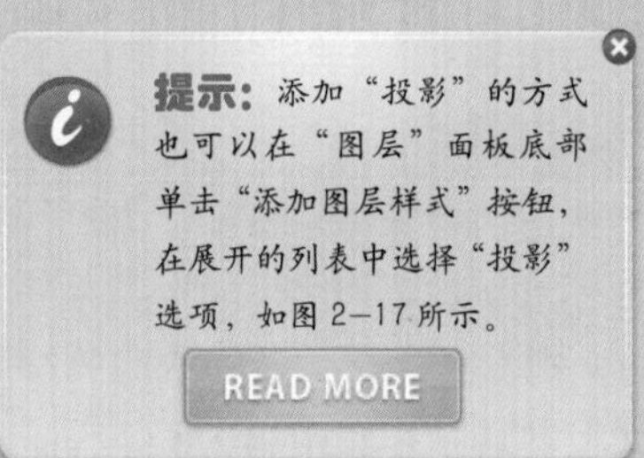

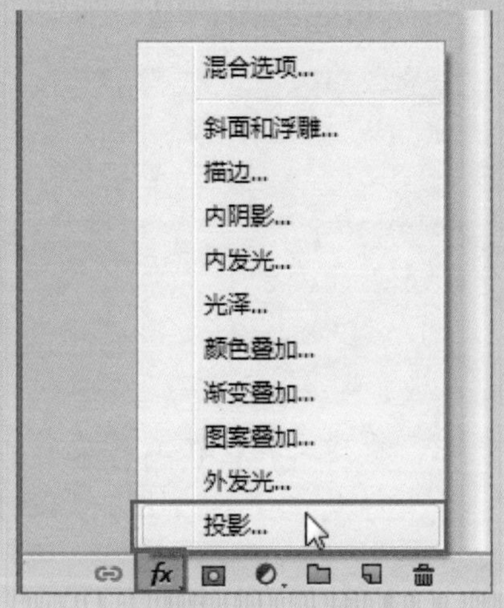

图 2-17 选择“投影”选项

05 使用“矩形工具”，设置填充颜色为橙色，在上方绘制矩形条，将图层命名为“橙色”，如图 2-18 所示。

06 按 Ctrl+J 组合键两次，复制出两个图层，分别修改矩形的颜色为黄色和绿色，之后调整其位置，如图 2-19 所示。

图 2-18 绘制矩形条

图 2-19 复制矩形并修改颜色

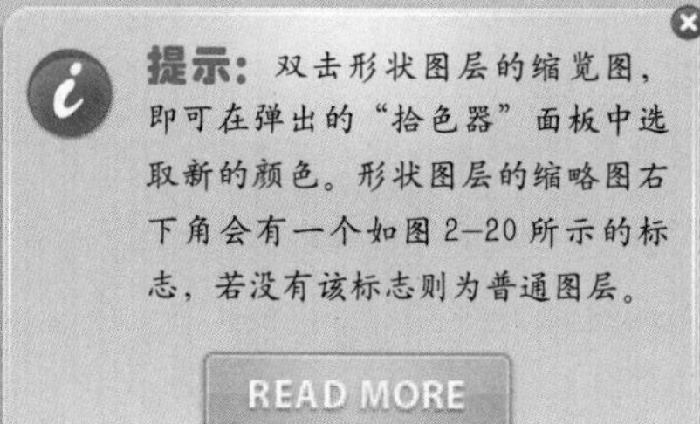

图 2-20 形状图层的标志

07 使用“椭圆工具”绘制椭圆，将图层命名为“相机镜头”，并为该图层添加“投影”图层样式，如图 2-21 所示。使用“椭圆工具”绘制大小不等、颜色不同的 3 个同心圆，如图 2-22 所示。

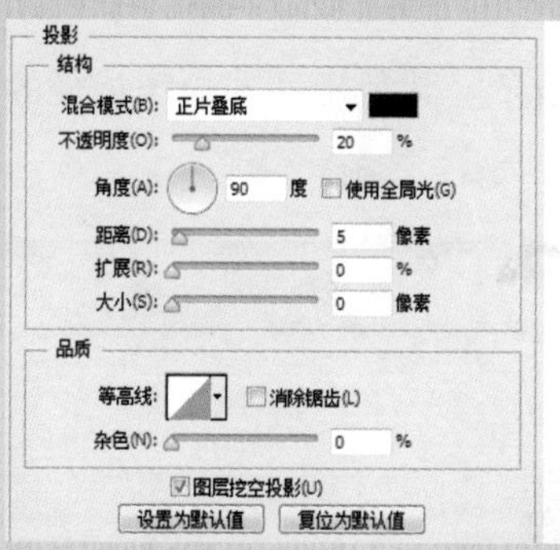

图 2-21 绘制椭圆

图 2-22 绘制圆

08 继续使用“椭圆工具”绘制两个小圆，如图 2-23 所示。在最上方和最下方边缘处各绘制一个矩形条，分别将图层命名为“上横线”和“下横线”。

09 修改“上横线”图层的“混合模式”为“柔光”，如图 2-24 所示，完成效果如图 2-25 所示。

图 2-23 绘制两个小圆

图 2-24 设置混合模式

图 2-25 完成效果

3. 圆角矩形

使用“圆角矩形工具”可以绘制圆角矩形，在APP元素中，圆角矩形最常见的应用就是制作图标，如图2-26所示。

图2-26 图标

除此之外，界面边界也多会使用圆角矩形，如图2-27所示。圆角矩形的边角半径的大小决定了圆角的不同。

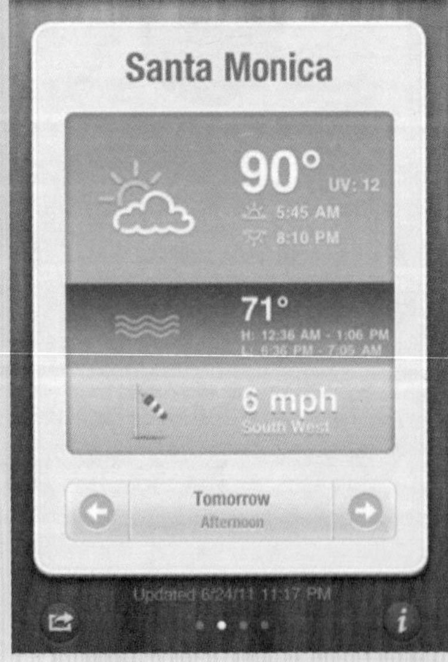

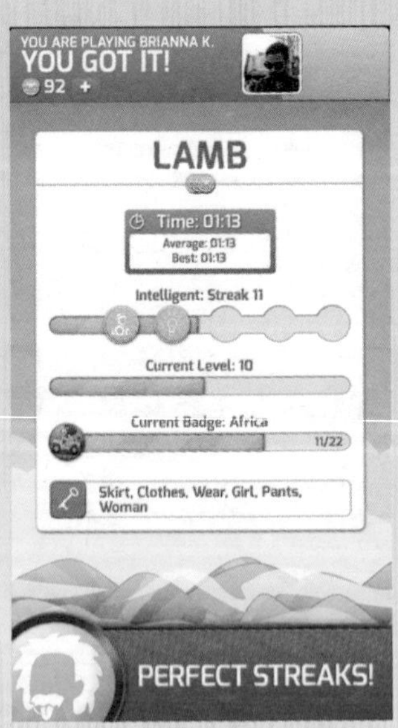

图2-27 界面边界

设计思路

本节介绍使用“圆角矩形工具”绘制简易的图标，并通过设置圆角半径来改变圆角的大小。制作流程图如图 2–28 所示。

图 2–28 制作流程

制作步骤

知识点	“圆角矩形工具”
光盘路径	第 2 章 \2.1.1 简单形状 \3. 圆角矩形

01 新建文档，在工具箱中按住“矩形工具”，在展开的按钮组中选择“圆角矩形工具”，如图 2–29 所示。

02 在选项栏中单击“填充”右侧的颜色框，在展开的面板中吸取颜色，如图 2–30 所示。

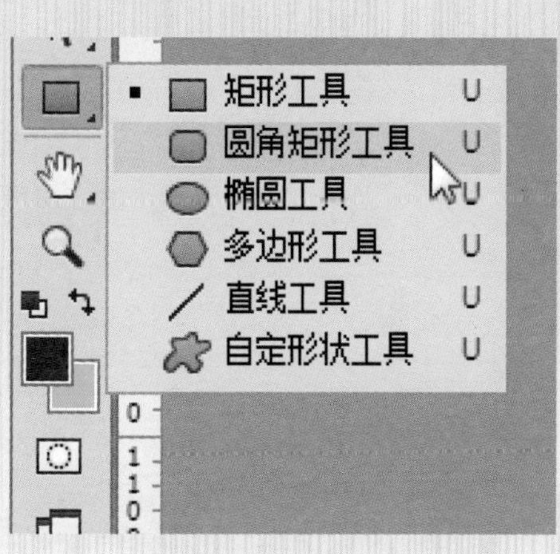

图 2–29 选择“圆角矩形工具”

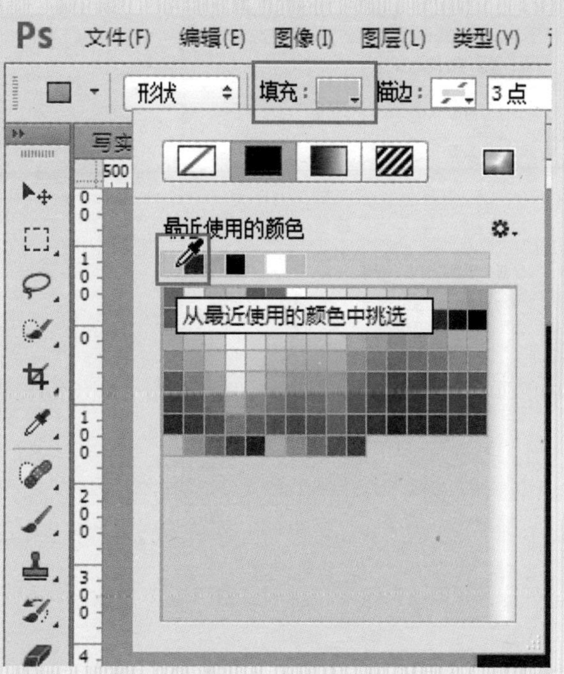

图 2–30 吸取颜色

03 在画布中单击并拖动鼠标，绘制图形。绘制后弹出“属性”面板，在“属性”面板中修改宽、高为 145 像素，圆角半径为 45 像素，如图 2-31 所示。修改后的圆角矩形如图 2-32 所示。

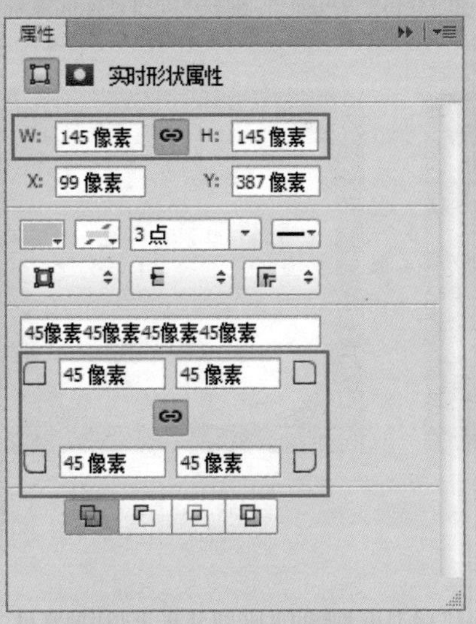

图 2-31 设置宽高及圆角半径

图 2-32 圆角矩形

提示 1：单击“属性”面板中的“将角半径值链接在一起”按钮，可以单独设置 4 个角的不同半径，如图 2-33 所示。

READ MORE

提示 2：在使用圆角半径绘制前，也可以直接在选项栏中设置宽、高参数和所有的圆角半径，如图 2-34 所示。

READ MORE

属性
实时形状属性
W: 316 像素 H: 219 像素
X: 137 像素 Y: 177 像素
3 点
0像素68像素13像素24像素
0 像素 68 像素
24 像素 24 像素

图 2-33 单独设置 4 个角的不同半径

Ps 文件(F) 编辑(E) 图像(I) 图层(L) 类型(Y) 选择(S) 滤镜(T) 视图(V) 窗口(W) 帮助(H)
形状 填充： 描边： 3 点 W: 255 像素 H: 255 像素 半径： 13 像素 对齐边缘
psd7958.psd @ 100% (DIAL, RGB/8) * ×

图 2-34 在选项栏中设置

04 使用“矩形工具”，设置填充颜色为白色，绘制一个矩形条，并按Alt键拖动复制两个，调整位置，如图2-35所示。选择“椭圆工具”，绘制一个正圆，调整位置，如图2-36所示。

图2-35 绘制矩形条并复制

图2-36 绘制圆

提示：使用“移动工具”选择3个矩形条，在选项栏中单击“垂直居中分布”按钮，可将其按同等间隙分布，如图2-37所示。

READ MORE

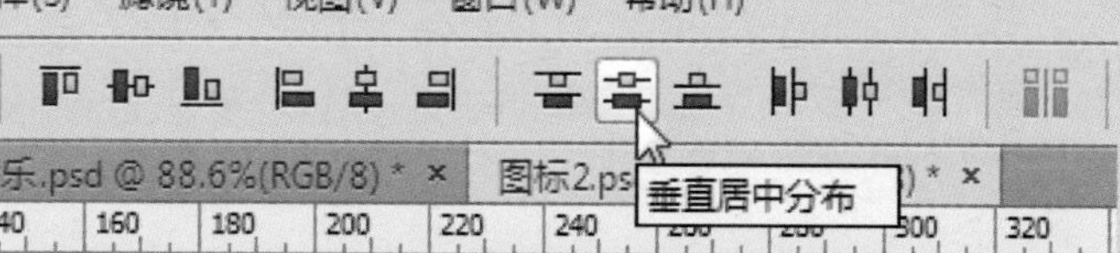

图2-37 单击“垂直居中分布”按钮

05 再次绘制一个圆，设置颜色为蓝色，将圆心对齐，如图2-38所示。选择两个圆，按Alt键拖动复制，并调整位置，如图2-39所示。

图2-38 绘制圆

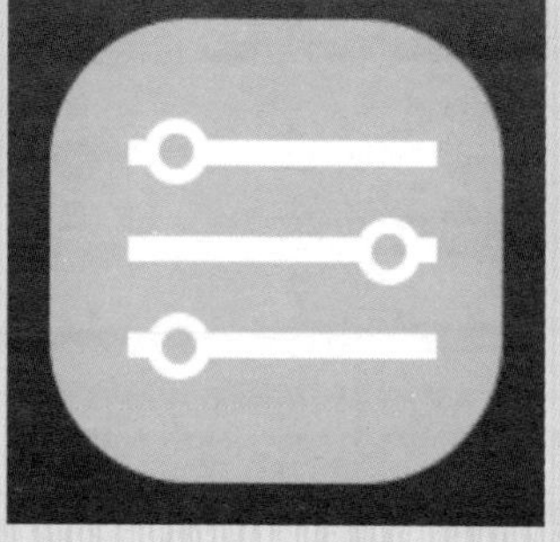
图2-39 复制图

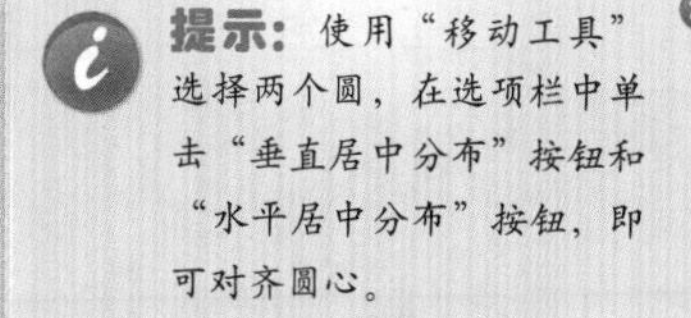
提示：使用“移动工具”选择两个圆，在选项栏中单击“垂直居中分布”按钮和“水平居中分布”按钮，即可对齐圆心。

READ MORE

4. 椭圆矩形

椭圆矩形不是常规图形，它是由圆角矩形演变而来的，介于圆和圆角矩形中间，是主题图标最流行的形状之一，如图2-40所示。

图2-40 椭圆矩形图标

设计思路

绘制椭圆矩形的方法有多种，可以使用“圆角矩形工具”绘制图形后通过调整得到，也可以使用“多边形工具”直接绘制。本节使用“多边形工具”，并在选项栏中设置参数，绘制出椭圆矩形的图标，制作流程如图 2-41 所示。

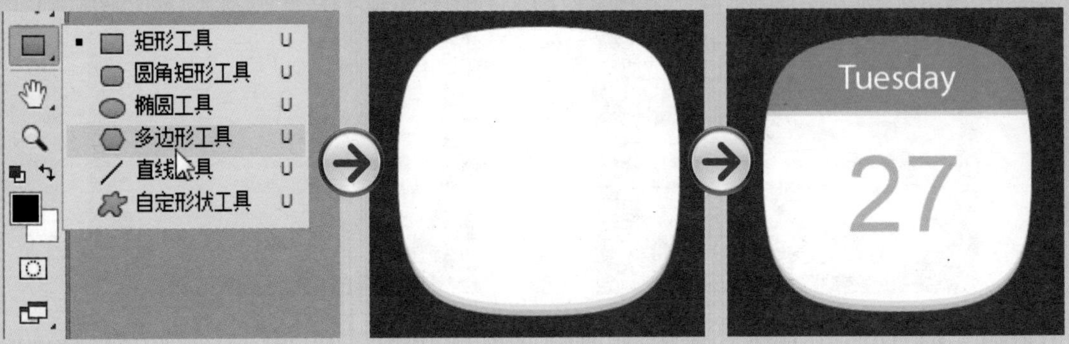

图 2-41 制作流程

制作步骤

知识点	“多边形工具”
光盘路径	第 2 章\2.1.1 简单形状\4. 椭圆矩形

01 打开 Photoshop，执行“文件”|“新建”命令，在弹出的对话框设置宽度和高度参数，如图 2-42 所示。

02 单击“确定”按钮新建文档并填充画布为蓝色。在左侧的工具箱中选择“多边形工具”，如图 2-43 所示。

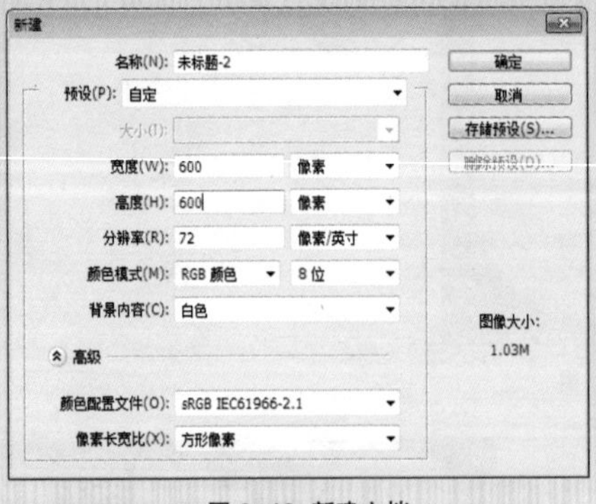

图 2-42 新建文档

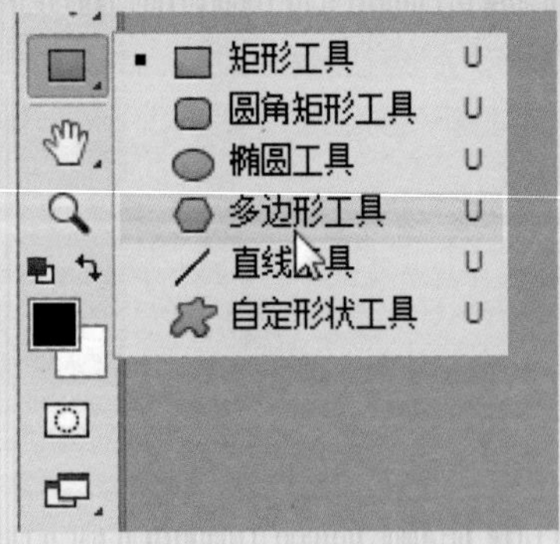

图 2-43 选择“多边形工具”

03 在选项栏中设置“边”为 4 并填充颜色为灰色，然后单击左侧的按钮，如图 2-44 所示。

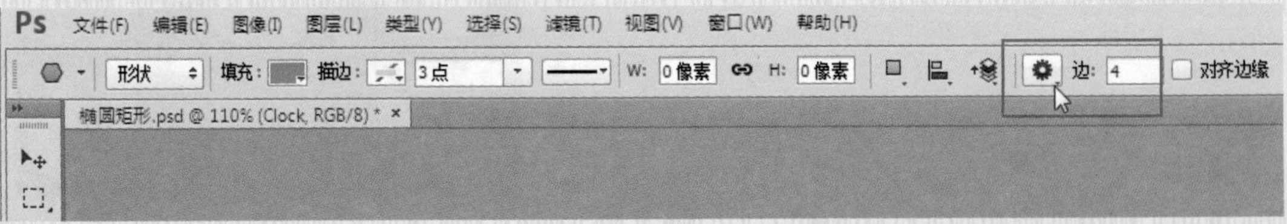

图 2-44 单击按钮

04 展开后选中“平滑拐角”复选框，如图 2-45 所示。在画面中间按住 Shift 键即可绘制椭圆矩形，如图 2-46 所示。

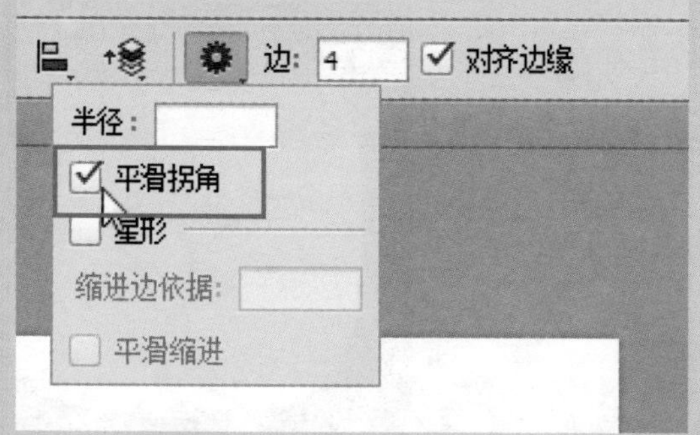

图 2-45 选中“平滑拐角”复选框

图 2-46 绘制椭圆矩形

05 将图层命名为“底 1”，复制图层，修改图层名称为“底 2”，修改图形颜色为浅灰色，按 Ctrl+T 组合键将其向上压缩一点，如图 2-47 所示。

06 继续复制图层，修改图层名称为“底 3”。双击图层缩览图，修改填充颜色为白色，再压缩一点，如图 2-48 所示。

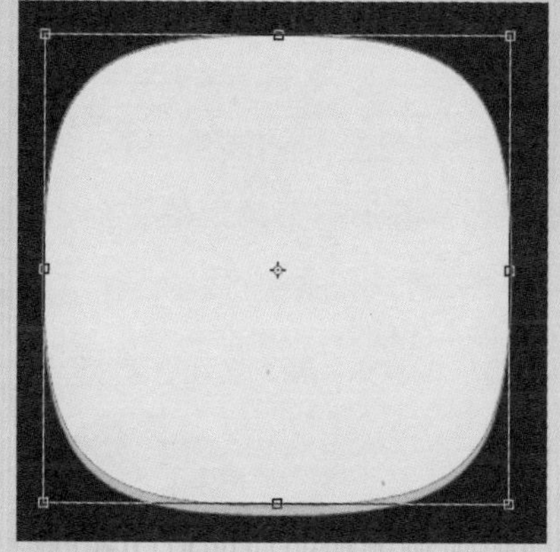

图 2-47 复制并修改

图 2-48 再次修改

07 使用“矩形工具”绘制两个矩形，如图 2-49 所示。依次按住 Alt 键单击两个图层之间，创建剪贴蒙版，如图 2-50 所示。

图 2-49 绘制矩形

图 2-50 创建剪贴蒙版

08 使用“横排文字工具”输入文字，如图 2-51 所示。选择“Tuesday”图层，为图层添加“投影”图层样式，效果如图 2-52 所示。

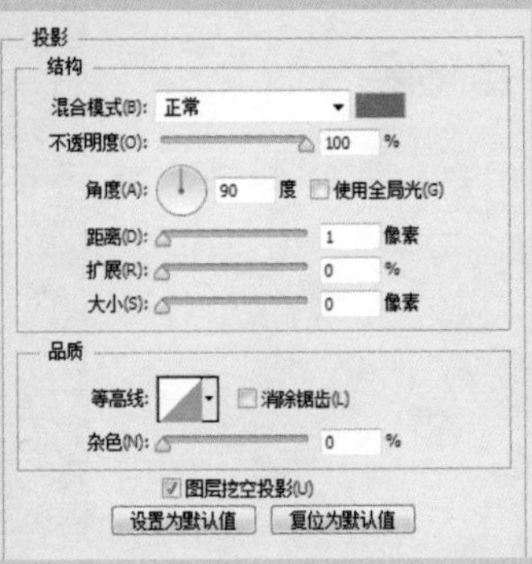

图 2-51 输入文字

图 2-52 完成效果

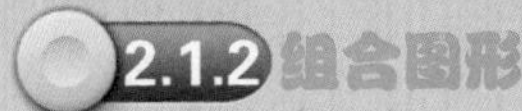

2.1.2 组合图形

我们知道，在 APP 界面中，很多元素并不是单一的圆形、矩形等基本现状，有些图形看似很复杂，但都是使用各种不同的形状进行适当的组合得到的。

设计思路

本节结合使用多个工具，绘制一个同时包含圆角矩形、圆形与三角形的图标，制作流程如图 2-53 所示。

图 2-53 制作流程图

制作步骤

知识点	“圆角矩形工具”“椭圆工具”“自定形状工具”
光盘路径	第 2 章\2.1.2 组合图形

01 新建文档，选择“圆角矩形工具”，在选项栏中单击“填充”后的颜色，在展开的面板中单击“渐变”按钮，然后在下方单击色标，修改颜色，并修改旋转渐变角度为 -90°，如图 2-54 所示。在画布中绘制圆角矩形，如图 2-55 所示。

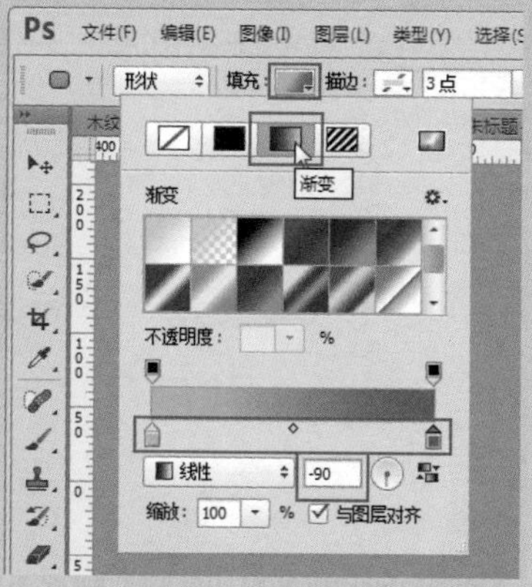

图 2-54 设置选项栏

图 2-55 绘制圆角矩形

02 使用“椭圆工具”，设置填充颜色为蓝色，按住 Shift 键绘制正圆，如图 2-56 所示。

图 2-56 绘制正圆

03 在工具箱中选择“自定形状工具”，如图 2-57 所示。

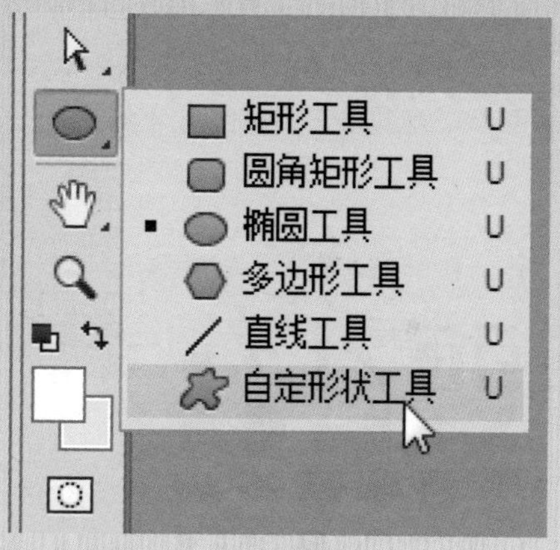

图 2-57 选择“自定形状工具”

图 2-58 选择“全部”选项

04 在选项栏中单击形状，展开面板，单击“设置”按钮，在下拉列表中选择“全部”选项，如图 2-58 所示。

05 弹出对话框，单击“确定”按钮，如图 2-59 所示。

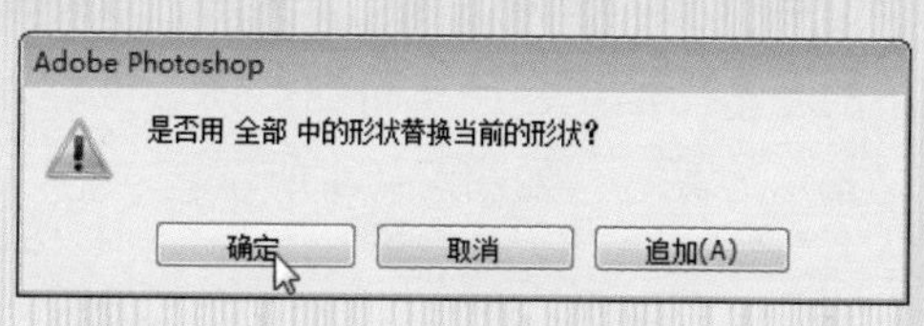

图 2-59 单击“确定”按钮

06 再次单击形状，选择“窄边圆形边框”，如图 2-60 所示。

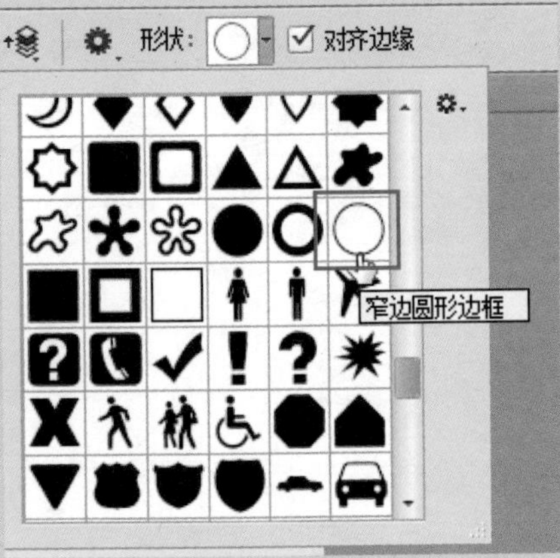

图 2-60 选择“窄边圆形边框”

07 在画布中绘制图形，如图 2-61 所示。

图 2-61 绘制图形

08 选择“自定形状工具”，在选项栏中选择形状“标志 3”，如图 2-62 所示。

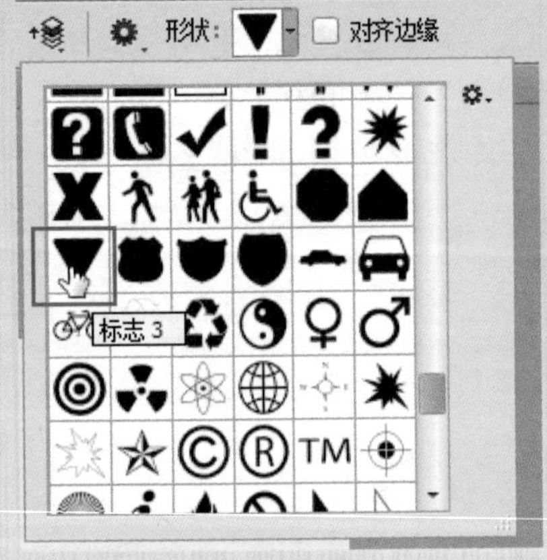

图 2-62 选择形状

09 在画布中绘制图形，并将其旋转，如图 2-63 所示。

图 2-63 绘制图形

2.1.3 布尔运算

布尔是英国的数学家，他在 1847 年发明了处理二值之间关系的逻辑数学计算法，包括联合、相交、相减。在图形处理操作中引用了这种逻辑运算方法，以使简单的基本图形组合产生新的形体，被称为“布尔运算”，如图 2-64 所示。

图 2-64 布尔运算

设计思路

布尔运算在 Photoshop 中是通过路径的操作实现的，包括“合并形状”“减去顶层形状”“与形状区域相交”“排除重叠形状”“合并形状组件”。通过路径的操作来显示结果，并且不会对原有路径进行破坏。本节将通过使用不同的工具绘制路径，对路径进行这些操作，实现 Wi-Fi 图标的绘制。制作流程如图 2-65 所示。

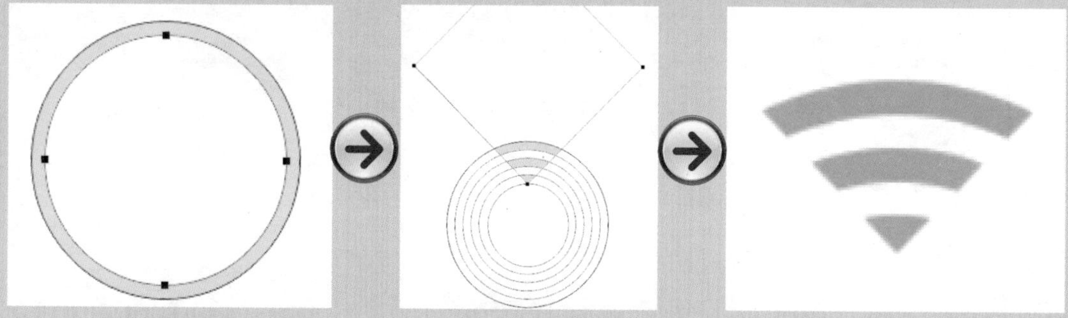

图 2-65 制作流程图

制作步骤

知识点	路径操作
光盘路径	第 2 章 \2.1.3 布尔运算

01 新建文档，在工具箱中选择“椭圆工具”，如图 2-66 所示。在选项栏中单击 按钮，选择“固定大小”单选按钮，并设置宽、高为 200 像素，选中“从中心”复选框，如图 2-67 所示。

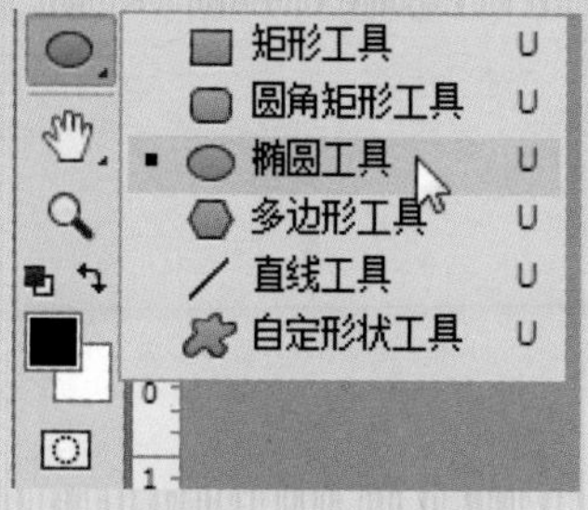

图 2-66 选择“椭圆工具”

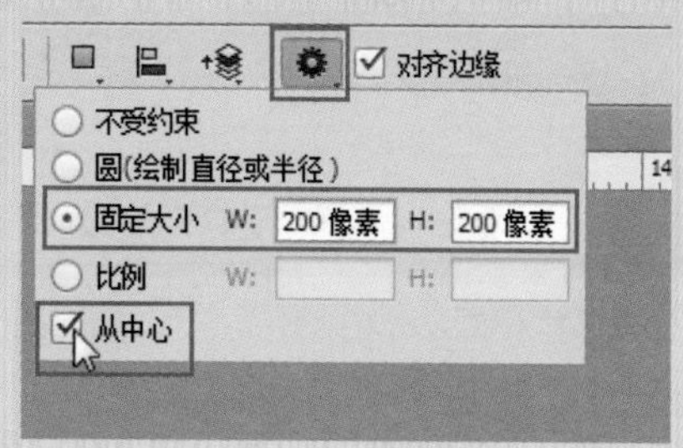

图 2-67 设置

02 在画布中绘制正圆，如图 2-68 所示。在工具箱中选择“路径选择工具”，如图 2-69 所示。

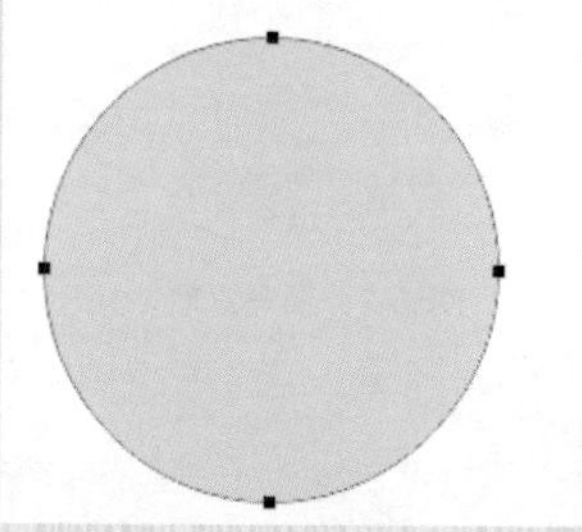

图 2-68 绘制正圆

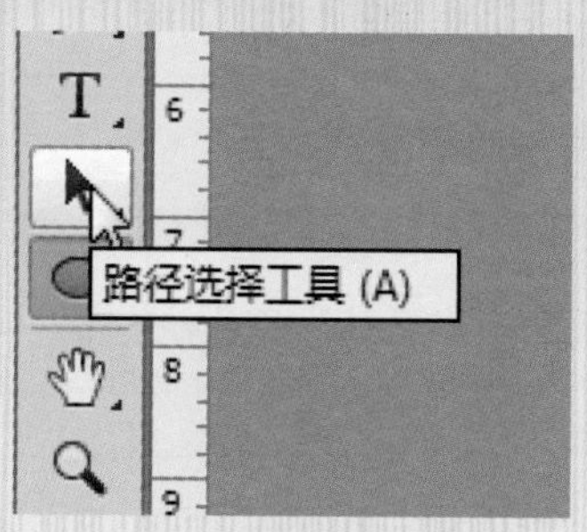

图 2-69 选择“路径选择工具”

03 选择圆，按 Ctl+C 组合键复制，按 Ctrl+V 组合键粘贴。然后按 Ctrl+T 组合键进行自由变换，按住 Shift+Alt 组合键从中心等比例缩小，如图 2-70 所示。

04 将圆的直径缩小 20 像素，也就是宽、高为 180 像素，在“属性”面板中可以查看，在手动无法精准调到该数值时也可以在“属性”面板中设置，如图 2-71 所示。

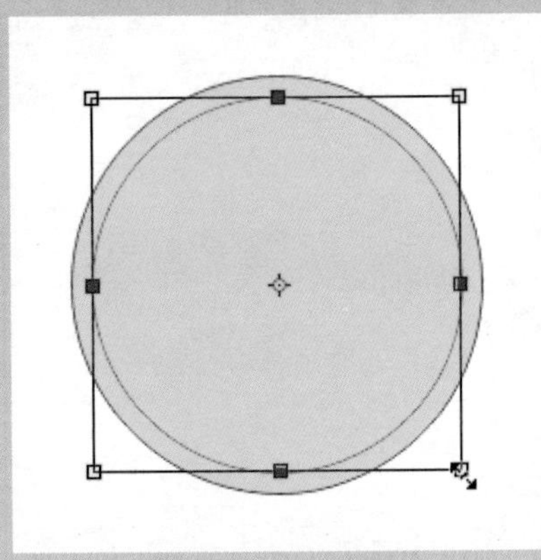

图 2-70 复制圆并缩小

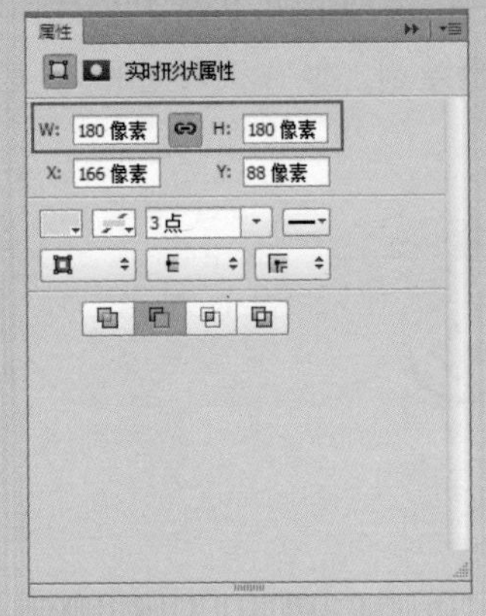

图 2-71 设置

05 在选项栏中单击“路径操作”按钮，如图 2-72 所示。

图 2-72 单击“路径操作”按钮

06 在展开的选项中选择“减去顶层形状”选项，如图 2-73 所示。

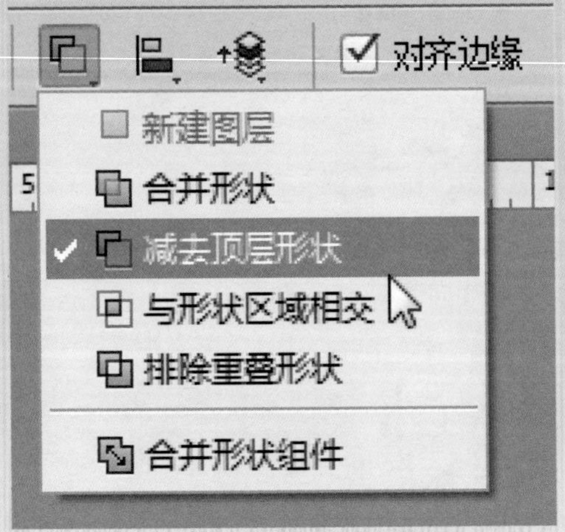

图 2-73 选择“减去顶层形状”选项

07 此时得到如图 2-74 所示的图形效果。

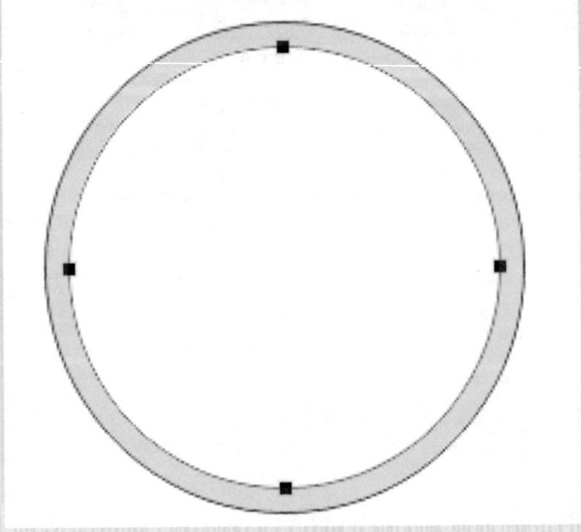

图 2-74 图形效果

08 用同样的方法，继续复制圆，并缩小 20 个像素，如图 2-75 所示。

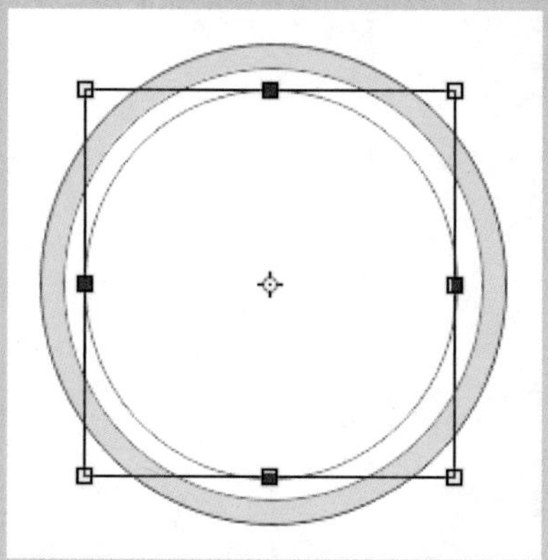

图 2-75 复制圆并缩小

09 再次在选项栏中设置“合并形状”，以显示出上层图形，如图 2-76 所示。

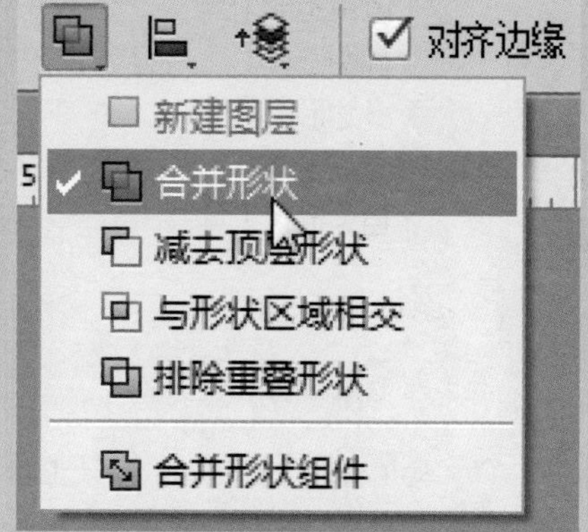

图 2-76 设置“合并形状”

10 再次复制并缩小 20 像素，设置“减去顶层形状”，如图 2-77 所示。

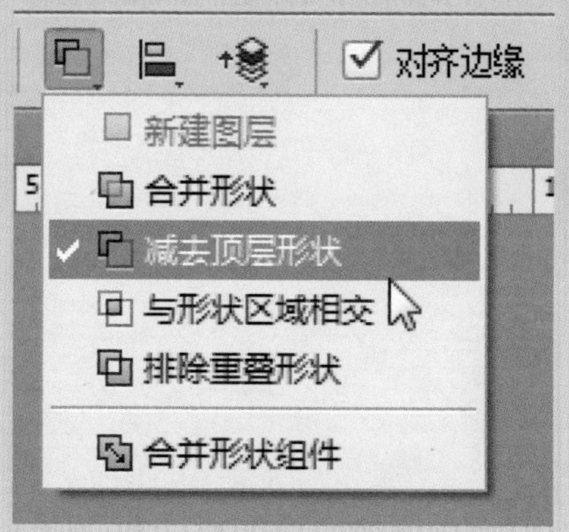

图 2-77 减去顶层形状

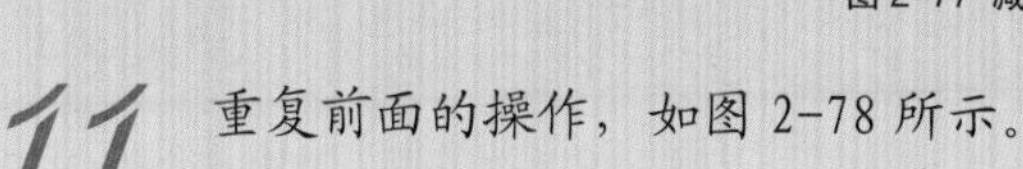

11 重复前面的操作，如图 2-78 所示。

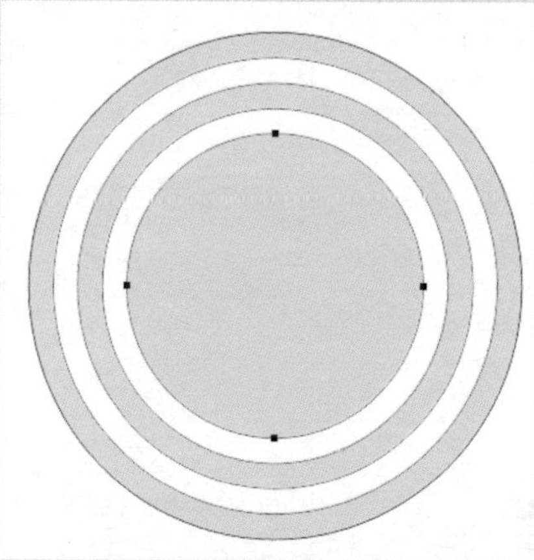

图 2-78 重复前面操作

12 在工具箱中选择“矩形工具”，如图 2-79 所示。绘制一个像素为 20 的正方形，如图 2-80 所示。

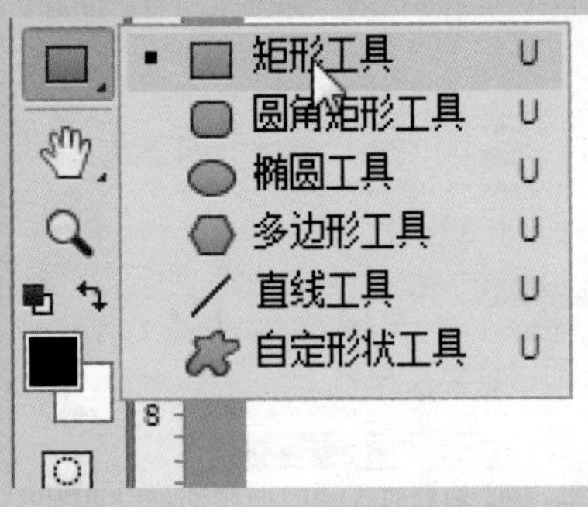

图 2-79 选择“矩形工具”

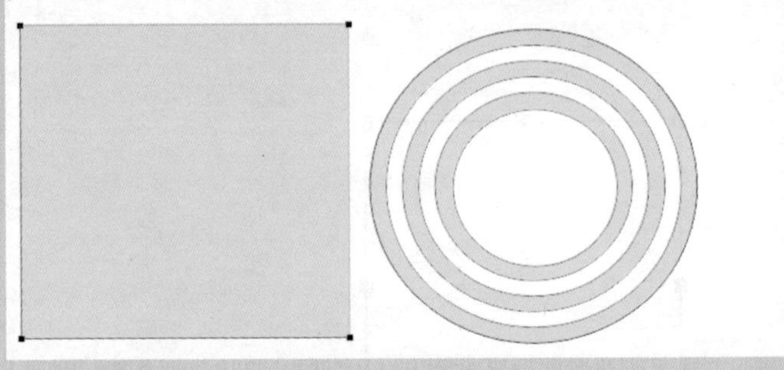

图 2-80 绘制正方形

13 按 Ctrl+T 组合键变形正方形，按住 Shift 键旋转 45°，如图 2-81 所示。然后将其调整到圆的上方，如图 2-82 所示。

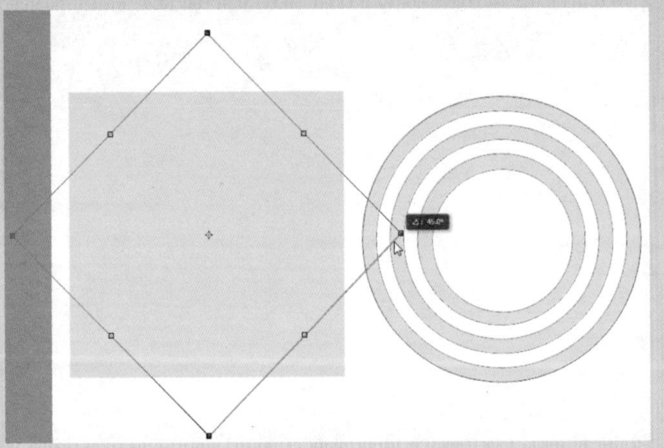

图 2-81 旋转

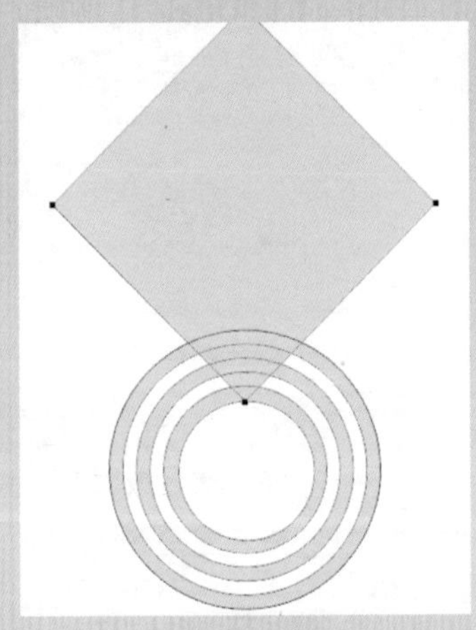

图 2-82 调整到圆上方

14 在选项栏中设置为“与形状区域相交”，如图 2-83 所示。此时的图形如图 2-84 所示。双击该图层缩览图，可以在打开的“拾色器”中修改为任意颜色，完成效果如图 2-85 所示。

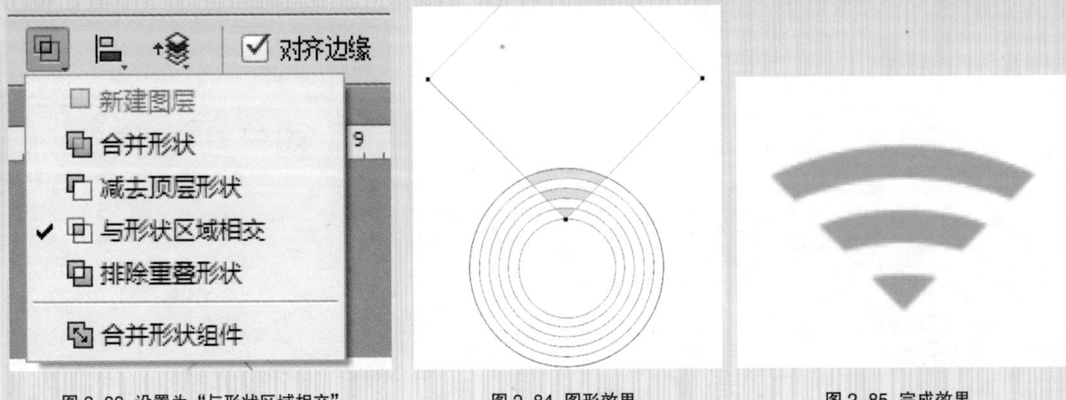

图 2-83 设置为“与形状区域相交”

图 2-84 图形效果

图 2-85 完成效果

2.2 APP UI 设计中的光影处理

光影效果能体现出物体的立体感和质感，在 Photoshop 中光影的处理主要是通过图层样式来实现的。本节将学习 APP UI 设计中的光影处理。

2.2.1 Photoshop 的图层样式

1. 混合选项

混合选项就是我们打开图层样式后看到的第一个设置面板，包括：常规混合、高级混合、混合颜色带 3 个大的功能区。这些功能区会影响后面的图层样式总体效果。学会其中的设置是非常必要的。

2. 斜面和浮雕

打开一个按钮，为按钮添加“斜面和浮雕”图层样式，如图 2–86 所示。添加图层样式后的效果如图 2–87 所示。

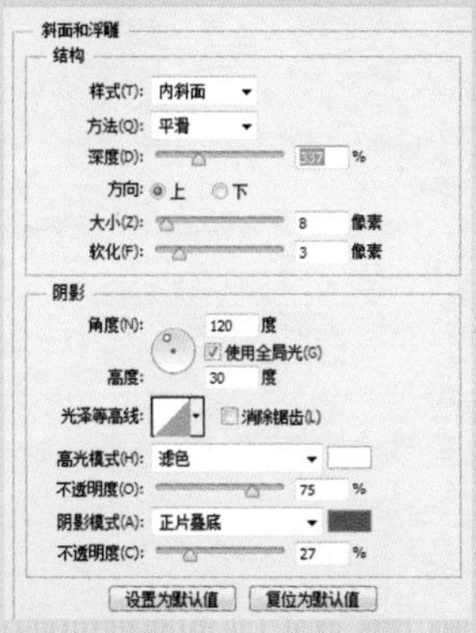

图 2–86 添加“斜面和浮雕”图层样式

图 2–87 添加图层样式后的效果

“斜面和浮雕”图层样式包括内斜面、外斜面、浮雕、枕形浮雕和描边浮雕 5 个图层样式，如图 2–88 所示。虽然每一项中包含的设置选项都是一样的，但是制作出来的效果却大相径庭。

“斜面和浮雕”图层样式设置参数包括“结构”和“阴影”两部分。通过这些设置，我们可以控制浮雕的类型、立体面的幅度、高光及暗部的颜色等，做出立体感和质感较强的图形。

在“图层样式”对话框左侧的“样式”下拉列表中，“斜面和浮雕”下方包含了“等高线”和“纹理”两个复选框，如图 2–89 所示。

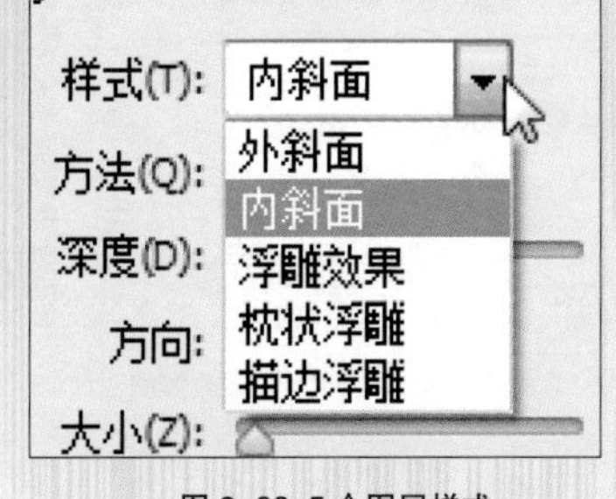

图 2–88 5 个图层样式

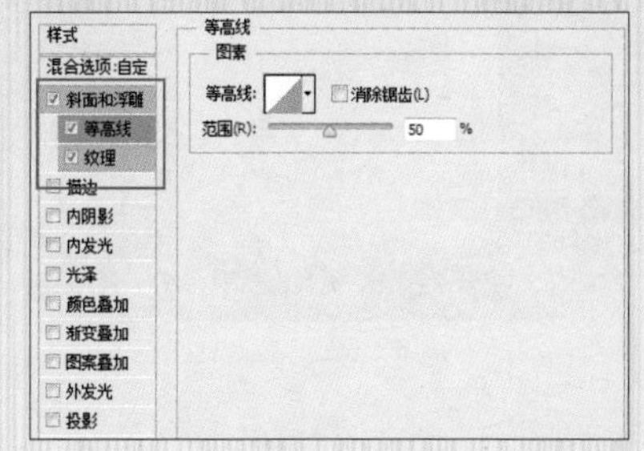

图 2–89 “等高线”和“纹理”复选框

- 等高线：用于控制浮雕的外形及应用范围。
- 纹理：将纹理图案叠加到对象上，实现材质效果。

3. 内阴影

如图 2–90 所示，为对象添加“内阴影”图层样式后，在紧靠图层内容的边缘添加阴影，使图层具有凹陷的感觉。在设计 APP UI 元素时为了体现凹陷的质感，通常会用到“内阴影”图层样式。

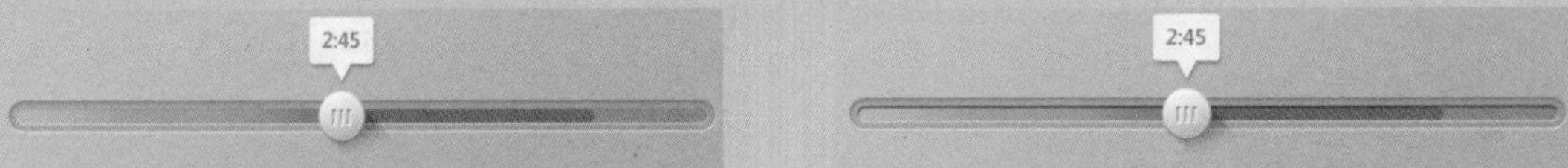

图 2–90 添加“内阴影”图层样式的前后对比

4. 投影

如图 2–91 所示，为对象添加“投影”图层样式后，在对象的下方出现了一个和图像内容相同的“影子”。在“投影”图层样式中可以设置影子的方向、距离、大小等。

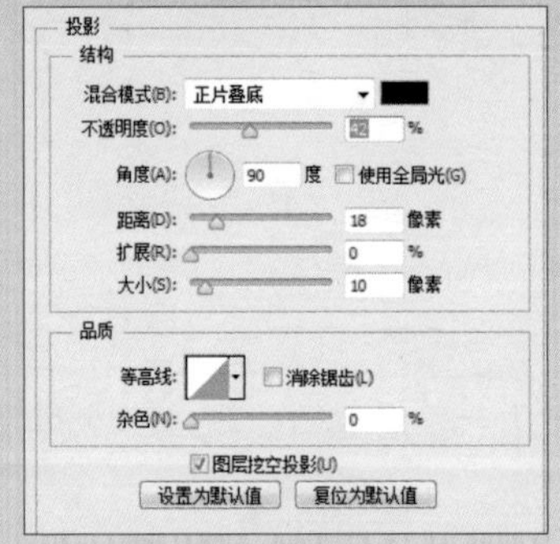

图 2–91 添加“投影”图层样式的前后对比

5. 内发光

如图 2–92 所示，为对象添加“内发光”图层样式后，该对象内侧边缘形成一种发光效果。

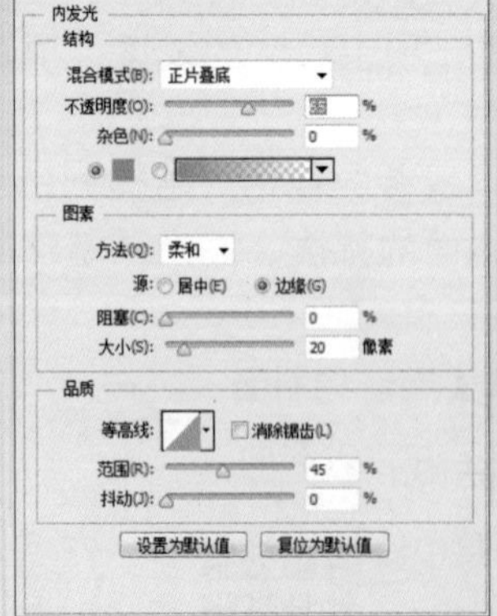

图 2–92 添加“内发光”图层样式的前后对比

6. 外发光

如图 2–93 所示，为对象添加“外发光”图层样式后，该对象边缘外侧形成发光的效果。

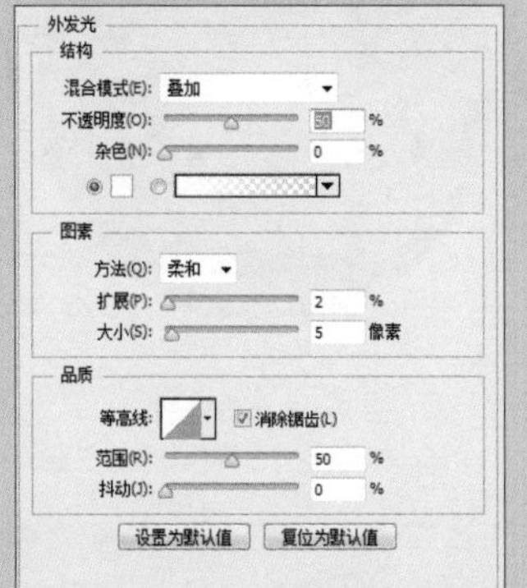

图 2–93 添加“内发光”图层样式的前后对比

在“外发光”图层样式的设置界面中包含 3 组参数。

- 结构：用于设置外发光的颜色和光照强度等属性。
- 图素：用于设置光芒的大小。
- 品质：用于设置外发光效果的细节。

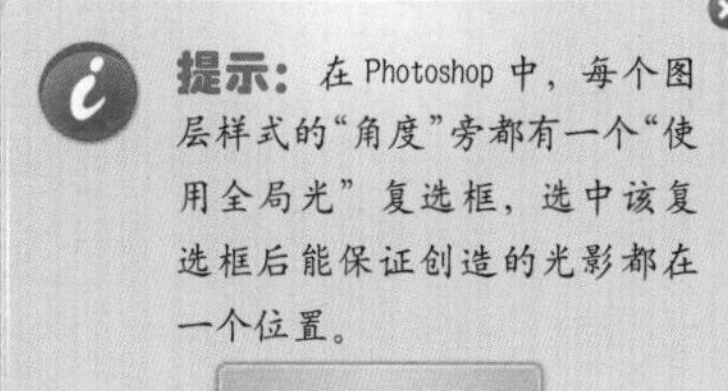

提示： 在 Photoshop 中，每个图层样式的“角度”旁都有一个“使用全局光”复选框，选中该复选框后能保证创造的光影都在一个位置。

READ MORE

7. 渐变叠加

如图 2–94 所示，为对象应用“渐变叠加”图层样式后，该对象实现了金属质感效果。“渐变叠加”图层样式一般用于为对象进行渐变色的覆盖，通过设置混合模式与不透明度来实现与原对象颜色的混合。

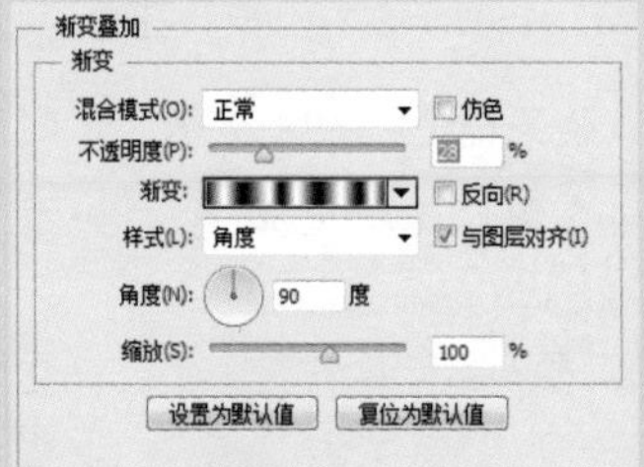

图 2–94 添加“渐变叠加”图层样式的前后对比

2.2.2 立体效果

要表现出立体效果，就需要设置对象的高光与阴影，处理图像的明暗关系。

设计思路

本实例介绍的是立体效果图标的绘制，通过“投影”“内阴影”等图层样式来实现图标的阴影效果，通过“渐变叠加”图层样式表现明暗，制作流程如图 2–95 所示。

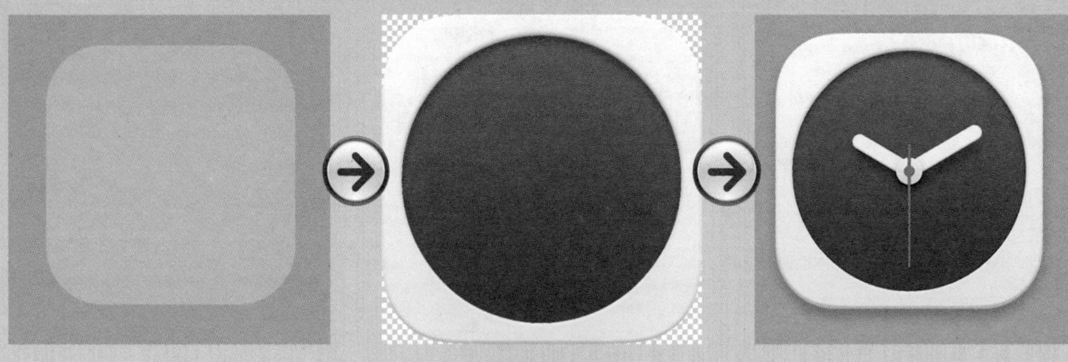

图 2-95 制作流程

制作步骤

知识点	图层样式
光盘路径	第 2 章\2.2.2 立体效果

01 新建文档，使用“圆角矩形工具”绘制圆角矩形，重命名图层为“阴影”，如图 2-96 所示。为“阴影”图层添加“投影”图层样式，如图 2-97 所示。

图 2-96 绘制圆角矩形

图 2-97 添加“投影”图层样式

02 添加图层样式后的矩形效果如图 2-98 所示。复制图层，修改图层名称为“时钟”，清除图层样式，双击缩略图修改矩形颜色，如图 2-99 所示。

图 2-98 矩形效果

图 2-99 修改矩形颜色

03 选择“时钟”图层，单击鼠标右键，选择“转换为智能对象”命令，如图 2-100 所示。

04 双击进入智能对象，为图层添加“斜面和浮雕”“内阴影”和“渐变叠加”图层样式，如图 2-101 所示。

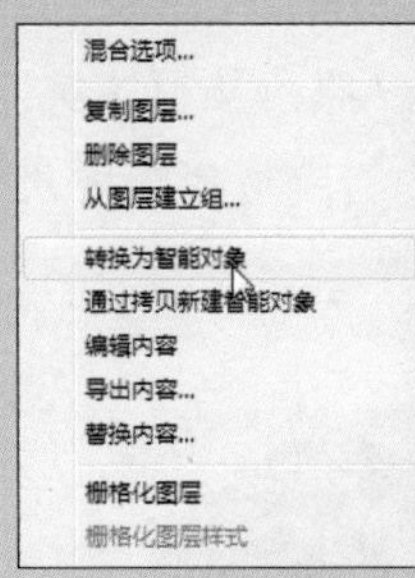

图 2–100 执行命令

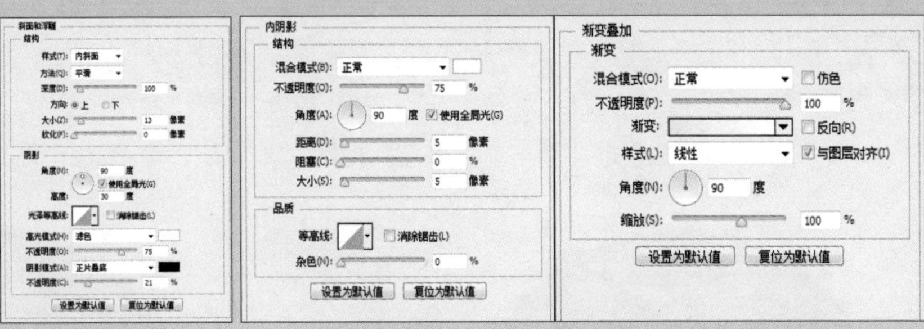

图 2–101 添加图层样式

05 确定操作后的图像效果如图 2–102 所示。

图 2–102 图像效果

06 使用“椭圆工具”绘制一个正圆形，如图 2–103 所示。

图 2–103 绘制正圆形

07 修改图层名称为“投影”，双击图层，在打开的对话框中设置“投影”图层样式，如图 2–104 所示。确定操作后的图像效果如图 2–105 所示。

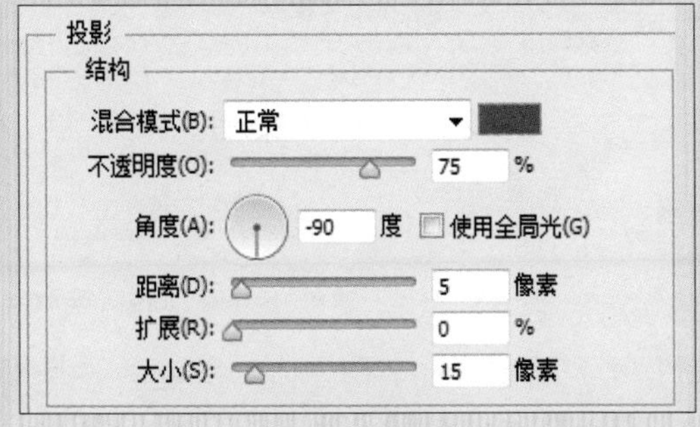

图 2–104 设置“投影”图层样式

图 2–105 图像效果

08 复制图层，重命名为“里圈”，修改图层样式，如图 2–106 所示。

图 2–106 修改图层样式

09 单击“确定”按钮关闭对话框，图像效果如图 2-107 所示。使用“圆角矩形工具”绘制圆角矩形，并旋转图形，将图层命名为“时针”。再次绘制圆角矩形并进行旋转，修改图层名称为“分针”。如图 2-108 所示。

图 2-107 图像效果

图 2-108 绘制圆角矩形

10 选择“分针”图层，为图层添加“斜面和浮雕”“投影”图层样式，如图 2-109 所示。复制图层样式到“时针”图层上，并修改“投影”图层样式，如图 2-110 所示。

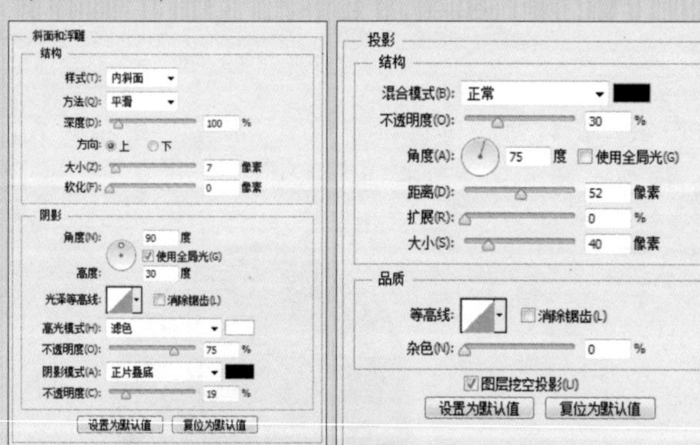

图 2-109 添加图层样式

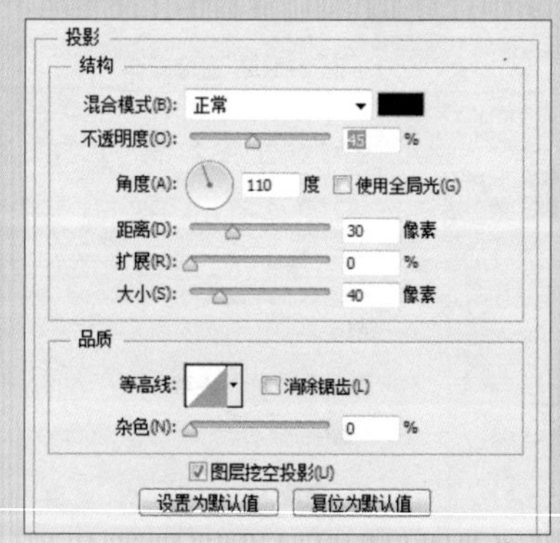

图 2-110 修改“投影”图层样式

11 确定操作后的图像效果如图 2-111 所示。绘制一个圆，为图层添加“投影”图层样式，如图 2-112 所示。

图 2-111 图像效果

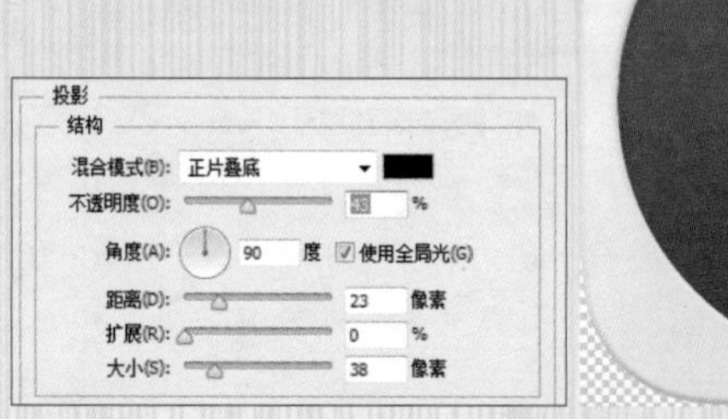

图 2-112 添加“投影”图层样式

12 复制图层，修改图层样式，如图 2-113 所示。

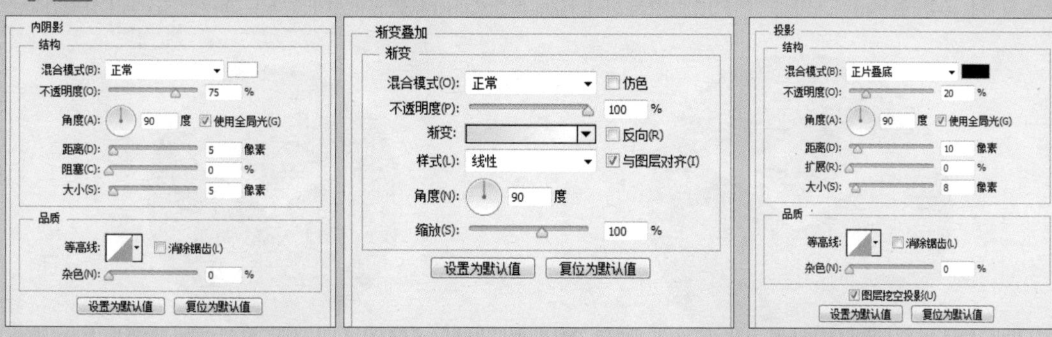

图 2-113 修改图层样式

13 修改后的图像效果如图 2-114 所示。

图 2-114 图像效果

14 使用“圆角矩形工具”和“椭圆工具”绘制图形，如图 2-115 所示。

图 2-115 绘制图形

15 重命名图层为“秒针”，为图层添加“斜面和浮雕”“投影”图层样式，如图 2-116 所示。

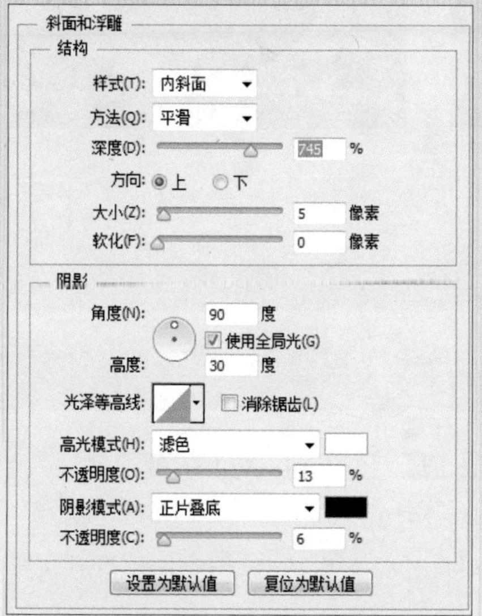

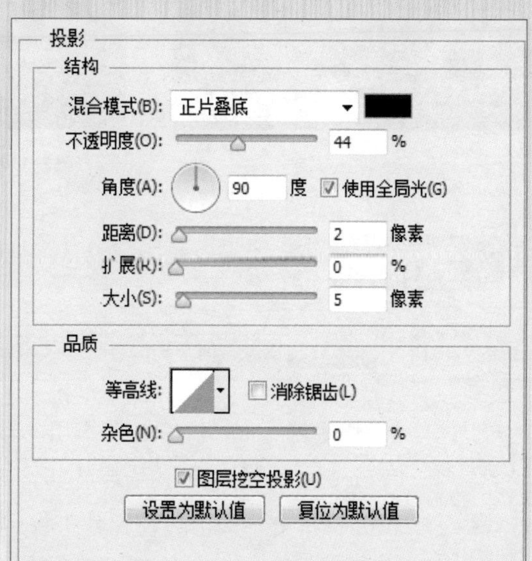

图 2-116 添加图层样式

16 确定操作后的效果如图 2-117 所示。执行"文件" | "存储"命令，回到文档 1，最终效果如图 2-118 所示。

图 2-117 操作后的效果

图 2-118 最终效果

 2.2.3 发光效果

发光效果也是十分常见的设计效果。为了表现发光效果，一般按钮的背景色为深色，而发光的颜色为鲜艳的彩色，对比强烈。

设计思路

本实例制作的是发光效果的按钮，主要通过"外发光"图层样式实现发光的效果，制作流程如图 2-119 所示。

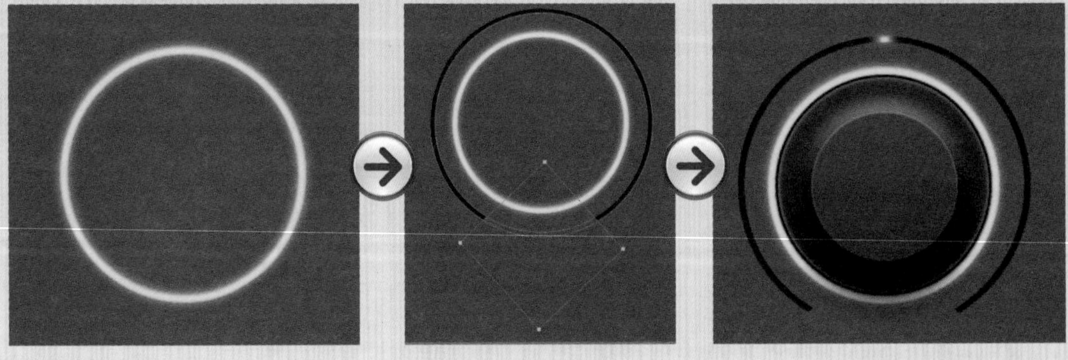
图 2-119 制作流程

制作步骤

知识点	图层样式
光盘路径	第 2 章 \2.2.3 发光效果

01 新建文档，使用"椭圆工具"绘制一个正圆。按 Ctrl+C 组合键复制，按 Ctrl+V 组合键粘贴，然后将其略微缩小，如图 2-120 所示。

02 在选项栏中单击"路径操作"按钮，在打开的下拉列表中选择"排除重叠形状"选项，如图 2-121 所示，重命名图层为"圆环"。

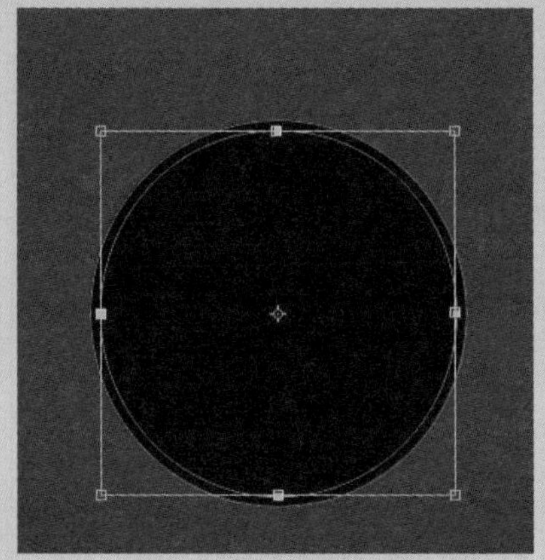

图 2-120 绘制圆并复制缩小

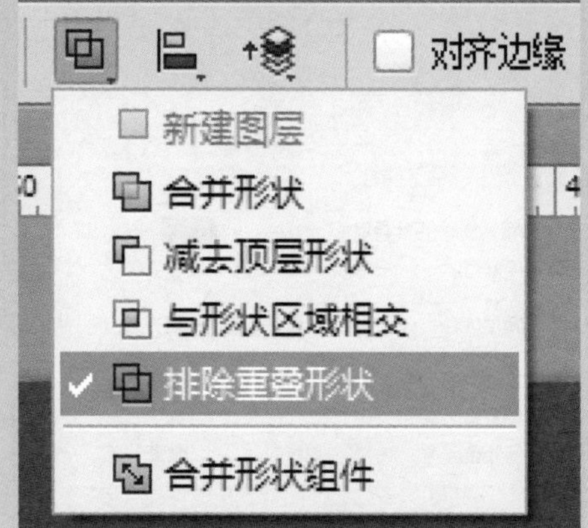

图 2-121 选择“排除重叠形状”选项

03 为“圆环”图层添加“内阴影”“颜色叠加”“外发光”“投影”图层样式，如图 2-122 所示。

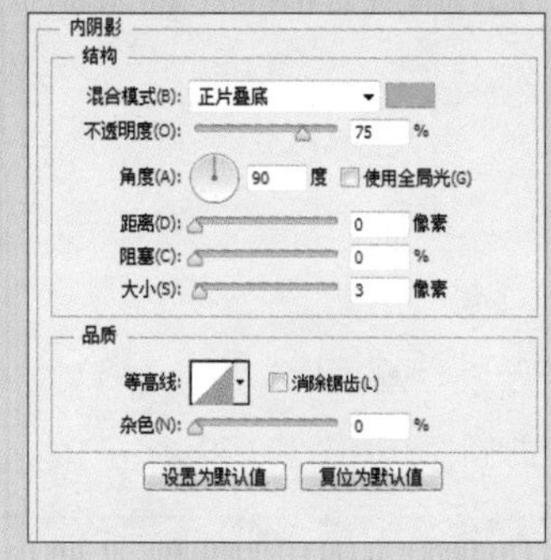

图 2-122 添加图层样式

04 确定操作后的图像效果如图 2-123 所示。复制图层，将其重命名为“外环”。将图形放大，并绘制一个矩形，将其旋转后，在“路径操作”下拉列表中选择“减去顶层形状”选项，如图 2-124 所示。

图 2-123 图像效果

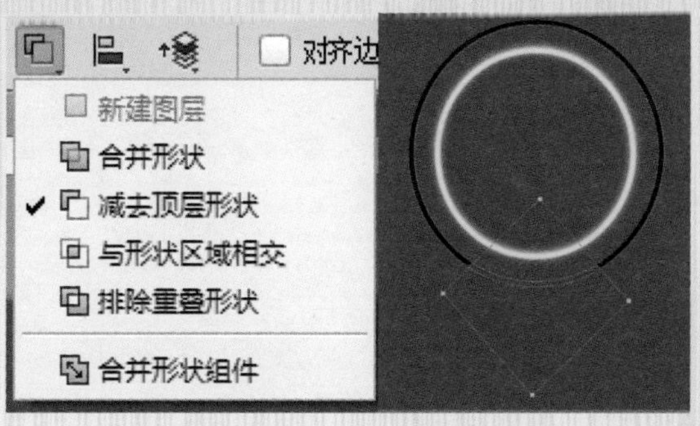

图 2-124 选择“减去顶层形状”选项

05 为“外环”图层添加“内阴影”“颜色叠加”和“投影”图层样式，如图 2-125 所示。

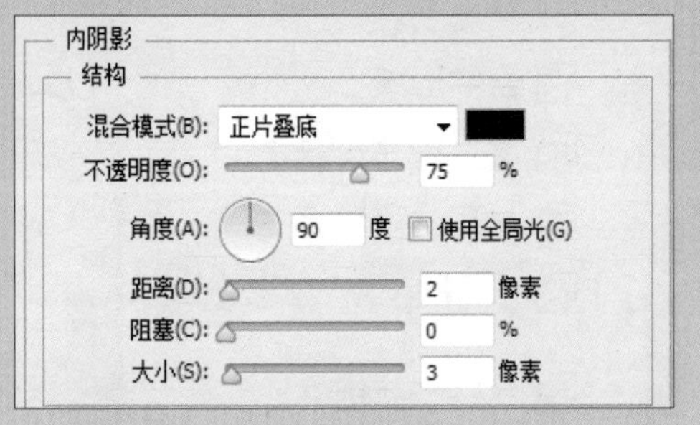

颜色叠加
颜色
混合模式(B): 正常
不透明度(O): 100 %
设置为默认值 复位为默认值

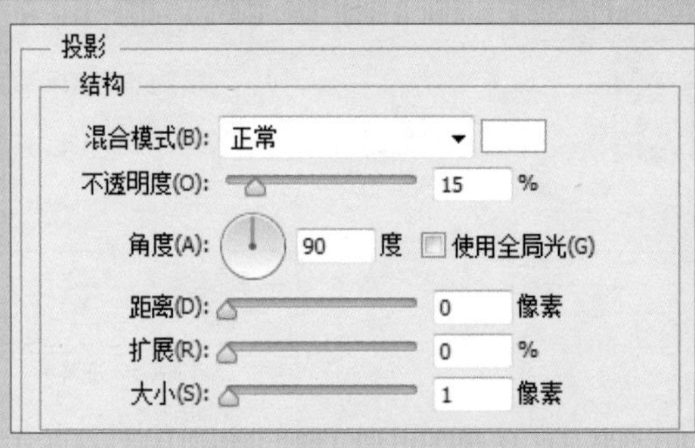

图 2-125 添加图层样式

06 确定操作后的效果如图 2-126 所示。

图 2-126 确定后效果

07 使用“椭圆工具”继续绘制正圆，如图 2-127 所示。

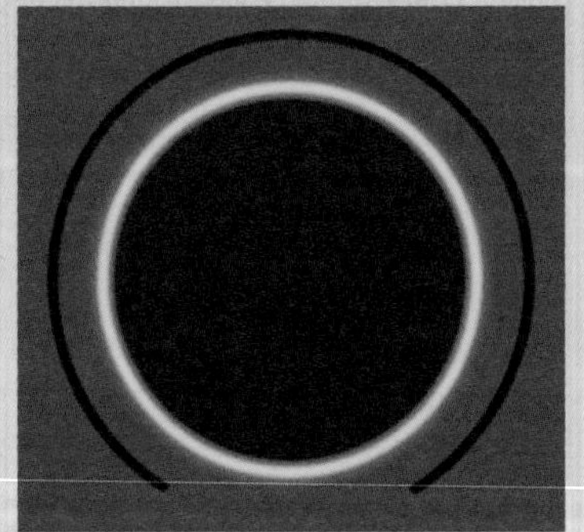

图 2-127 绘制正圆

08 重命名图层为“底层”，为图层添加“描边”“内阴影”“内发光”和“渐变叠加”图层样式，如图 2-128 所示。

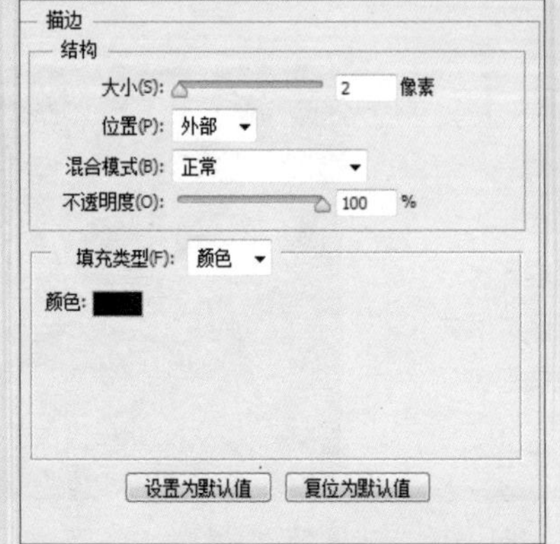

内阴影
结构
混合模式(B): 滤色
不透明度(O): 75 %
角度(A): 90 度 使用全局光(G)
距离(D): 0 像素
阻塞(C): 10 %
大小(S): 3 像素
品质
等高线: 消除锯齿(L)
杂色(N): 0 %
设置为默认值 复位为默认值

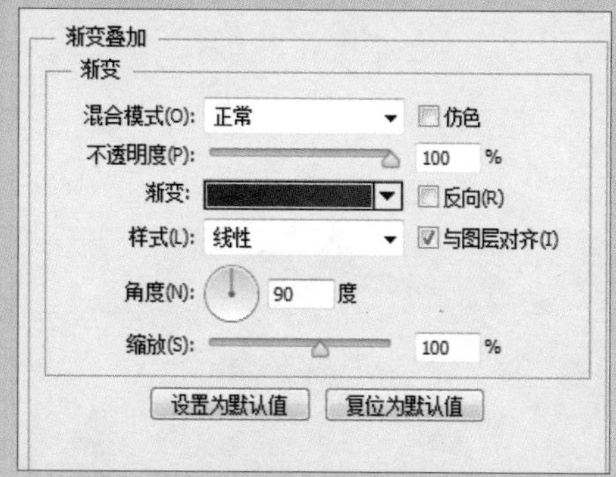

图 2-128 添加图层样式

09 确定操作后的效果如图 2-129 所示。

图 2-129 确定后效果

10 继续使用“椭圆工具”绘制正圆，如图 2-130 所示。

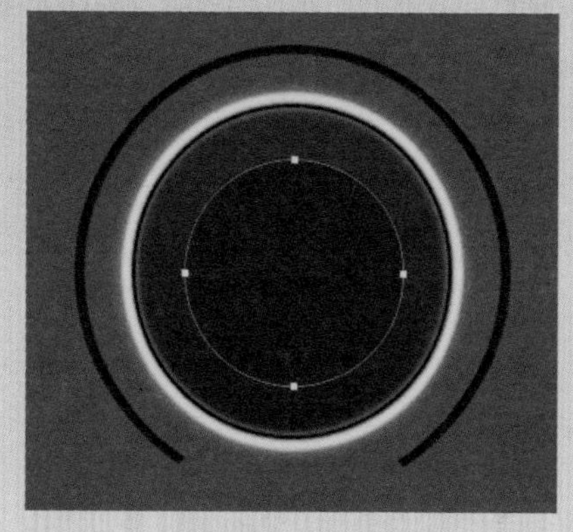

图 2-130 绘制正圆

11 重命名图层为“上层”，为图层添加图层样式，如图 2-131 所示。

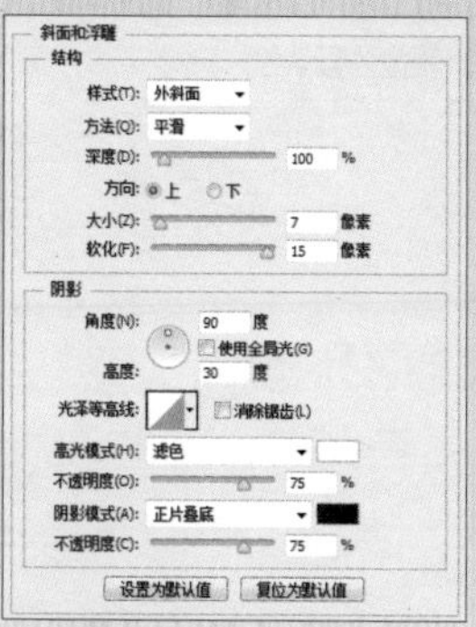

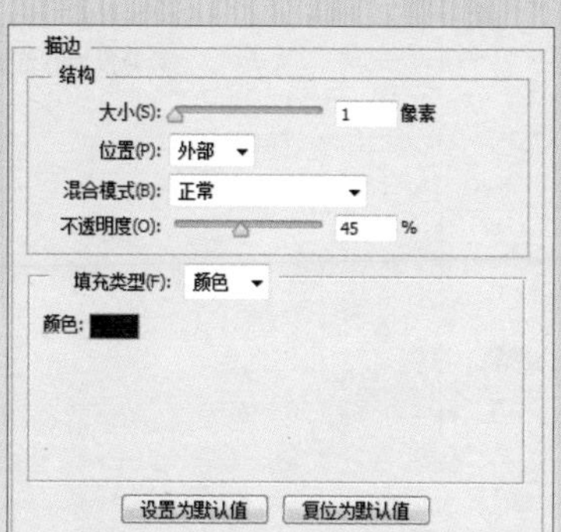

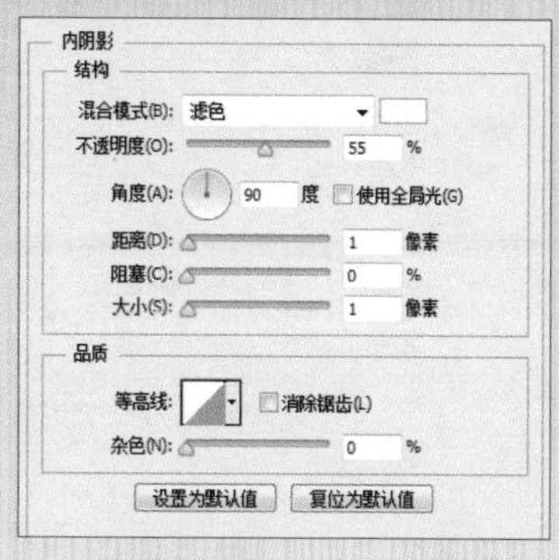

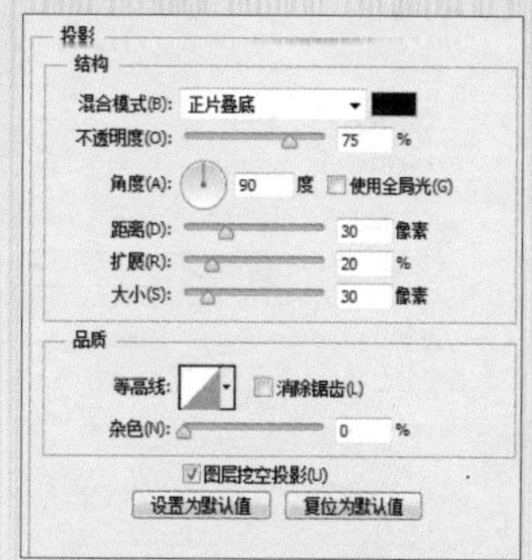

图 2-131 添加图层样式

12 确定操作后的图像效果如图 2-132 所示。

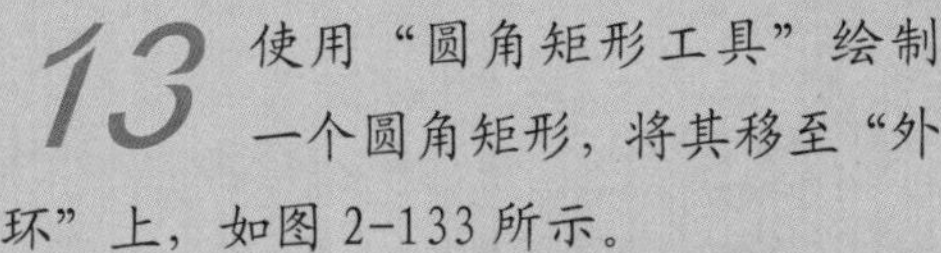

13 使用“圆角矩形工具”绘制一个圆角矩形，将其移至“外环”上，如图 2-133 所示。

图 2-132 图像效果

图 2-133 绘制圆角矩形

14 重命名图层为“亮点”，为图层添加“内阴影”“颜色叠加”“外发光”和“投影”图层样式，如图 2-134 所示。

内阴影
结构
混合模式(B): 正片叠底
不透明度(O): 75 %
角度(A): 90 度 使用全局光(G)
距离(D): 0 像素
阻塞(C): 0 %
大小(S): 3 像素
品质
等高线: 消除锯齿(L)
杂色(N): 0 %
设置为默认值 复位为默认值

颜色叠加
颜色
混合模式(B): 正常
不透明度(O): 100 %
设置为默认值 复位为默认值

外发光
结构
混合模式(E): 滤色
不透明度(O): 35 %
杂色(N): 0 %
图素
方法(Q): 柔和
扩展(P): 20 %
大小(S): 9 像素

投影
结构
混合模式(B): 强光
不透明度(O): 100 %
角度(A): 90 度 使用全局光(G)
距离(D): 0 像素
扩展(R): 50 %
大小(S): 1 像素

图 2-134 添加图层样式

15 确定操作后的效果如图 2-135 所示。复制“亮点”图层，将外发光的“不透明度”与“扩展”值调大一些，并添加图层蒙版，最终效果如图 2-136 所示。

图 2-135 操作后的效果

图 2-136 最终效果

2.2.4 投影效果

投影能体现立体感，投影一般是使用“图层样式”来设置，对于特殊的投影，也可以直接绘制。

设计思路

本实例绘制的是日历图标，日历图标中使用了长投影效果，这是扁平化风格中较为常见的投影效果。如图 2-137 所示为制作流程。

图 2-137 制作流程

制作步骤

知识点	图层样式
光盘路径	第 2 章 \2.2.4 投影效果

01 新建文档，为画布填充深灰色。使用“圆角矩形工具”绘制圆角矩形，填充颜色为 #ed2b58，如图 2-138 所示。

02 重命名图层为“底”，为图层添加“内阴影”和“内发光”图层样式，如图 2-139 所示。

图 2-138 绘制圆角矩形

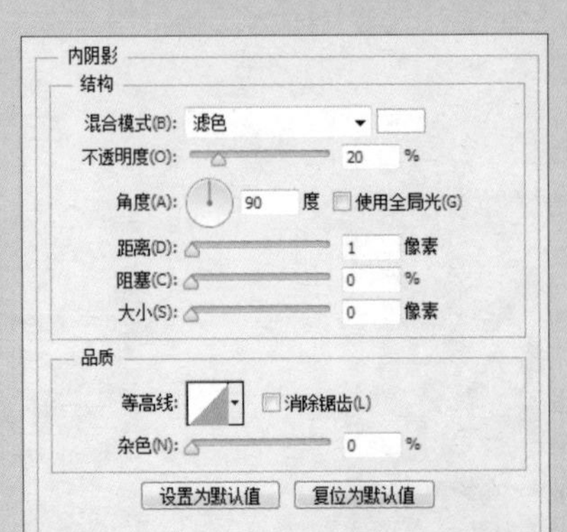

图 2-139 添加图层样式

03 继续为图层添加“渐变叠加”和“投影”图层样式，如图 2-140 所示。单击“确定”按钮后的图像效果如图 2-141 所示。

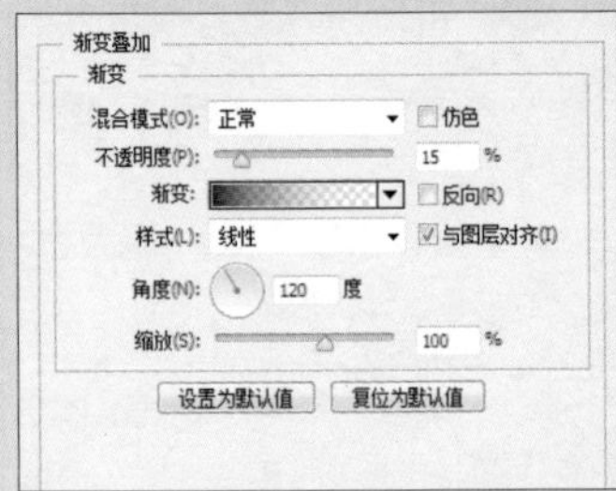

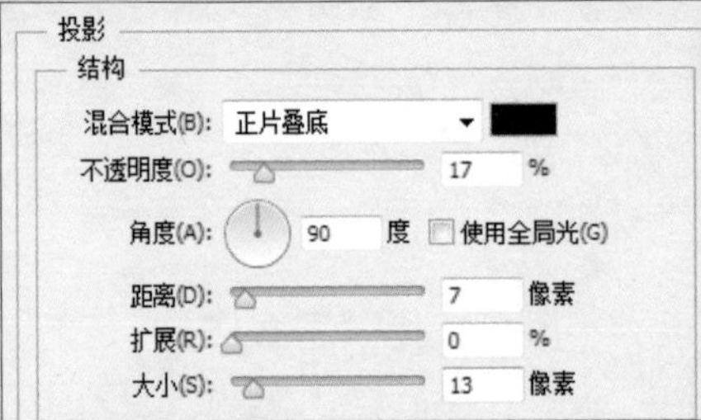

图 2-140 继续添加图层样式

图 2-141 图像效果

04 复制图层，将其重命名为“上半部”，然后使用“矩形工具”绘制矩形，如图 2-142 所示。

05 使用“路径选择工具”选择图形，在选项栏中的“路径操作”下拉列表中选择“减去顶层形状”选项，如图 2-143 所示。设置后的图像效果如图 2-144 所示。

图 2-142 绘制矩形

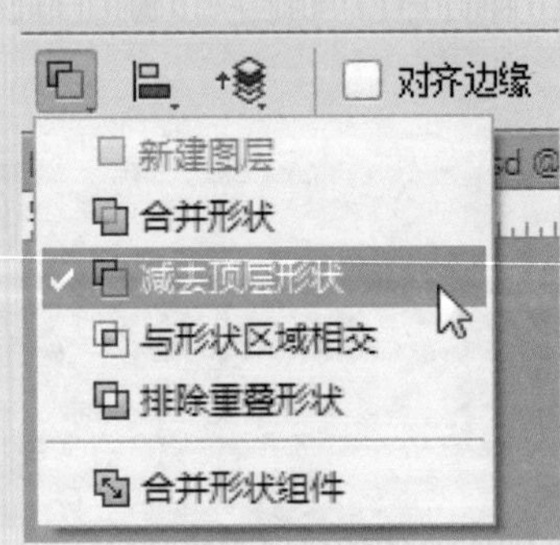

图 2-143 选择“减去顶层形状”选项

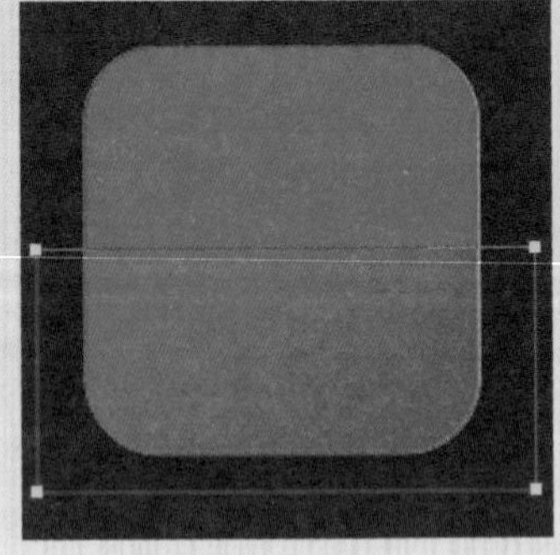

图 2-144 设置后效果

06 为“上半部”图层添加“内阴影”“颜色叠加”和“渐变叠加”图层样式，如图 2-145 所示。

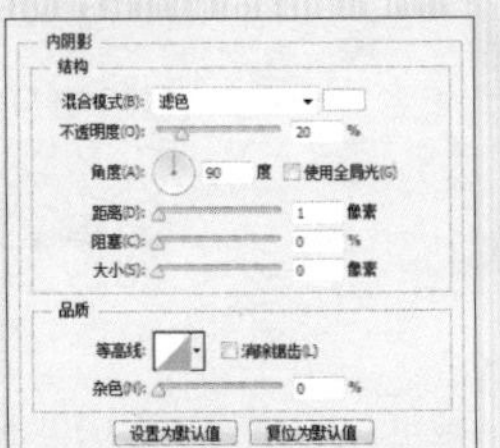

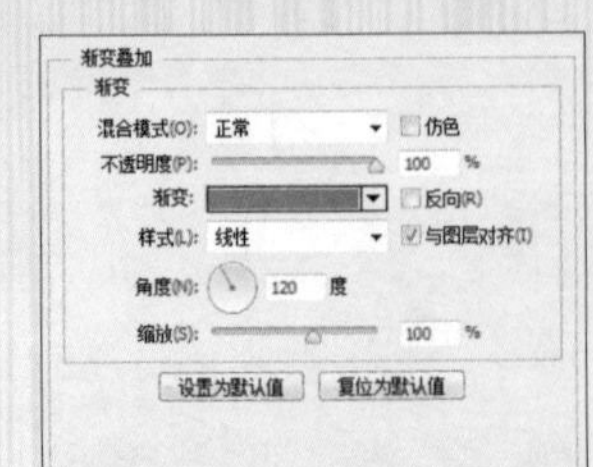

图 2-145 添加图层样式

07 确定操作后的图像效果如图 2-146 所示。使用“矩形工具”在左侧绘制一个小矩形，颜色为 #731414，并复制一个到右侧，如图 2-147 所示。

图 2-146 图像效果

图 2-147 绘制矩形并复制

08 再次复制两个矩形，修改颜色为 #5b0e0e，并将其缩小，如图 2-148 所示。

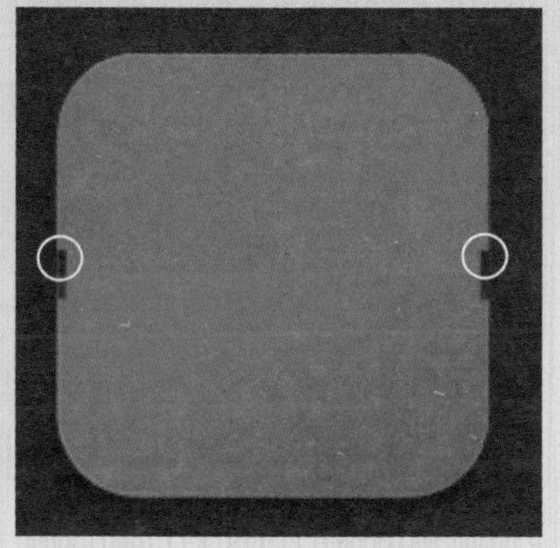
图 2-148 复制矩形

09 使用“直线工具”绘制线条，如图 2-149 所示。

图 2-149 绘制线条

10 重命名图层为“分割线”，为图层添加“投影”图层样式，如图 2-150 所示。

图 2-150 添加图层样式

11 确定操作后的图像如图 2-151 所示。

图 2-151 图像效果

12 使用“横排文字工具”输入文字，如图 2-152 所示。为文字图层添加“渐变叠加”和“投影”图层样式，如图 2-153 所示。

图 2-152 输入文字

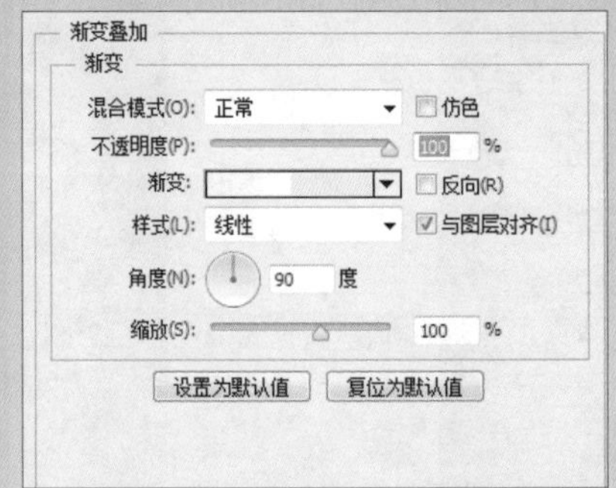

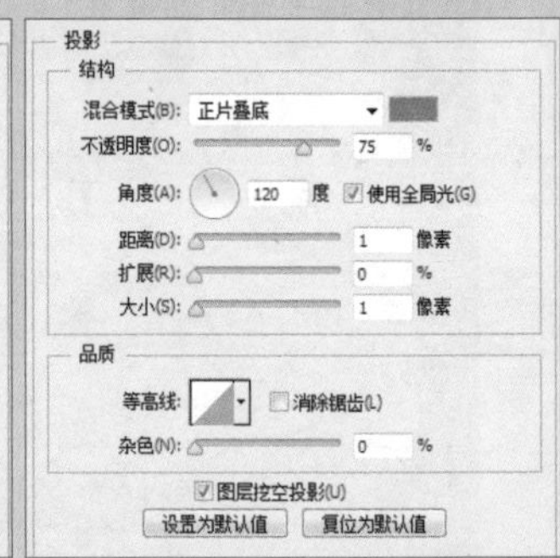

图 2-153 添加图层样式

13 确定操作后的图像效果如图 2-154 所示。使用“钢笔工具”绘制图形，重命名图层为“长投影”。将“长投影”图层向下移动一层，设置图层的“不透明度”为 50%，效果如图 2-155 所示。

图 2-154 图像效果

图 2-155 绘制长投影

14 添加图层蒙版，填充黑色，按住 Ctrl 键单击“底”图层，载入选区后，再次选择蒙版，填充白色，使用“画笔工具”进行涂抹，效果如图 2-156 所示。

图 2-156 涂抹效果

图 2-157 查看蒙版效果

提示： 按住 Alt 键单击蒙版缩略图可以查看蒙版的效果，如图 2-157 所示。

READ MORE

15 绘制矩形，重命名图层为“底阴影”，将该图层调整至“背景”图层上方，设置图层的“不透明度”参数为 50%。然后旋转矩形，如图 2-158 所示。

16 矩形的填充颜色为渐变填充，渐变色为黑色到白色，如图 2-159 所示。

图 2-158 绘制矩形并旋转

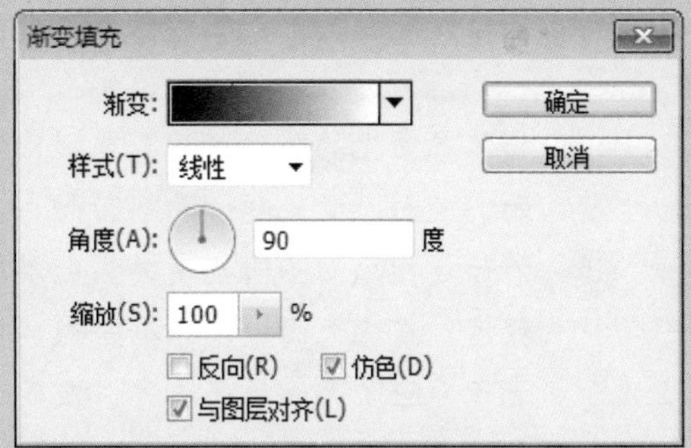

图 2-159 渐变填充

17 此时的图像效果如图 2-160 所示。添加图层蒙版，为蒙版填充白色到黑色的渐变，如图 2-161 所示。最终的完成效果如图 2-162 所示。

图 2-160 图像效果

图 2-161 添加蒙版

图 2-162 完成效果

2.3 设计师心得

2.3.1 光影在不同材质上的表现

阴影是最自然的暗示，它可以突出界面元素。当光从天空中射下来时，会照亮最上面的事物，并且向下投射出它们的影子。所以顶部最亮，而底部最暗。在用户界面中，为元素添加阴影后，它们开始变得立体，如图 2-163 所示。在保持简洁的情况下，应用光影可以增加用户触摸、滑动、点击的交互欲望。

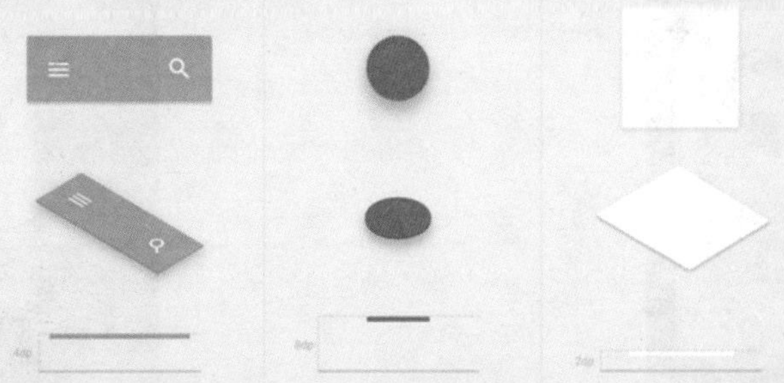

图 2-163 添加阴影后变得立体

物体在光线的照射下产生立体感，出现物体明暗调子的规律可归纳为“三面五调”。

- 物体在受光的照射以后，呈现出不同的明暗，受光的一面叫亮面，侧受光的一面叫灰面，背光的一面叫暗面。
- 调子是指画面不同明度的黑白层次，是指面所反映光的数量，也就是面的深浅程度。在三大面中，根据受光的强弱不同，还有很多明显的区别，形成了5个调子。除了亮面的亮调子、灰面的灰调和暗面的暗调之外，暗面由于环境的影响还出现了“反光”。另外，在灰面与暗面交界的地方，它既不受光源的照射，又不受反光的影响，因此挤出了一条最暗的面，叫“明暗交界”。这就是我们常说的“五大调子”。

在APP UI设计中，无须把所有的调子绘制出来。一般而言，要表现物体的厚度，有两个部分必不可少，分别是受光部分和阴影部分。

我们需要清楚光源从哪里来，高光的位置决定了阴影的位置，如图2-164所示。

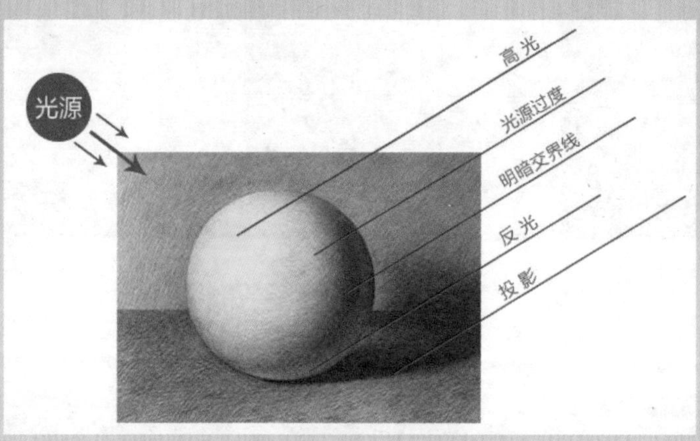

图2-164 光与影

影响光的因素主要是结构，其次是材质对光的反射比例。

1. 透明材质

透明材质的有玻璃、宝石等。

- 在透明材质的物体上，如果表面光滑，光会在入射面有一个较强的反射高光。且当光线穿过物体后，会在物体内的后方投射出一块光斑，如图2-165所示。

图2-165 强反光与投射光斑

- 在物体不直接和光源成直射角的边缘，会形成一些较深的颜色，如图 2-166 所示。

图 2-166 边缘颜色深

- 通过透明物体可以看到后面的图像，如图 2-167 所示，且会根据透明物体的造型及反射率进行一定的扭曲和折射。

图 2-167 透明物体可以看到后面的图像

2. 厚实材质

厚实材质的如金属、木材、不透明塑料等。

- 厚实材质的高光正常，高光颜色介于照射光和物体本身的混色。光线不会穿透物体，所以“三大调”“五大面”都很明显，因此在绘制时要注意物体的明暗交界线，如图 2-168 所示。

图 2-168 厚实材质

- 周围的光投射在地表后会反射到物体的背面，所以背面不是最暗的，如图 2-169 所示。

图 2-169 背景不是最暗的

3. 粗糙暗哑材质

粗糙暗哑材质如水泥、原石、磨砂橡胶等。此类表面凹凸不平，所以高光比较柔和，光影变化也不强烈，如图 2-170 所示。

图 2-170 粗糙暗哑材质

4. 光滑坚硬材质

光滑坚硬的材质如抛光大理石、清漆木头等。

- 高光强且面积小，反射的也是光源本身的颜色，如图 2-171 所示。
- 光滑的物体会对周围的环境进行反射，并在物体表明进行扭曲和拉伸。

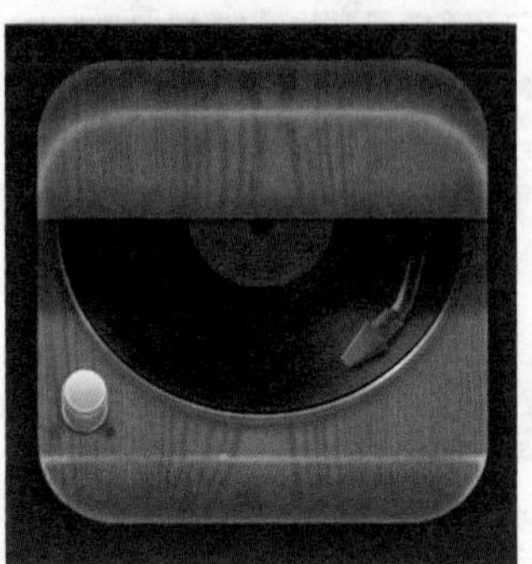

图 2-171 高光强且面积小

5. 柔软材质

柔软材质如布料、编织物、皮革、皮毛、植物等。柔软材质的表面会形成很大区域，产生固有色同色系的柔和高光，如图 2–172 所示。

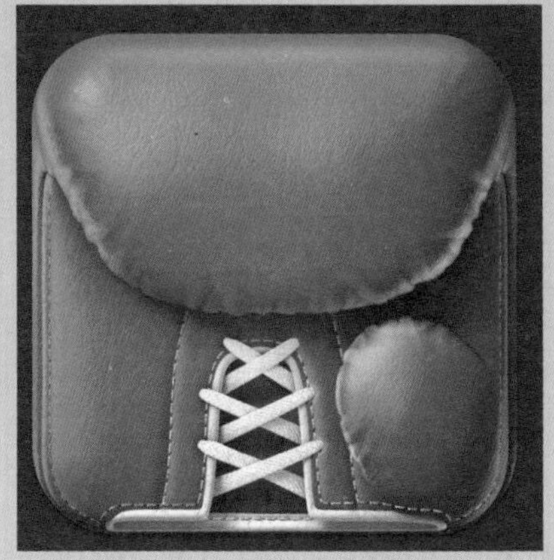

图 2–172 柔软材质

如果是动物的皮毛，毛发表面的油脂和毛管会折射光线，如图 2–173 所示。

图 2–173 动物毛发

6. 流体材质

流体指水、牛奶等液体，也包括果酱、蜂蜜等黏液。

- 液体由于表明的张力，在物体表面会形成球面的水珠，如图 2–174 所示。
- 放在容器内会出现周围挂壁的现象，而刚好满溢的液体会在容器的开口处凸起，如图 2–175 所示。

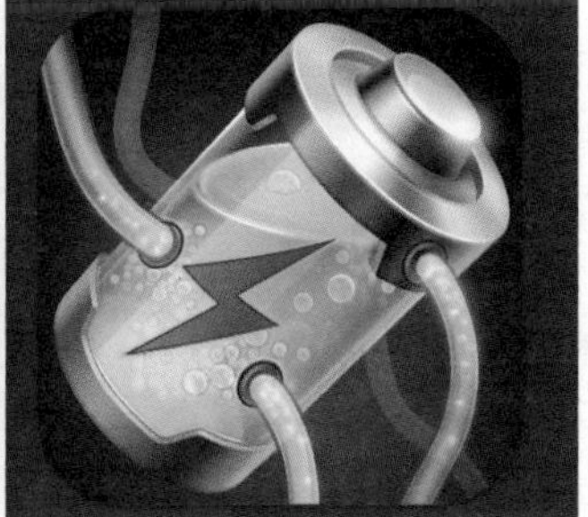

图 2–174 表面水珠

图 2–175 挂壁的现象

2.3.2 扁平化设计的流行配色方案

扁平化设计并不局限于某种色彩基调，它可以使用任何色彩，但是大多数的设计师都倾向于使用大胆鲜艳的颜色。

那么，如何让扁平化设计在色彩上与众不同呢？设计师正在不断地增加色彩层次，将原本的一两个层次层加到三四个甚至更多。这些色彩的亮度和饱和度大都非常高。

在进行扁平化设计时，传统的色彩法则就不适用了，转而以彩虹色这种流行色来进行配色。

1. 纯色

扁平化设计一般都有特定的设计法则，比如，利用纯色、复古色或是同类色。但并不是说这是唯一的选择，而是这种方式已经成为一种流行的趋势，也更受大家欢迎。

提到扁平化设计的色彩，纯色一定首当其冲地出现在我们的脑海里，因为它带来了一种独特的感受。纯粹的亮色往往能够与明亮的或者灰暗的背景形成对比，以达到一种极富冲击力的视觉效果。所以说，在进行扁平化设计时，纯色绝对是最受欢迎的色彩趋势，如图 2–176 所示。

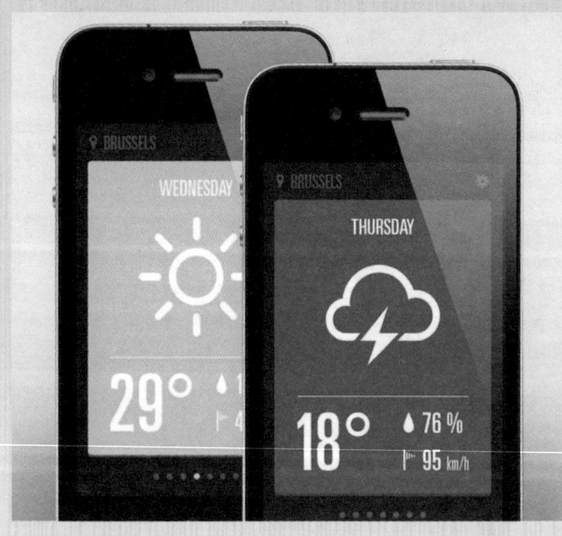

图 2–176 纯色

在扁平化设计中，三原色是很少见的，即正红、正蓝和正黄。

2. 复古色

在进行扁平化设计时，复古色也是一种常见的色彩方式，如图 2–177 所示。

这种色彩虽然饱和度低，但却是在纯色的基础上添加白色，以使色彩变得更加柔和。复古色经常以大量的橘色和黄色为主，但有时也有红色或蓝色。

在扁平化设计中，以复古色为主色调是很常见的，以为这种色彩能够使页面变得更加柔美、富有女性气质。

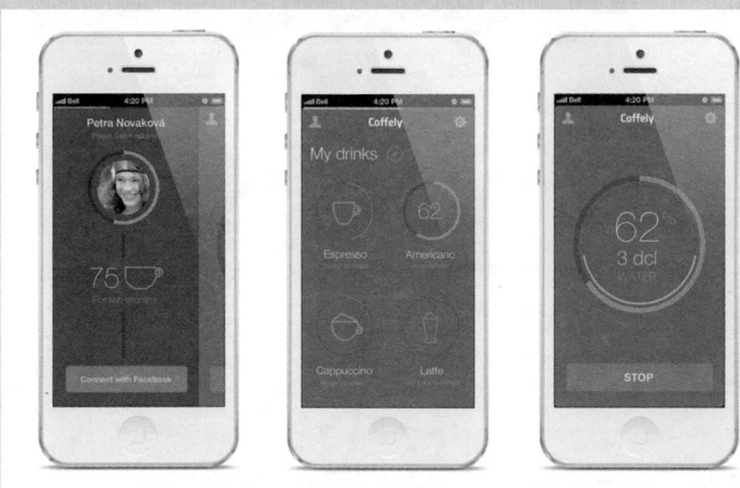

图 2–177 复古色

3. 同类色（单色调）

在扁平化设计中，使用同类色正迅速成为一种流行趋势。这种色彩往往以单一颜色搭配黑色或白色来创造一种鲜明且有视觉冲击的效果。同类色在移动设备和 APP 设计中格外受欢迎。

大部分同类色利用一个基本色搭配两三个色彩，如图 2–178 所示。另一个方法是设计少量的色彩变化。比如，蓝色配以绿色呈现出一种蓝绿色的效果。

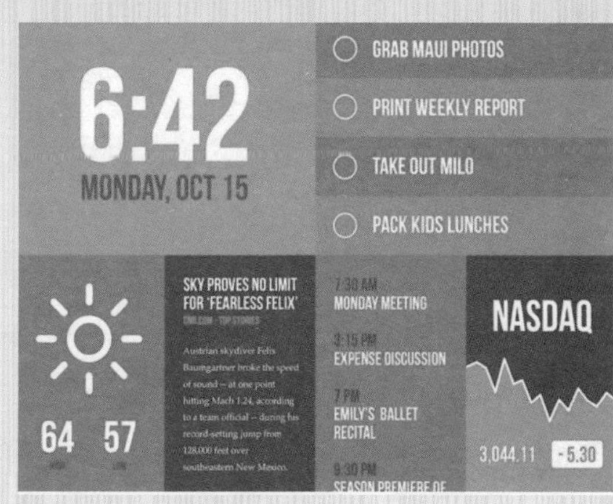

图 2–178 同类色

第3章

APP UI界面中常见元素设计

每个APP界面都是由多个不同的基本元素组成的，常见的元素有图标、按钮、菜单等，这些元素的设计是APP界面设计的基础。

3.1 常见界面控件设计

界面控件是指放置在界面上的可视化图形，大多数具有执行功能，控制事件的发生。

3.1.1 常见的控件元素

在 APP 界面中常见的控件元素有图标、按钮、进度条、单选按钮、复选框、搜索栏、导航栏等，如图 3-1 所示。

图 3-1 常见的控件元素

1. 图标

图标是大家对一款 APP 的第一印象，也是 APP 界面中不可或缺的一部分。图标按功能分为应用图标、功能图标和示意图标。

- 应用图标：通常是 APP 的入口，是产品的一种概括性视觉表现，能够简洁、显眼且友好地传递产品的核心理念和内涵，如图 3-2 所示。

图 3-2 应用图标

- 功能图标：功能图标一般代表可操作性的命令、文件、设备或目录，如图 3-3 所示，并包括默认、触摸、选中 3 种状态。需要注意的是，简化的图标需要表达出相应的含义，在小尺寸下也必须清晰易懂。

图 3-3 功能图标

- 示意图标：用于指示用户无须操作的信息，如图 3-4 所示。这类图标只有一个状态。

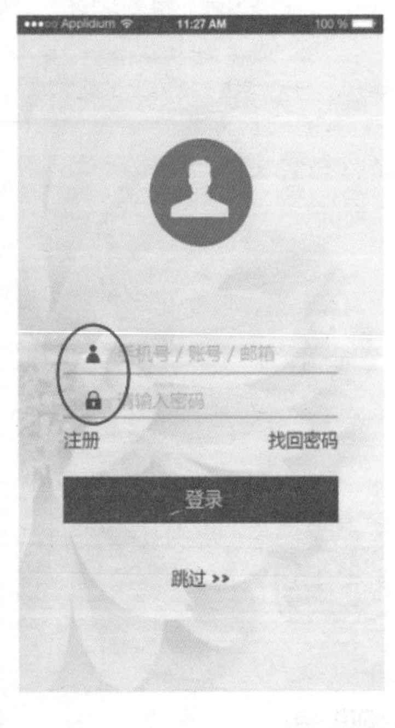

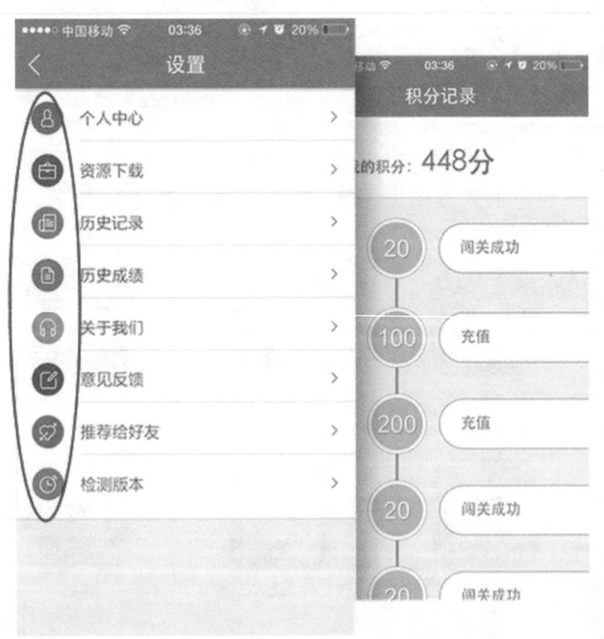

图 3-4 示意图标

2. 按钮

按钮是 APP 界面中最基本，也是最不可缺少的控件。无论是何种 APP 应用程序，都少不了按钮元素，通过按钮能完成返回、设置、跳转、关闭等多种操作。如果将有关联的按钮放在一起，还可以形成按钮组，如图 3–5 所示。

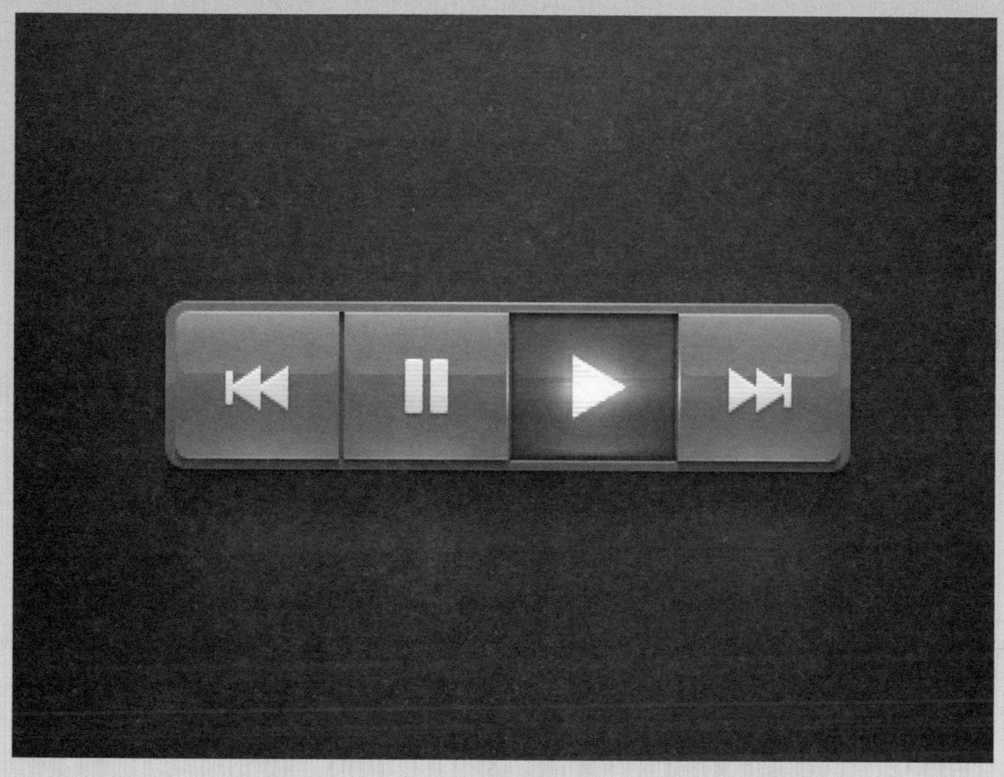

图 3–5 按钮组

3. 单选按钮、复选框

- 单选按钮：单选按钮是一组操作中有多个选项，但只允许用户从中选择一个，如图 3-6 所示。适合需要用户看到所有可用选项并排显示的开关设计。
- 复选框：复选框也是一组选项，允许用户选择多个，如图 3-7 所示。通过勾选的方式来设置。适合需要在列表中设计多个开关设置，并能节省空间的开关设计。

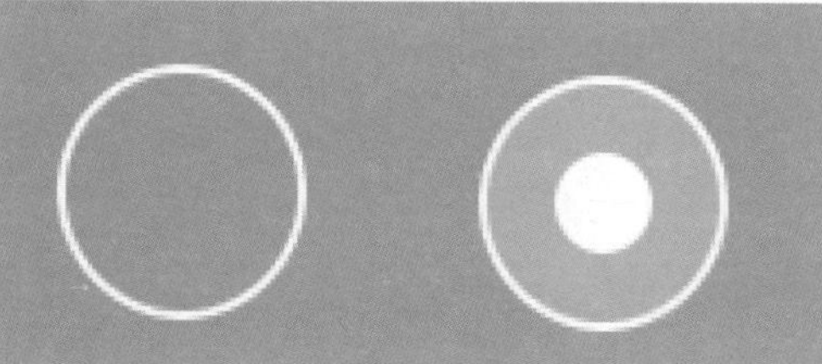

图 3–6 单选按钮

图 3–7 复选框

4. 导航

APP 导航承载着用户获取所需内容的快速途径。APP 的导航样式多种多样，如图 3-8 所示。APP 导航按排列方式不同可分为列表式和网格式两大类，再由此演变成其他类别。常见的主导航有标签式、抽屉式、宫格式、列表式等类型，以及不同导航类型之间的组合。

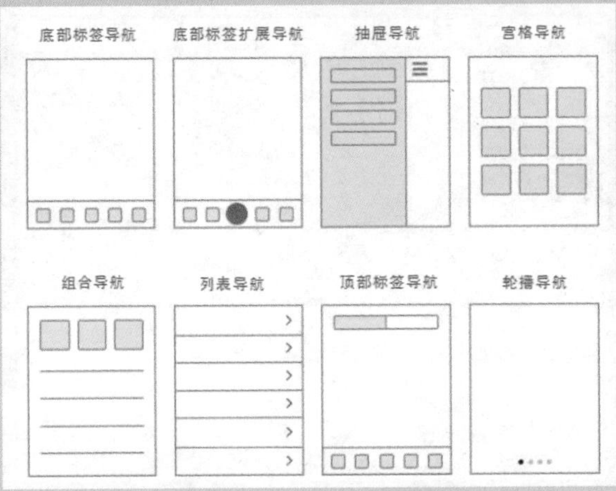

图 3-8 APP 的导航样式

3.1.2 按钮组设计

按钮组是一种基础控件，根据其风格属性可派生出命令按钮，复选框、单选按钮、组框和自绘式按钮等类型，在移动应用中随处可见。按钮组中常见的按钮外观包括了圆角矩形、矩形和圆形等。

设计思路

本实例制作的是播放界面的按钮，通过绘制一个底层背景，确定按钮的位置与布局，再绘制按钮，并设置图层样式，将按钮图形与底层相融合，由 3 个按钮组成一个按钮组。制作流程如图 3-9 所示。

图 3-9 制作流程

制作步骤

知识点	圆角“矩形工具”“椭圆工具”“图层样式”
光盘路径	第 3 章 \3.1.2 按钮组设计

01 新建文档，添加背景素材。使用“圆角矩形工具”和“椭圆工具”绘制图形，如图 3-10 所示。

02 将图层重命名为“底层背景”，为图层添加“斜面和浮雕”图层样式，如图 3-11 所示。

图 3-10 绘制图形

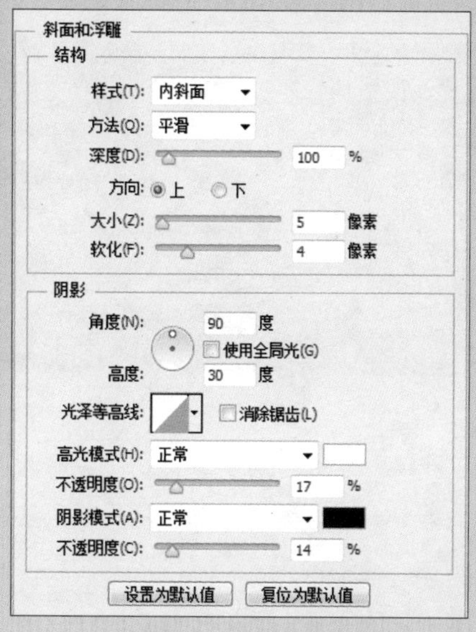

图 3-11 添加图层样式

03 继续为图层添加“描边”“内阴影”“内发光”“渐变叠加”和“投影”图层样式，如图 3-12 所示。

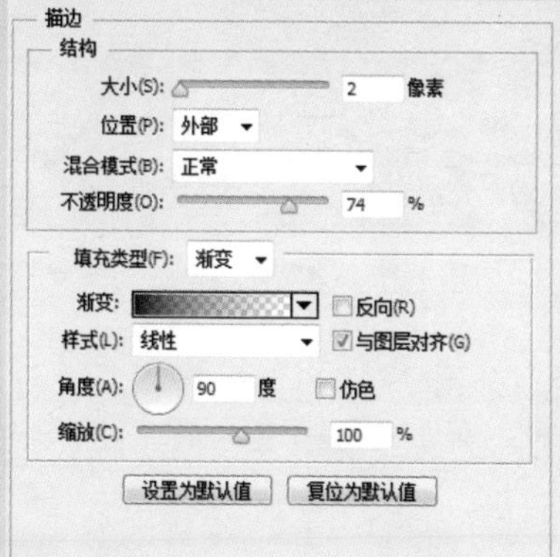

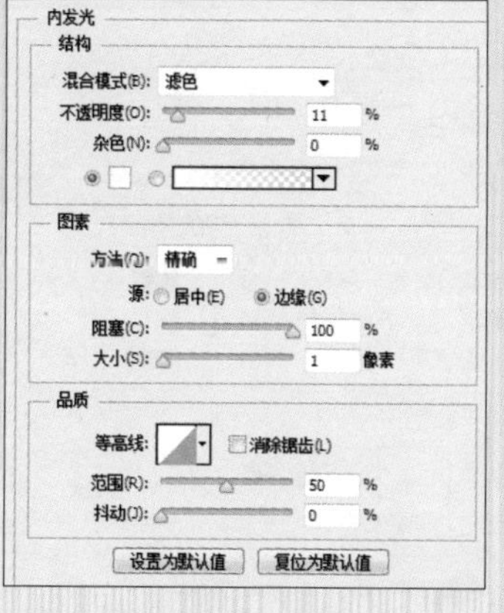

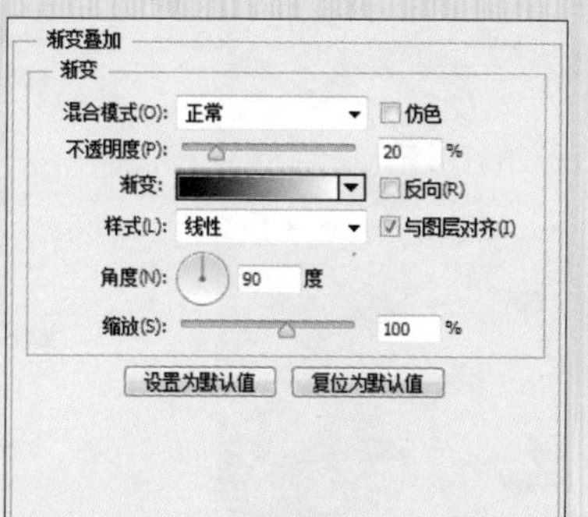

图 3-12 继续添加图层样式

04 确定操作后设置填充为40%，此时图像效果如图3-13所示。

图3-13 图像效果

05 使用“直线工具”绘制线条，如图3-14所示。

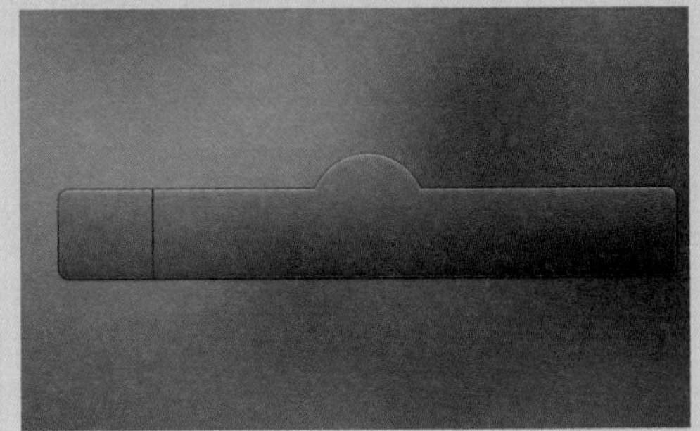

图3-14 绘制线条

06 将图层重命名为“左分隔线”，为图层添加“投影”图层样式，如图3-15所示。

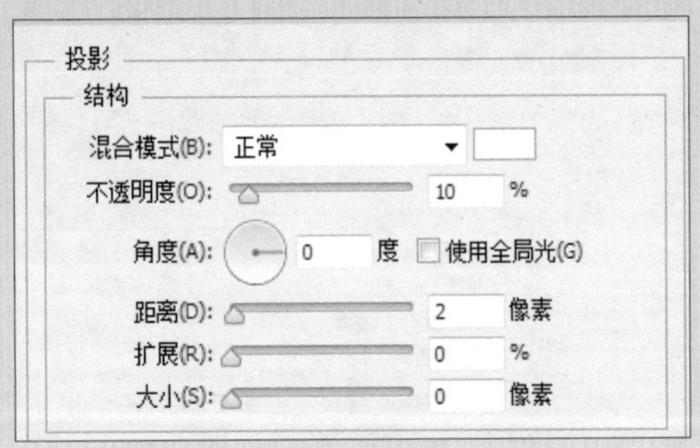

图3-15 添加“投影”图层样式

07 确定操作后的图像效果如图3-16所示。

图3-16 图像效果

08 使用“椭圆工具”和“自定形状工具”绘制图形，如图3-17所示。将图层重命名为“左按钮”，设置图层“填充”为70%，为图层添加“内阴影”图层样式，如图3-18所示。

图3-17 绘制图形

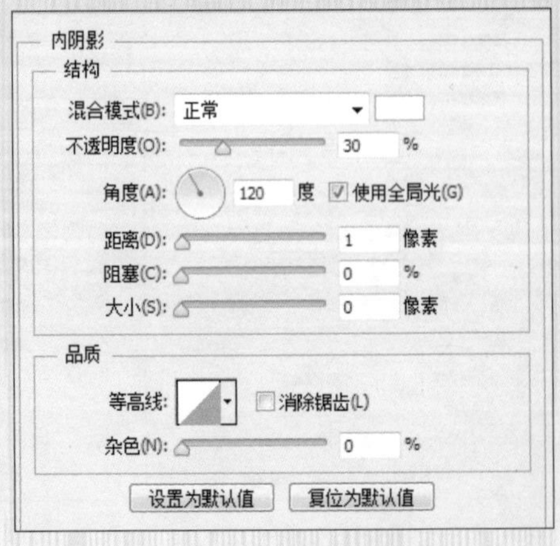

图3-18 添加图层样式

09 继续为图层添加“内发光”“渐变叠加”“外发光”“投影”图层样式，如图 3-19 所示。

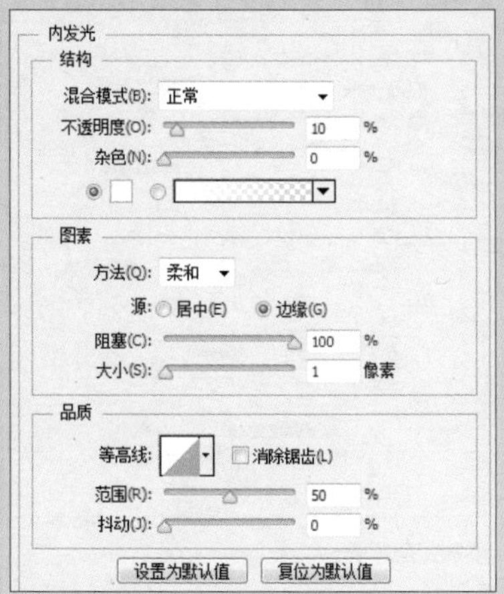

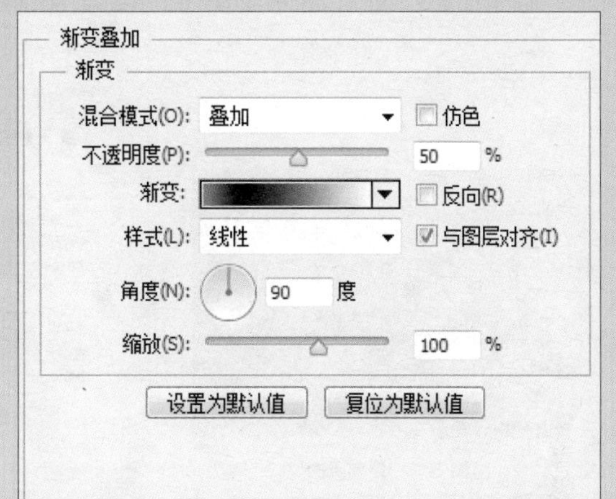

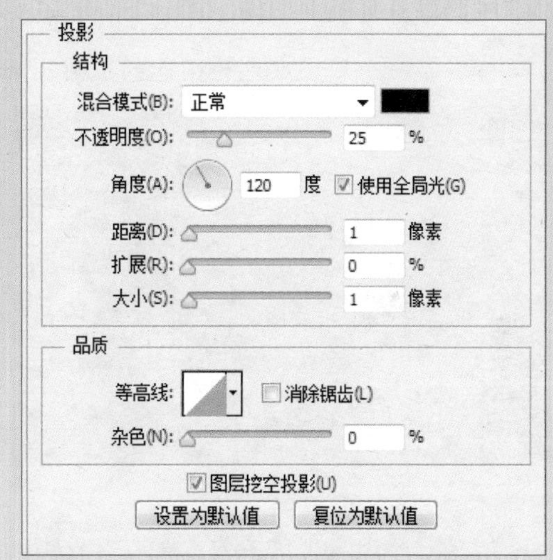

图 3-19 继续添加图层样式

10 确定后的效果如图 3-20 所示。复制“左分割线”和“左按钮”图层，将复制的图层重命名为“右分隔线”和“右按钮”。调整图层位置，并将“右按钮”图形进行水平翻转，如图 3-21 所示。

图 3-20 效果

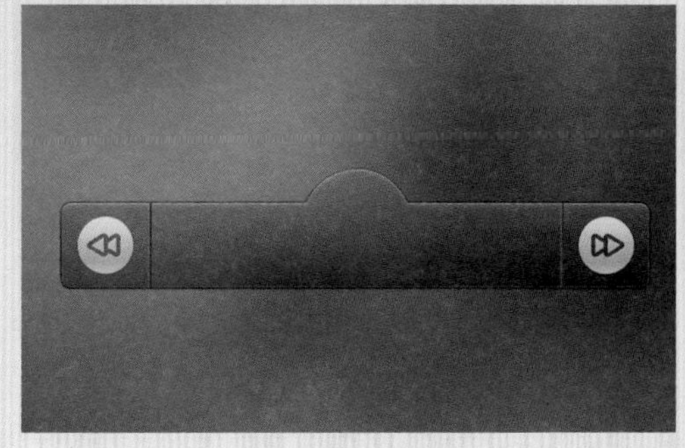

图 3-21 复制并调整

11 使用“椭圆工具”绘制正圆，如图 3-22 所示。将图层重命名为“外轮廓”，为图层添加“内发光”和“投影”图层样式，如图 3-23 所示。

图 3-22 绘制正圆

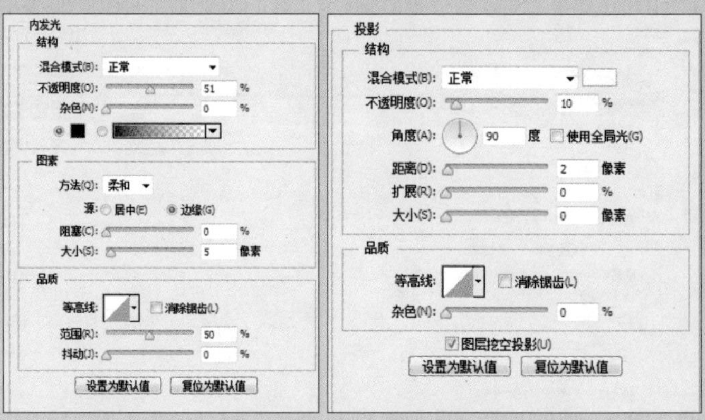

图 3-23 添加图层样式

12 设置图层“填充”为 50%，图像效果如图 3-24 所示。使用“椭圆工具”，绘制一个填充颜色为橙色的正圆，如图 3-25 所示。

图 3-24 图像效果

图 3-25 绘制正圆

13 将图层重命名为“底纹”，为图层添加“内阴影”“渐变叠加”“图案叠加”和“投影”图层样式，如图 3-26 所示。

渐变叠加
渐变
混合模式(O): 叠加 仿色
不透明度(P): 45 %
渐变: 反向(R)
样式(L): 线性 与图层对齐(I)
角度(N): 90 度
缩放(S): 150 %
设置为默认值 复位为默认值

图案叠加
图案
混合模式(B): 正常
不透明度(Y): 3 %
图案: 贴紧原点(A)
缩放(S): 100 %
与图层链接(K)
设置为默认值 复位为默认值

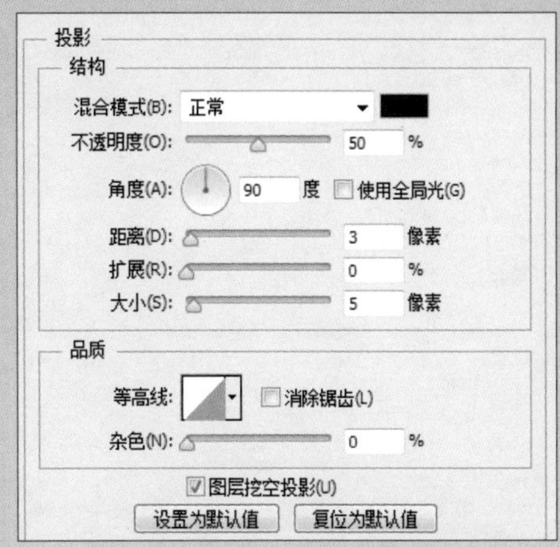

图 3-26 添加图层样式

14 确定后的图像效果如图 3-27 所示。使用“椭圆工具”和“自定形状工具”绘制图形，如图 3-28 所示。

图 3-27 图像效果

图 3-28 绘制图形

15 将图层重命名为“图标”，设置图层“填充”为 70%，为图层添加“内阴影”“内发光”“渐变叠加”“外发光”和“投影”图层样式，如图 3-29 所示。

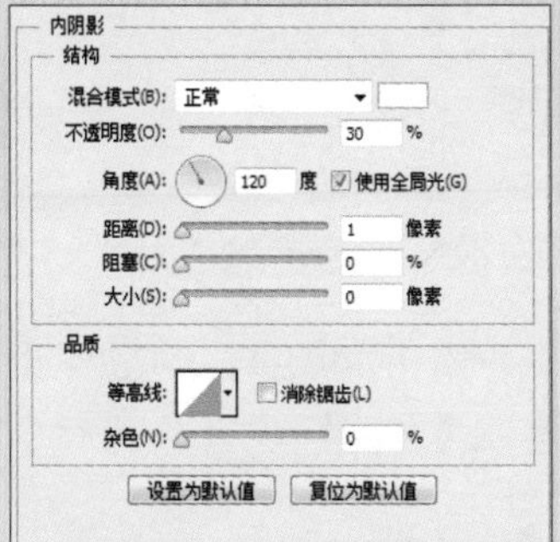

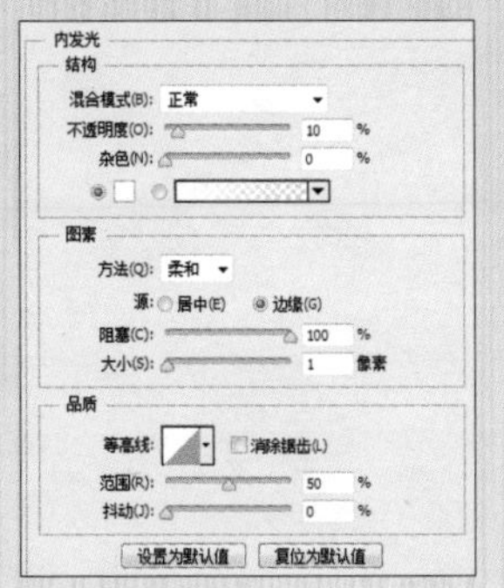

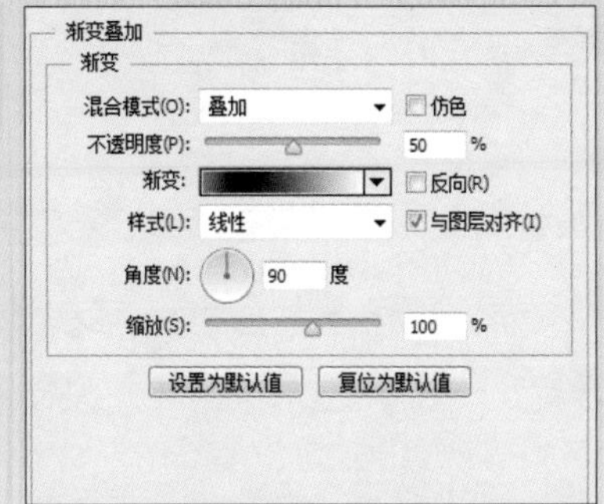

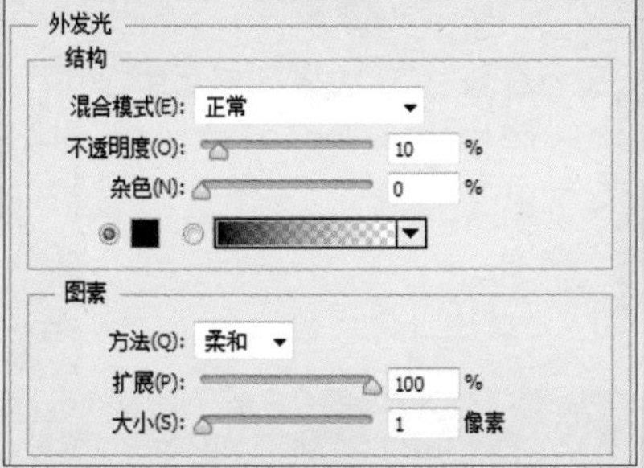

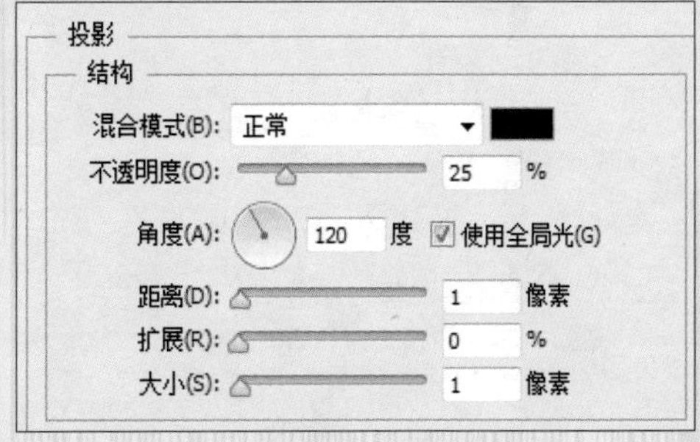

图 3-29 添加图层样式

16 确定后的图像效果如图 3-30 所示。

图 3-30 完成效果

3.1.3 对话框设计

对话框有两种：提示对话框和聊天对话框。这里介绍的是提示对话框，其一般有两个按钮，即“是”和“否”选择按钮。

设计思路

本实例绘制的是简单的对话框，整个界面为白色，“是”和“否”的两个按钮以绿色和红色进行设计，十分显眼。制作流程如图 3-31 所示。

图 3-31 制作流程

制作步骤

知识点	“圆角矩形工具”、图层不透明度、图层样式
光盘路径	第 3 章\3.1.3 对话框设计

01 新建文档，添加背景素材，绘制圆角矩形，设置“不透明度”为 30%，如图 3-32 所示。将图层重命名为“半透明层”。继续绘制圆角矩形，设置填充颜色为白色，如图 3-33 所示。

图 3-32 绘制圆角矩形

图 3-33 绘制圆角矩形

02 将图层重命名为“背景层”，为图层添加“投影”图层样式，如图 3-34 所示。

03 使用“横排文字工具”输入文字，如图 3-35 所示。

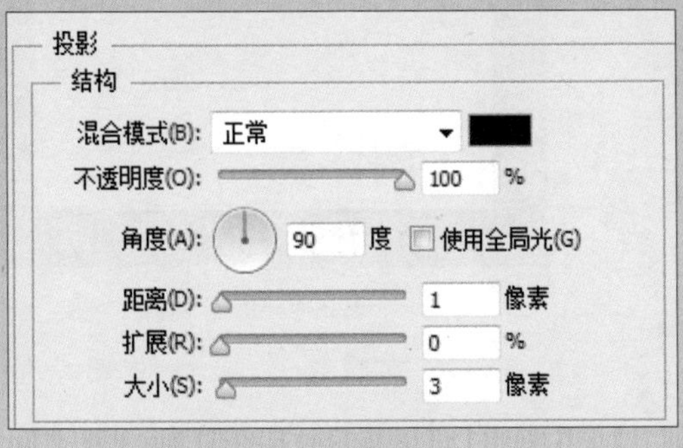

图 3-34 添加“投影”图层样式

图 3-35 输入文字

04 使用“圆角矩形工具”绘制圆角矩形，如图 3-36 所示。将图层重命名为“按钮”，为图层添加“斜面和浮雕”“描边”图层样式，如图 3-37 所示。

图 3-36 绘制圆角矩形

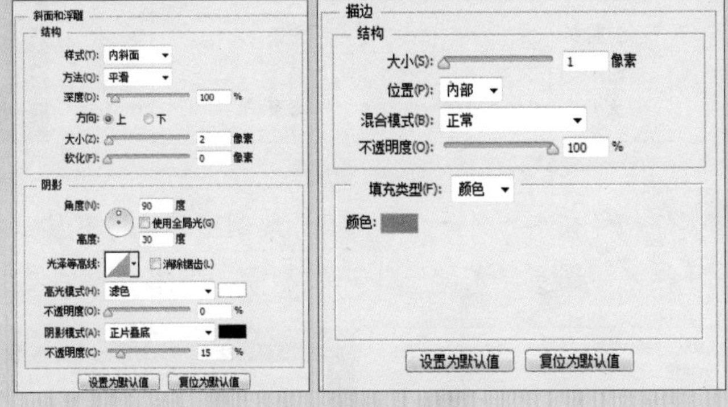

图 3-37 添加图层样式

05 继续为图层添加“内阴影”“渐变叠加”和“投影”图层样式，如图 3-38 所示。

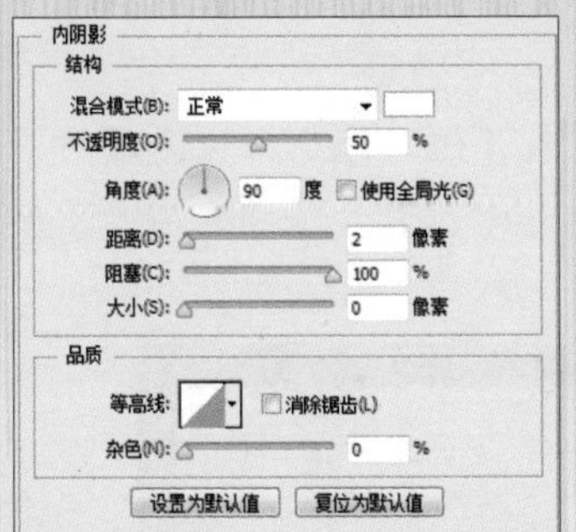

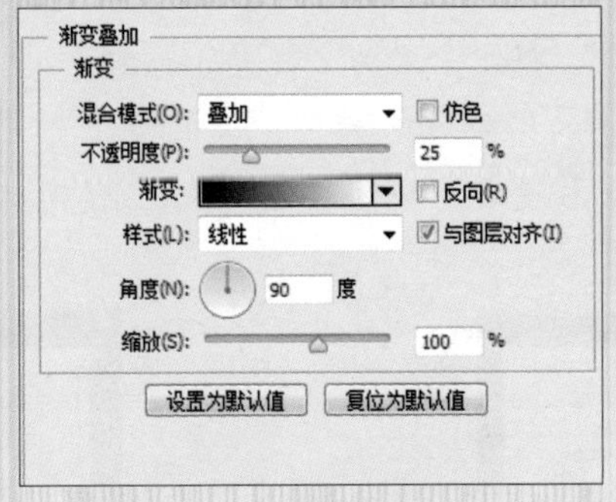

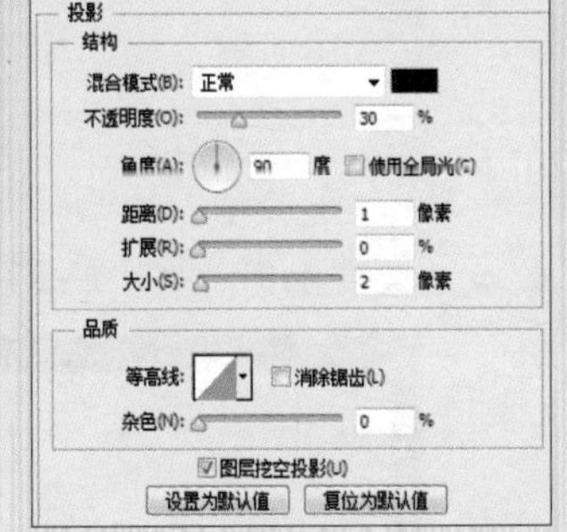

图 3-38 继续添加图层样式

06 确定后的效果如图 3-39 所示。

图 3-39 图像效果

07 使用“椭圆工具”绘制正圆，如图 3-40 所示。

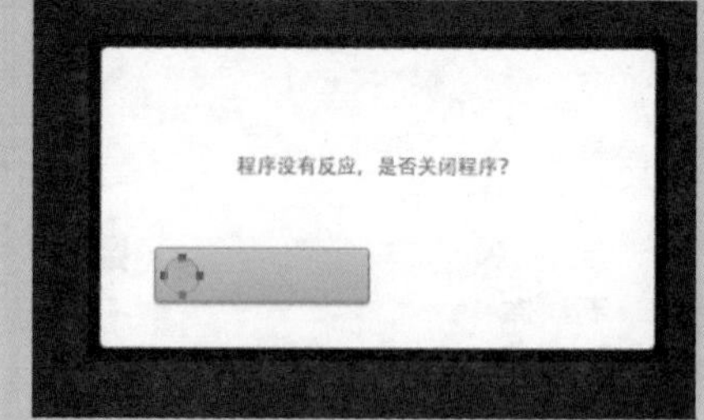

图 3-40 绘制正圆

08 为图层添加“内阴影”图层样式，如图 3-41 所示。

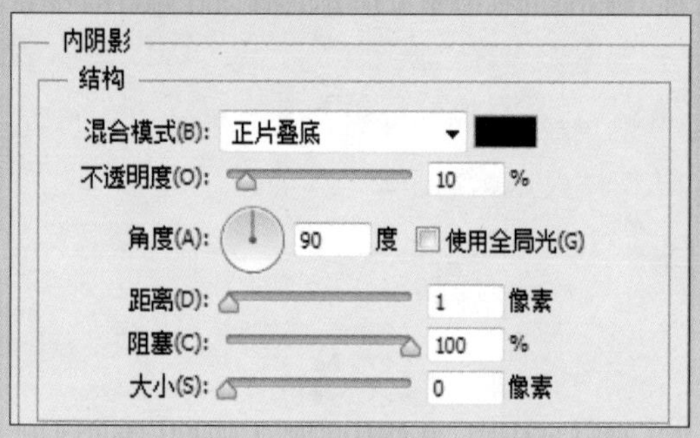

图 3-41 添加“内阴影”图层样式

09 确定后的图像效果如图 3-42 所示。

图 3-42 图像效果

10 使用“圆角矩形工具”绘制图形，将图层重命名为“勾”，并为图层添加“投影”图层样式，如图 3-43 所示。使用“横排文字工具”输入文字，如图 3-44 所示。

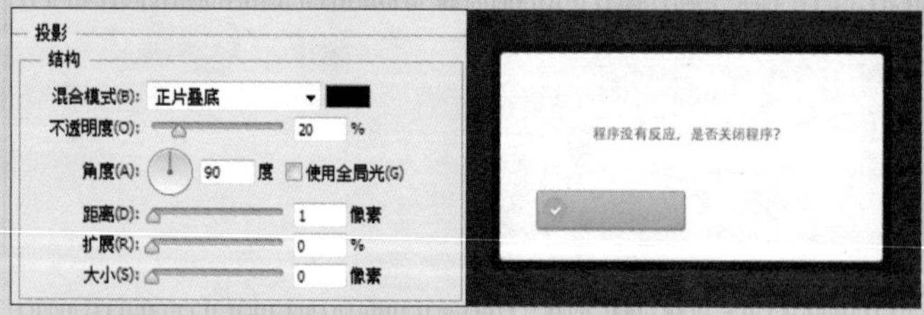

图 3-43 添加“投影”图层样式

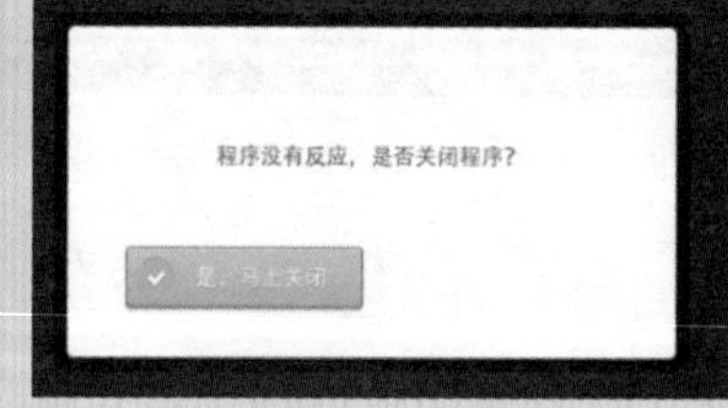

图 3-44 输入文字

11 选择“按钮”图层，然后按住 Shift 键选择“勾”图层，单击鼠标右键，选择“从图层建立组”命令，将组命名为“（是）按钮”。

12 复制组，并将复制的组重命名为“（否）按钮”，展开组，修改相应图层的图形颜色、图层样式与文字，如图 3-45 所示。使用“矩形工具”绘制矩形，添加蒙版，效果如图 3-46 所示。

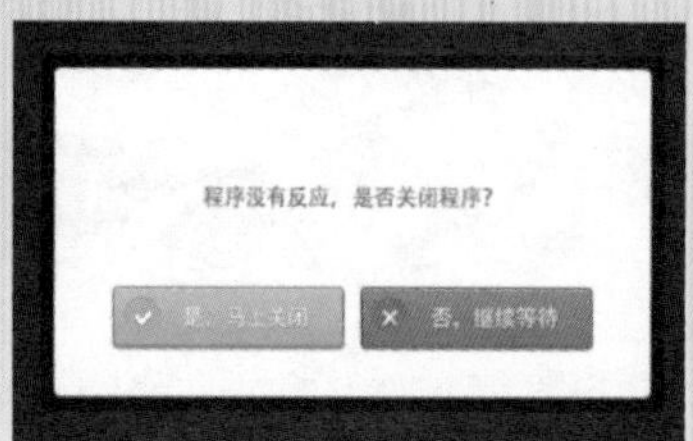

图 3-45 复制并修改

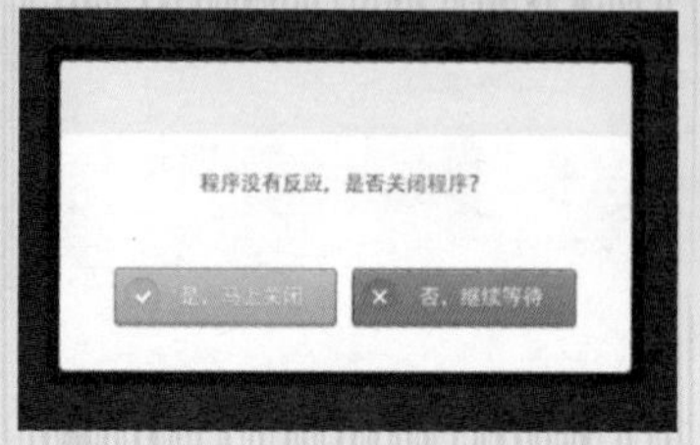

图 3-46 绘制矩形并设置蒙版

13 将图层重命名为“上部”，为图层添加“内阴影”“渐变叠加”和“投影”图层样式，如图 3-47 所示。

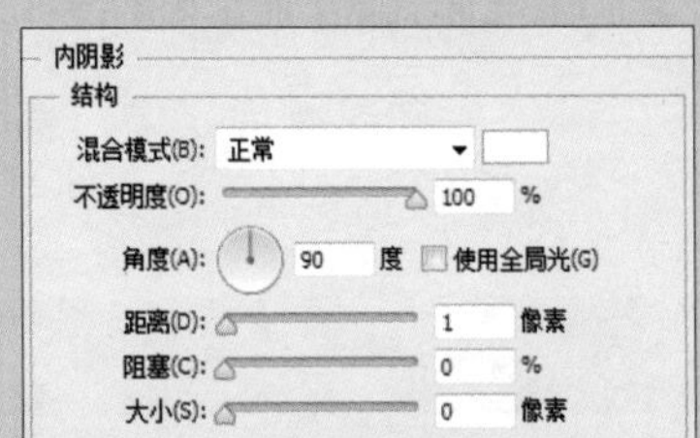

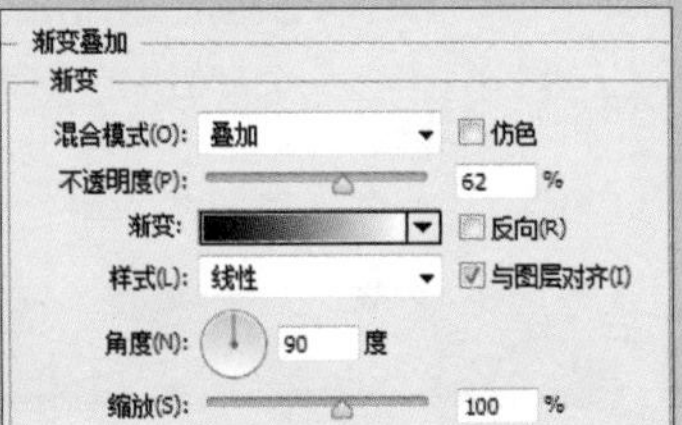

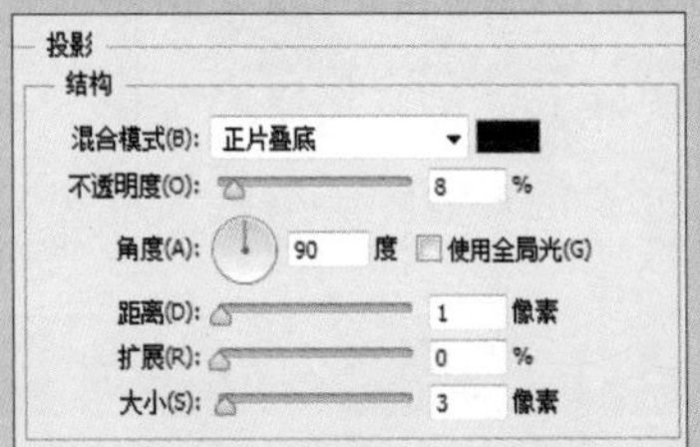

图 3-47 添加图层样式

14 确定操作后的图像效果如图 3-48 所示。

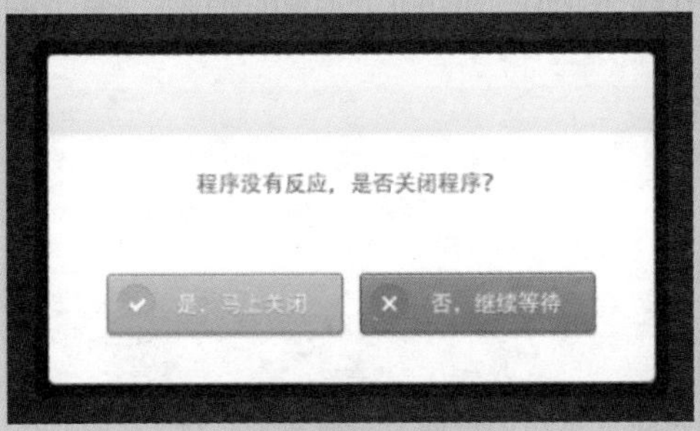

图 3-48 图像效果

15 使用“直线工具”绘制一条直线，如图 3-49 所示。

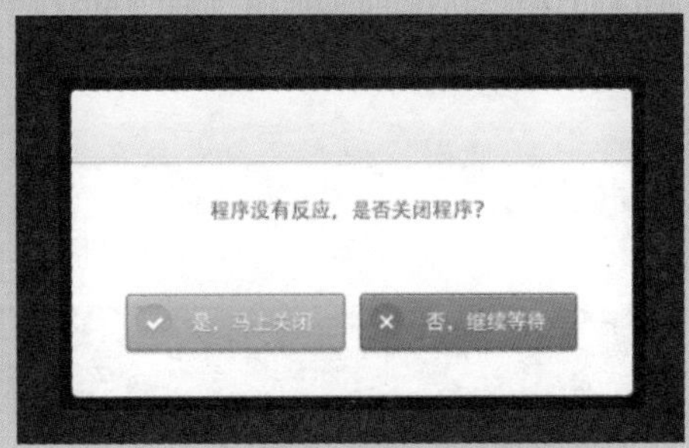

图 3-49 绘制线条

16 使用“横排文字工具”输入文字，完成制作，如图 3-50 所示。

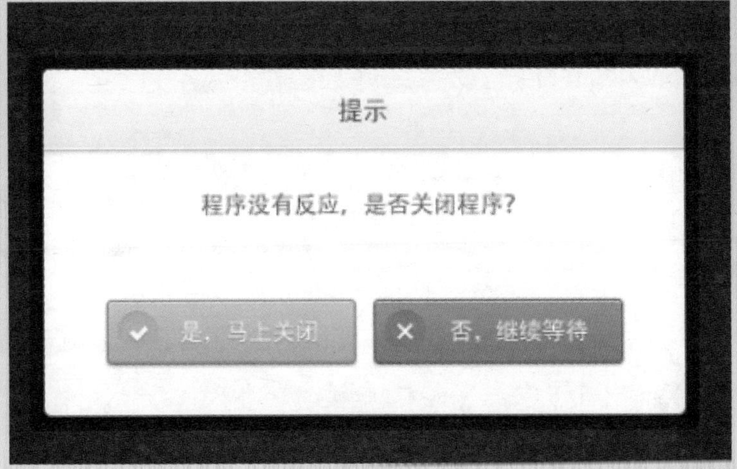

图 3-50 制作完成

3.1.4 标签导航设计

标签式导航是 APP 应用中最普遍、最常用的导航模式，适合在相关的几类信息中间频繁地切换。这类信息优先级较高、用户使用频繁，彼此之间相互独立。一般根据逻辑和重要性，将标签的分类控制在 5 个以内，在视觉表现上凸显当前用户位置，用户可以迅速地实现页面之间的切换而不会迷失方向，简单且高效。

设计思路

本实例制作的底部标签导航，由5个标签组成，中间的标签为最重要且使用最频繁的，因此，通过蓝色进行突出。通过绘制图形，添加“图案叠加”图层样式实现纹理效果，通过添加其他图层样式实现凹陷与凸出的立体效果，如图3-51所示为制作路程图。

图3-51 制作流程图

制作步骤

知识点	“圆角矩形工具”、图层不透明度、图层样式
光盘路径	第3章\3.1.4标签导航设计

01 使用“矩形工具”绘制矩形，如图3-52所示。

图3-52 绘制矩形

02 将图层重命名为“底纹”，为图层添加“描边”“内阴影”“渐变叠加”“图案叠加”“投影”图层样式，如图3-53所示。

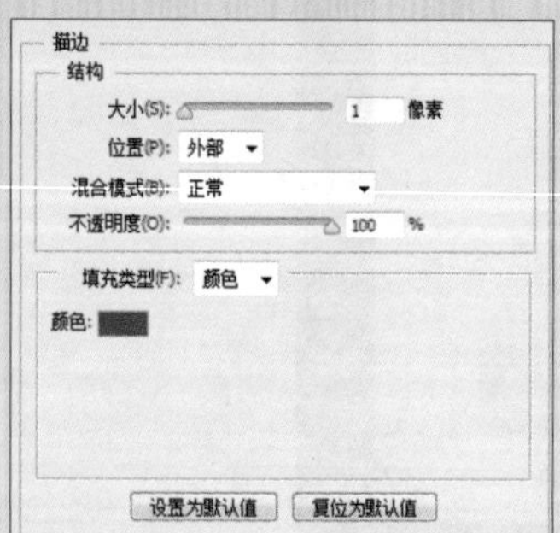

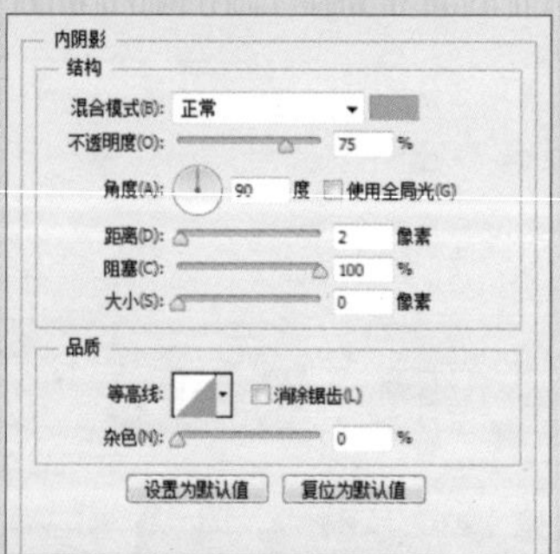

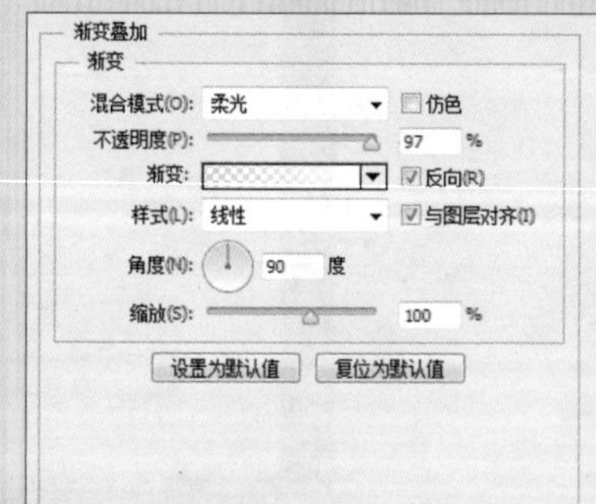

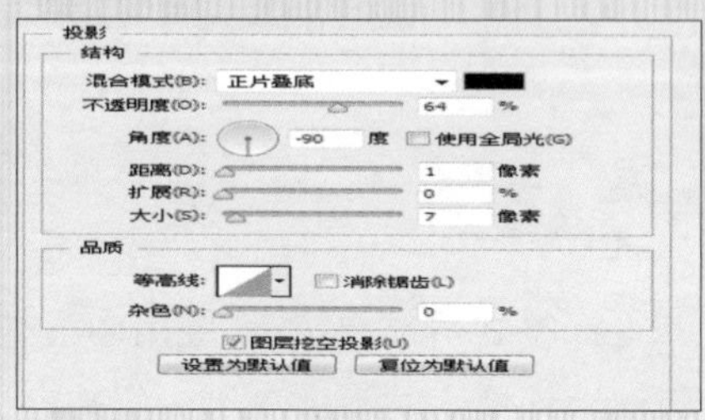

图3-53 添加图层样式

03 单击“确定”按钮后的图像效果如图 3-54 所示。

图 3-54 图像效果

04 使用“直线工具”绘制直线，如图 3-55 所示。

图 3-55 绘制直线

05 为图层添加“内阴影”和“渐变叠加”图层样式，如图 3-56 所示。

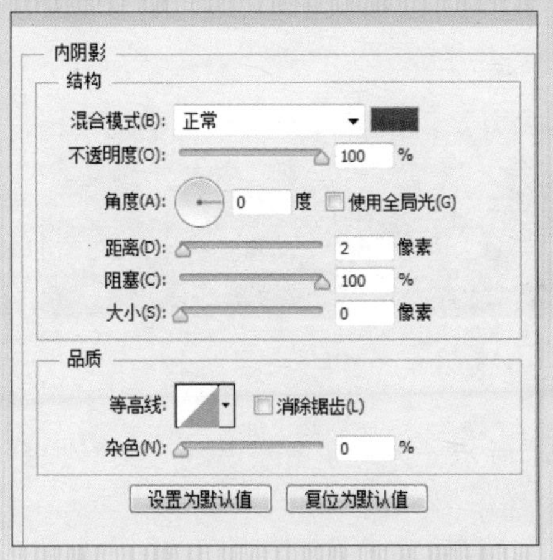

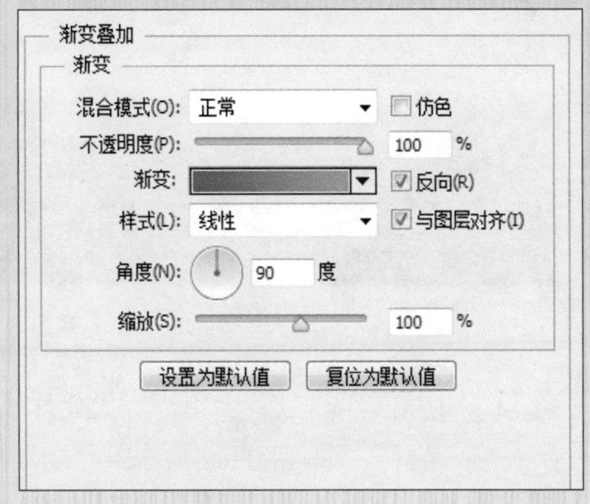

图 3-56 添加图层样式

06 复制图层，并调整位置，如图 3-57 所示。

图 3-57 复制并调整位置

07 使用“椭圆工具”和“圆角矩形工具”绘制图形，如图 3-58 所示。

图 3-58 绘制图形

08 将图层重命名为“图标 1”，为图层添加“内发光”“渐变叠加”“投影”样式，如图 3-59 所示。

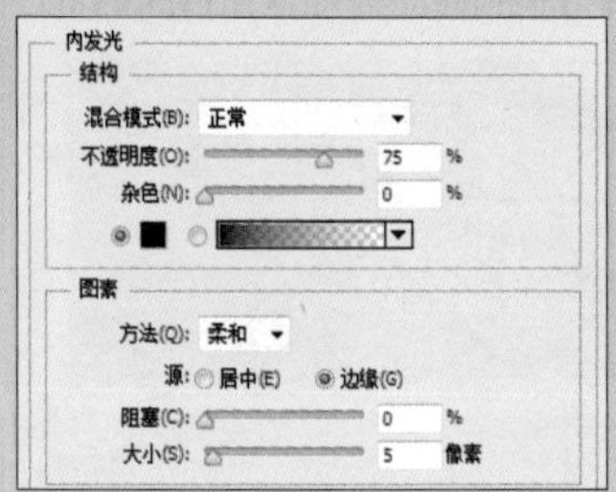

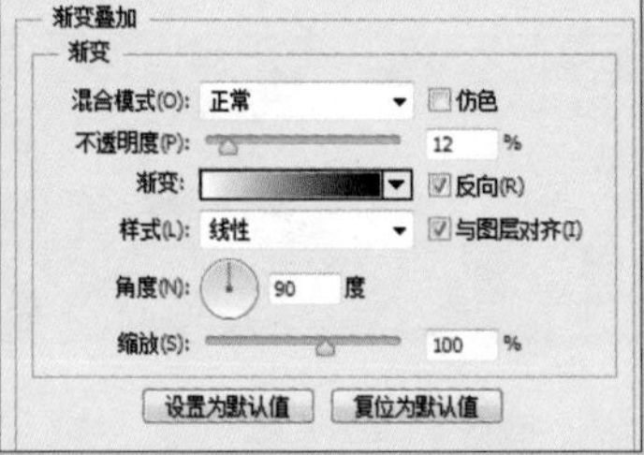

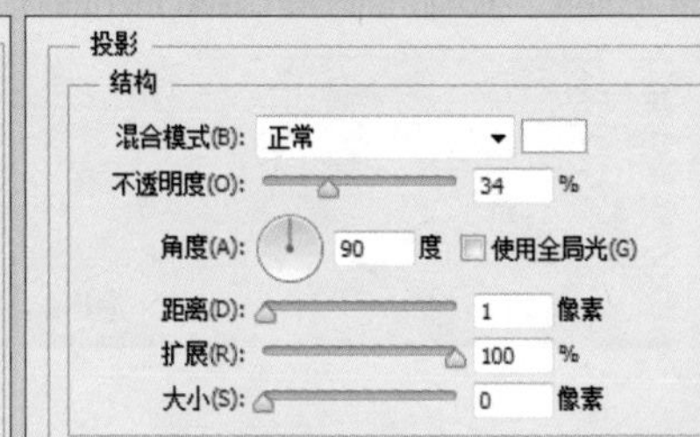

图 3-59 添加图层样式

09 单击“确定”按钮后的图像效果如图 3-60 所示。

图 3-60 图像效果

10 使用“横排文字工具”输入文字，如图 3-61 所示。为文字图层添加“投影”图层样式，如图 3-62 所示。

图 3-61 输入文字

图 3-62 添加“投影”图层样式

11 确定操作后的图像效果如图 3-63 所示。用同样的方法绘制其他图形并输入文字，如图 3-64 所示。

图 3-63 图像效果

图 3-64 绘制图形并输入文字

12 使用“矩形工具”绘制矩形，如图 3-65 所示。

图 3-65 绘制矩形

13 为矩形图层添加“描边”“渐变叠加”“图案叠加”“外发光”“投影”图层样式，如图 3-66 所示。

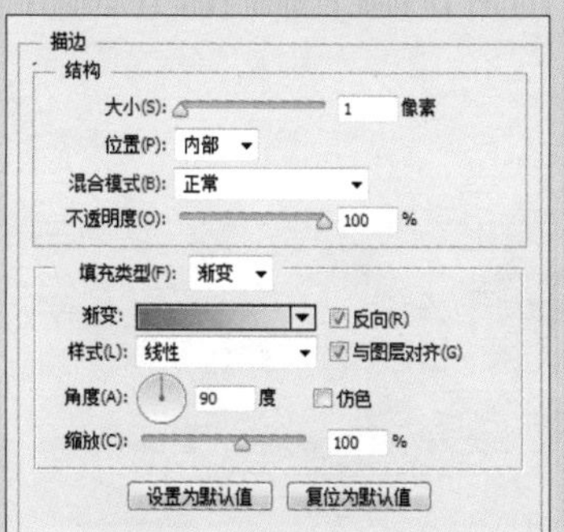

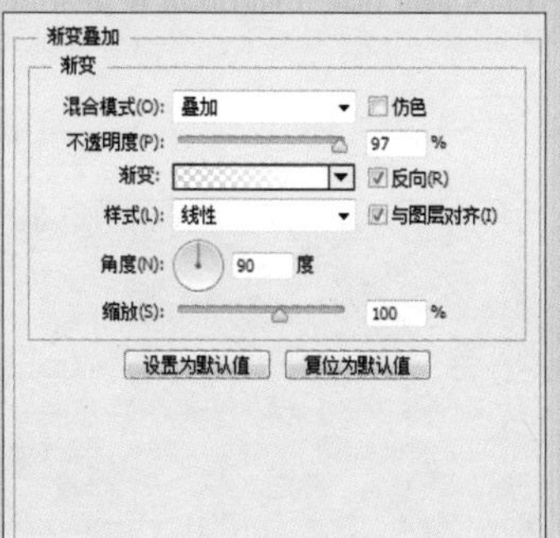

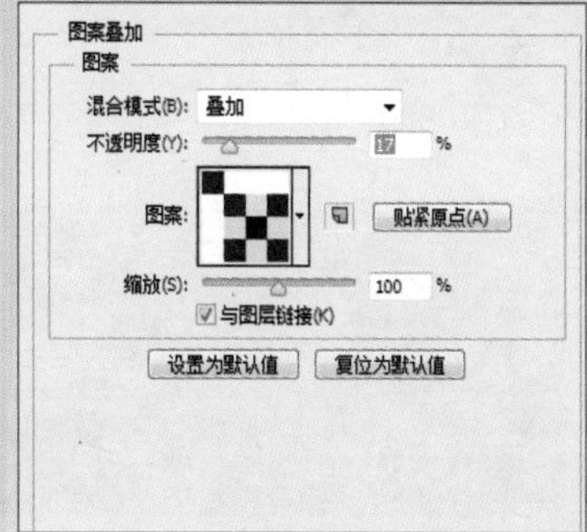

图 3-66 添加图层样式

14 单击“确定”按钮后的图像如图 3-67 所示。

图 3-67 图像效果

15 新建图层，绘制顶部高光，如图 3-68 所示。

图 3-68 绘制高光

16 再次使用“矩形工具”绘制矩形，如图 3-69 所示。

图 3-69 绘制矩形

17 将图层重命名为“小矩形”，为图层添加“内阴影”“渐变叠加”“图案叠加”和“投影”图层样式，如图 3-70 所示。

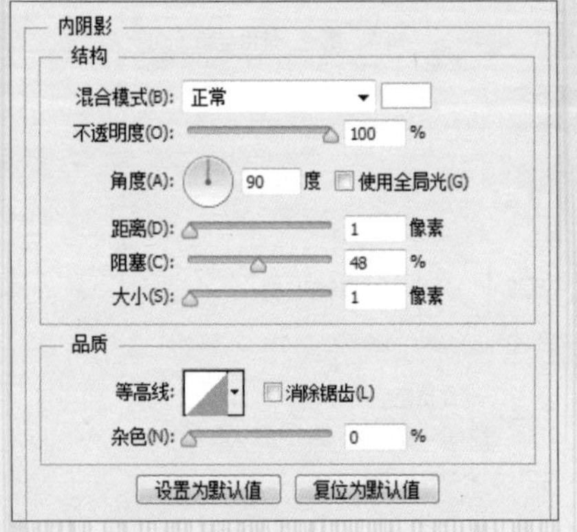

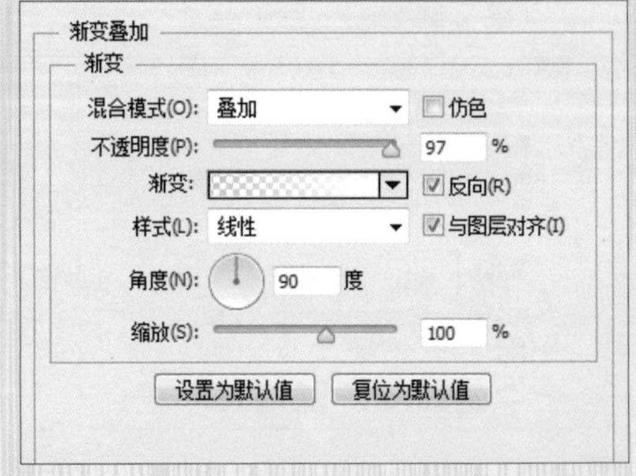

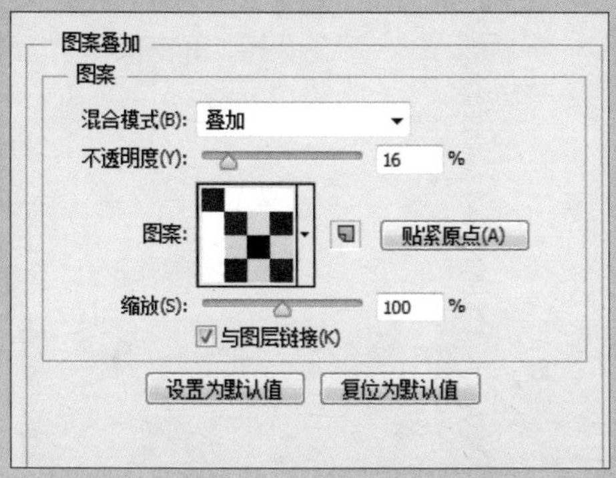

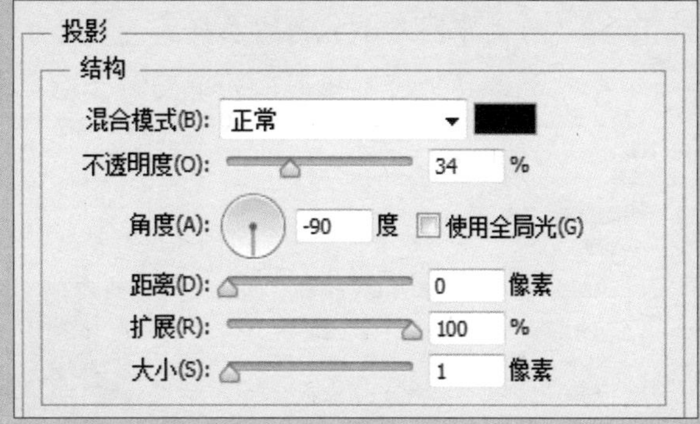

图 3–70 添加图层样式

18 确定操作后的图像效果如图 3-71 所示。

图 3–71 图像效果

19 使用“圆角矩形工具”和“钢笔工具”绘制图形并输入文字，添加图层样式后的效果如图 3-72 所示，然后将图层重命名为“主图标”。

图 3–72 效果

20 为“主图标”添加的图层样式为“内发光”“渐变叠加”和“投影”，如图 3-73 所示。

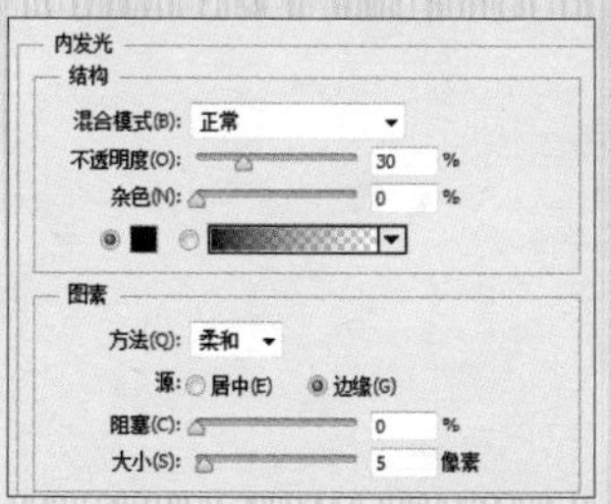

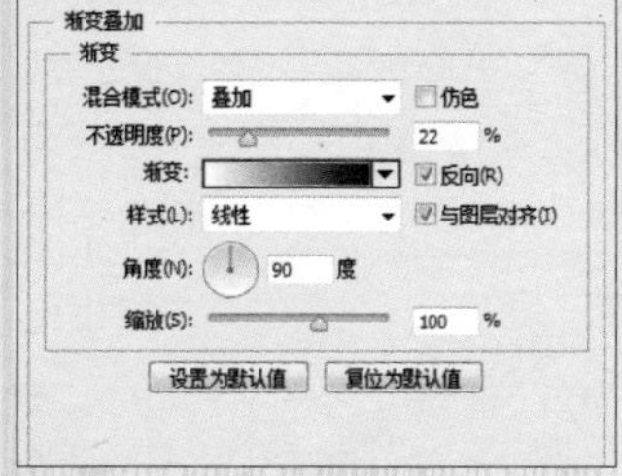

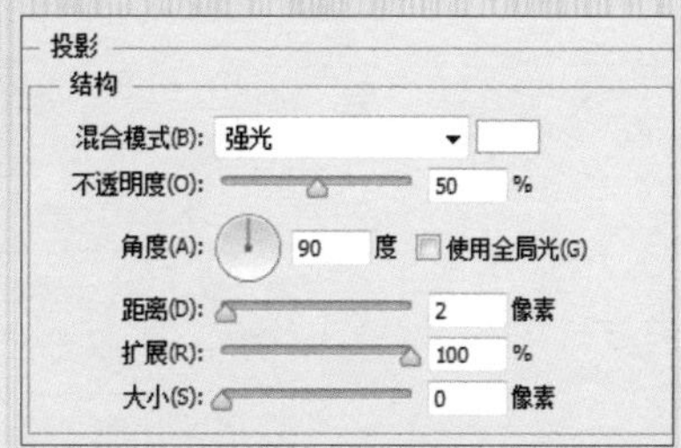

图 3–73 为“主图标”添加的图层样式

21 为文字图层添加的图层样式为“投影”，具体参数设置如图 3-74 所示。使用“矩形工具”绘制矩形，并填充渐变色，如图 3-75 所示。

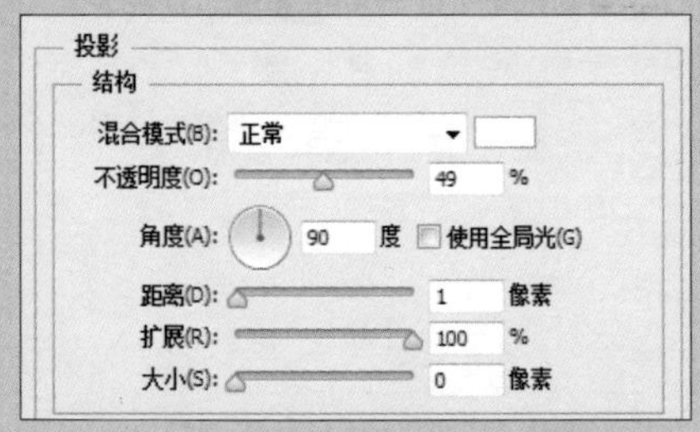

图 3-74 “投影”图层样式参数设置

图 3-75 绘制矩形并填充渐变色

22 将图层重命名为“投影”，将图层向下移动几层，完成制作，如图 3-76 所示。

图 3-76 完成制作

3.1.5 进度条

进度条是在处理任务时，实时地，以图片形式显示处理任务的速度、完成度、剩余未完成任务量的大小，以及可能需要处理的时间。在 APP 界面中，进度条一般用于显示加载进度、播放进度，以及设置亮度、音量的大小等，除了常规的以长条状显示外，还有圆环形显示，如图 3-77 所示。

图 3-77 进度条

设计思路

本实例制作的是长条状进度条，通过简单图形的绘制，并添加不同的图层样式，实现进度条的立体效果，制作流程如图 3–78 所示。

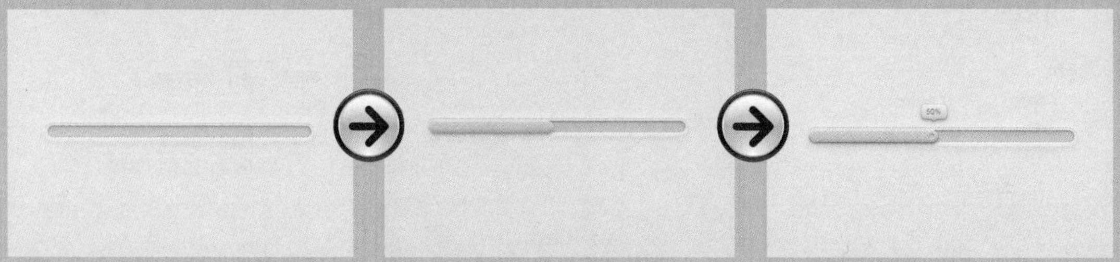

图 3–78 制作流程

制作步骤

知识点	“圆角矩形工具”、图层样式
光盘路径	第 3 章 \3.1.5 进度条

01 新建文档，添加背景素材。使用“圆角矩形工具”绘制圆角矩形，如图 3–79 所示。将图层重命名为“底 1”，为图层添加“斜面和浮雕”图层样式，如图 3–80 所示。

图 3–79 绘制圆角矩形

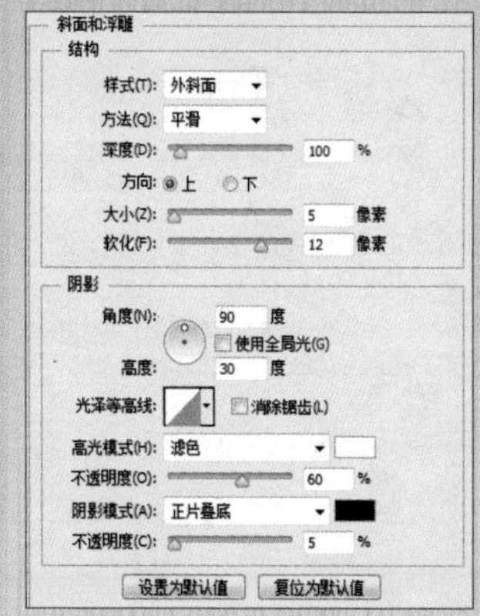

图 3–80 添加图层样式

02 继续为图层添加“内阴影”“内发光”“渐变叠加”“外发光”和“投影”图层样式，如图 3–81 所示。

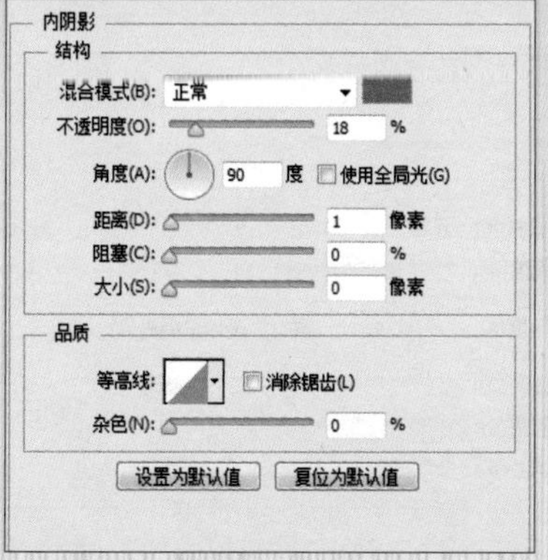

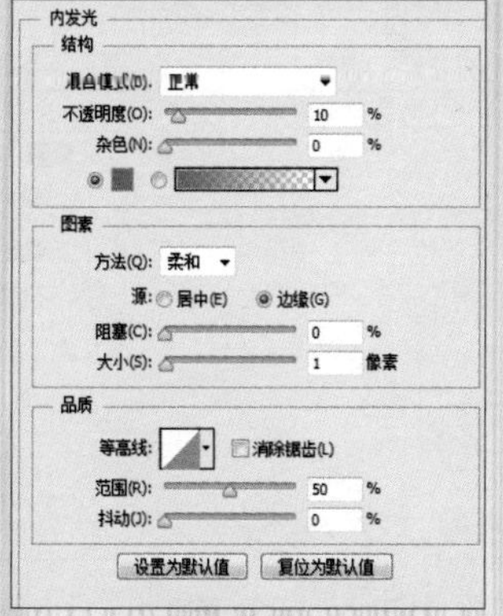

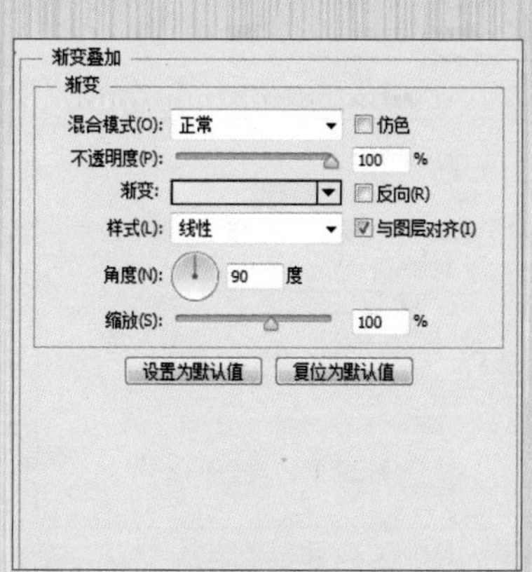

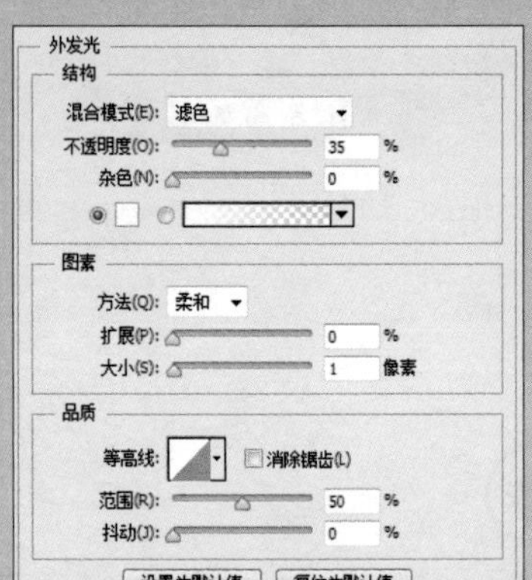

图 3–81 添加图层样式

03 单击“确定”按钮后的图像效果如图 3-82 所示。

图 3–82 图像效果

04 使用“圆角矩形工具”绘制圆角矩形，如图 3-83 所示。

图 3–83 绘制圆角矩形

05 将图层重命名为“底 2”，为图层添加“斜面和浮雕”“内阴影”“颜色叠加”“渐变叠加”和“投影”图层样式，如图 3-84 所示。

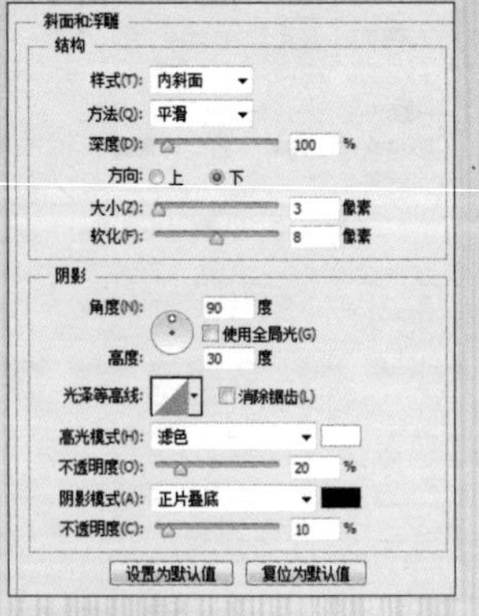

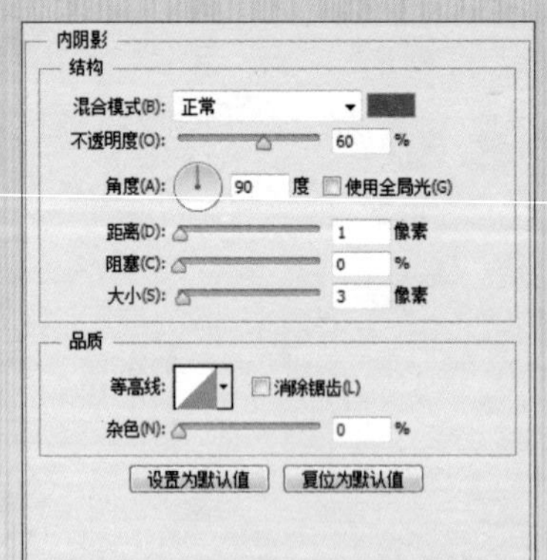

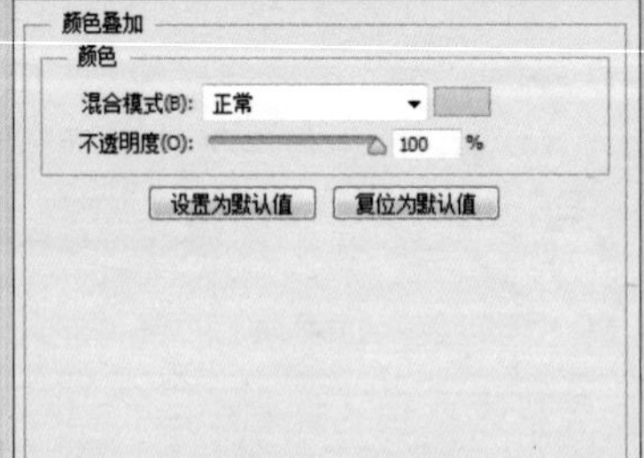

图 3–84 添加图层样式

06 单击“确定”按钮后的图像效果如图 3-85 所示。

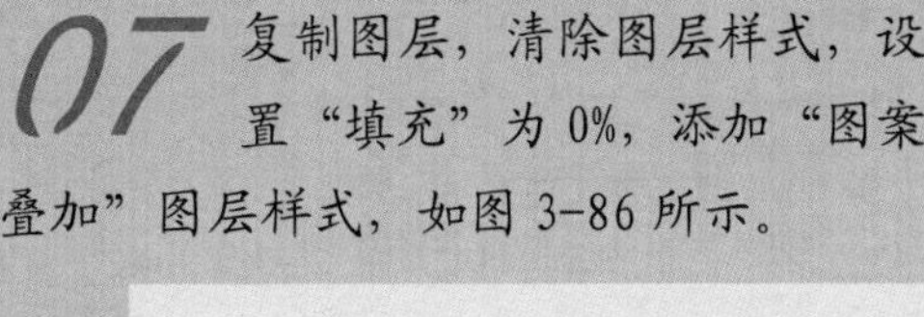

07 复制图层，清除图层样式，设置“填充”为 0%，添加“图案叠加”图层样式，如图 3-86 所示。

图 3-85 图像效果

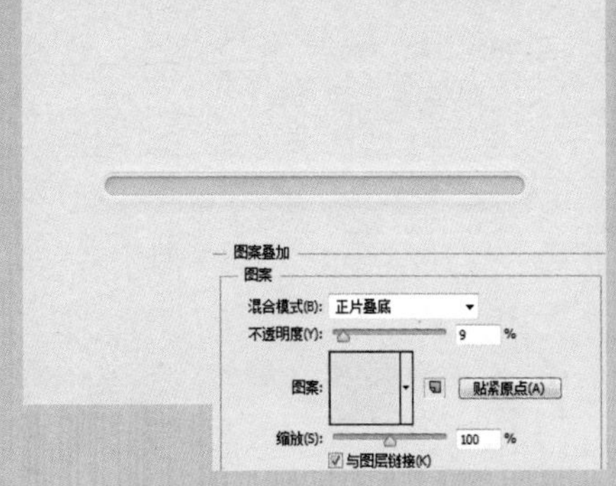

图 3-86 添加“图案叠加”图层样式

08 使用“圆角矩形工具”绘制圆角矩形，如图 3-87 所示。

图 3-87 绘制圆角矩形

09 将图层重命名为“绿色”，为图层添加“斜面和浮雕”图层样式，如图 3-88 所示。

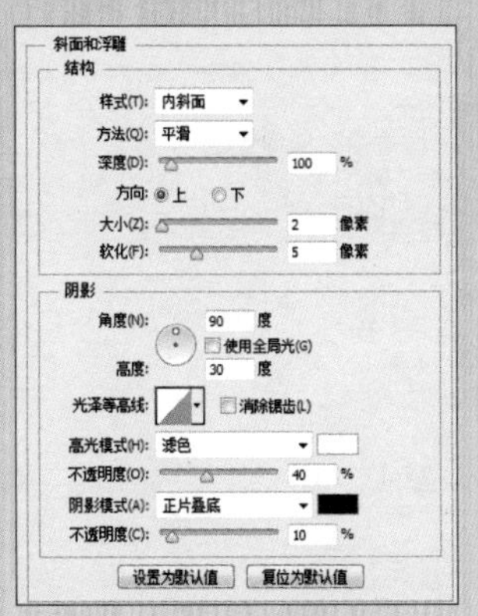

图 3-88 添加图层样式

10 继续为图层添加“内阴影”“内发光”“渐变叠加”和“投影”图层样式，如图 3-89 所示。

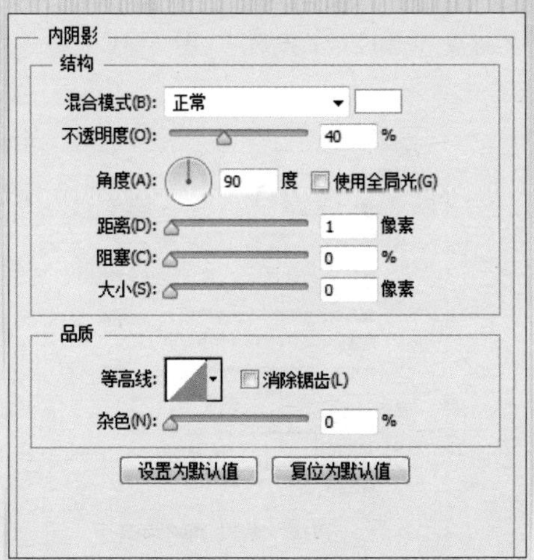

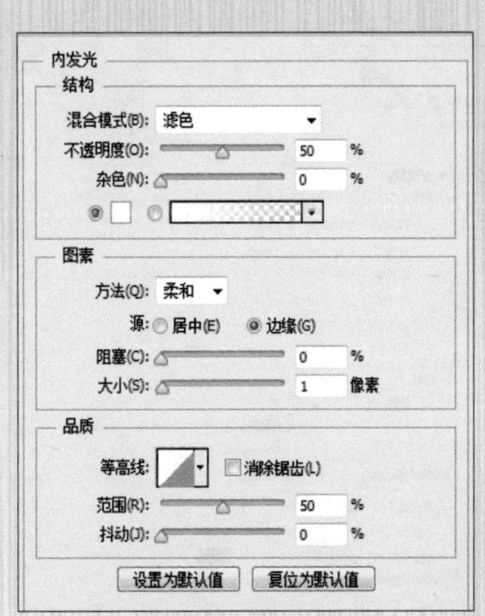

图 3-89 继续添加图层样式

11 确定操作后的图像效果如图 3-90 所示。复制“绿色”图层，清除图层样式，重新添加“图案叠加”和“投影”图层样式，如图 3-91 所示。

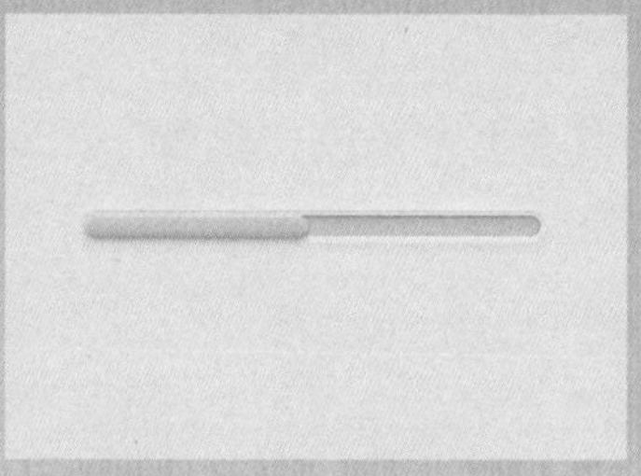

图 3-90 图像效果

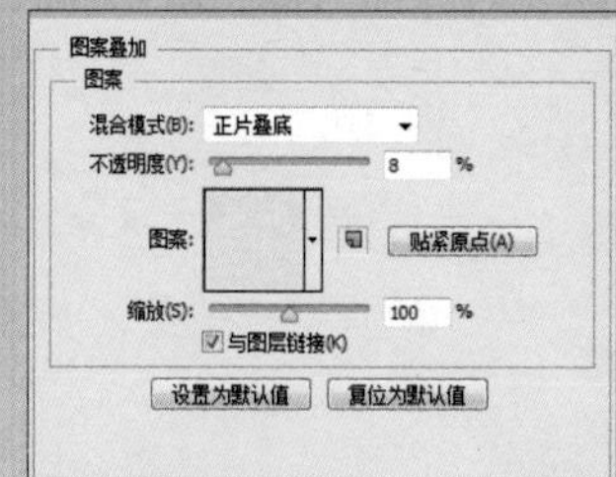

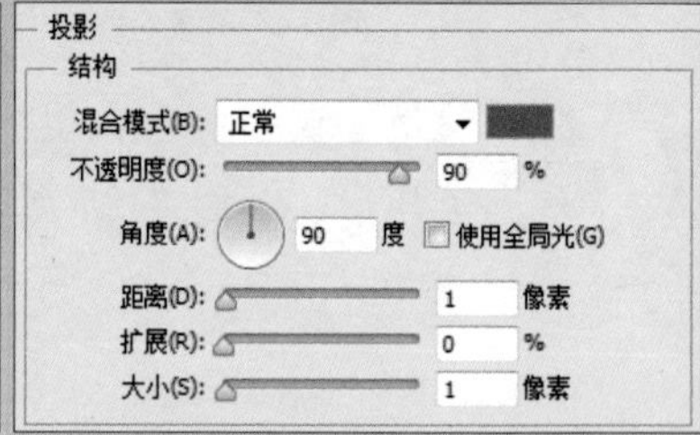

图 3-91 添加图层样式

12 设置填充为 0%，此时的图像效果如图 3-92 所示。

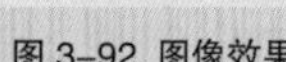

图 3-92 图像效果

13 使用“椭圆工具”绘制正圆，如图 3-93 所示。

图 3-93 绘制正圆

14 为图层添加“斜面和浮雕”“内阴影”“渐变叠加”“投影”图层样式，如图 3-94 所示。

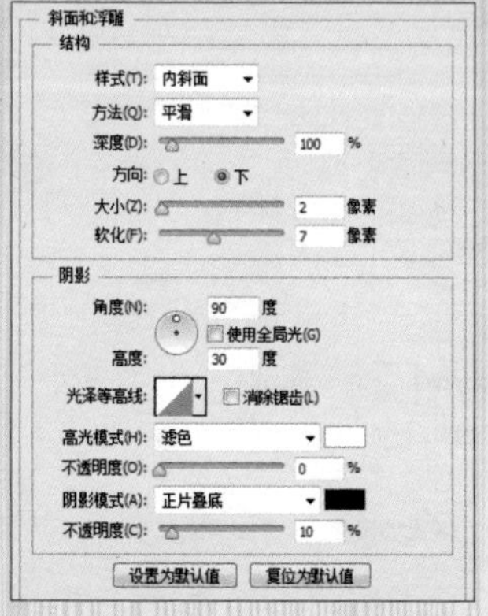

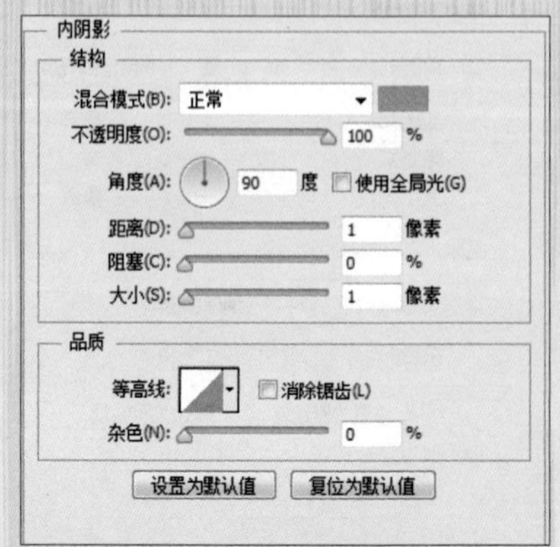

渐变叠加
渐变
混合模式(O): 正常 仿色
不透明度(P): 100 %
渐变: 反向(R)
样式(L): 线性 与图层对齐(I)
角度(N): 90 度
缩放(S): 100 %
设置为默认值 复位为默认值

投影
结构
混合模式(B): 正常
不透明度(O): 70 %
角度(A): 90 度 使用全局光(G)
距离(D): 1 像素
扩展(R): 0 %
大小(S): 0 像素
品质
等高线: 消除锯齿(L)
杂色(N): 0 %
图层挖空投影(U)
设置为默认值 复位为默认值

图 3-94 添加图层样式

15 确定操作后的图像效果如图 3-95 所示。

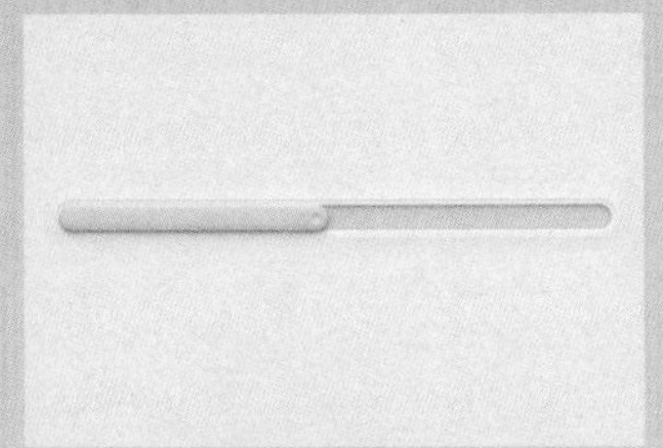

图 3-95 图像效果

16 使用“圆角矩形工具”和“自定形状工具”绘制图形，如图 3-96 所示。

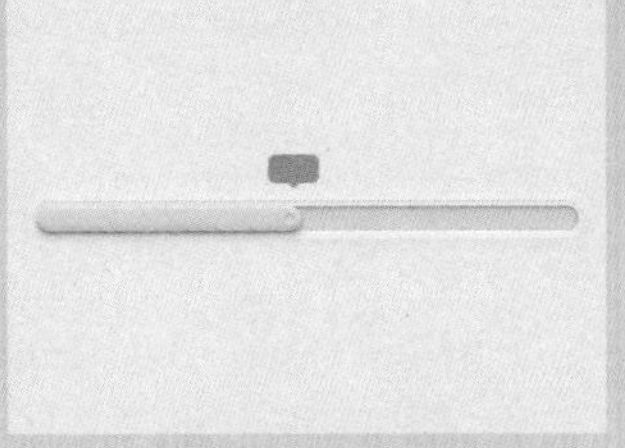

图 3-96 绘制图形

17 将图层重命名为“显示”，为图层添加“斜面和浮雕”“内阴影”“内发光”“渐变叠加”“外发光”和“投影”图层样式，如图 3-97 所示。

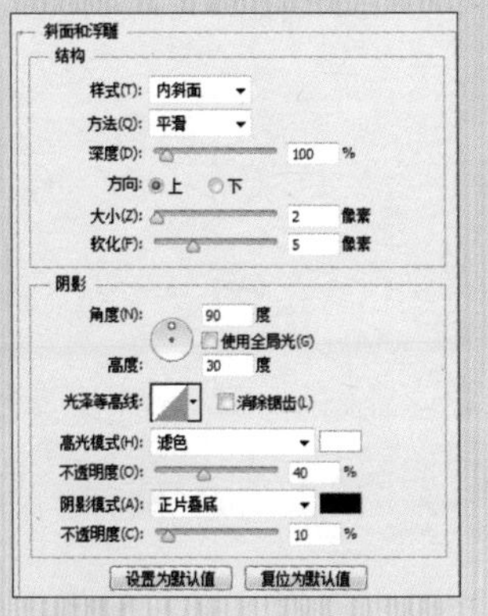

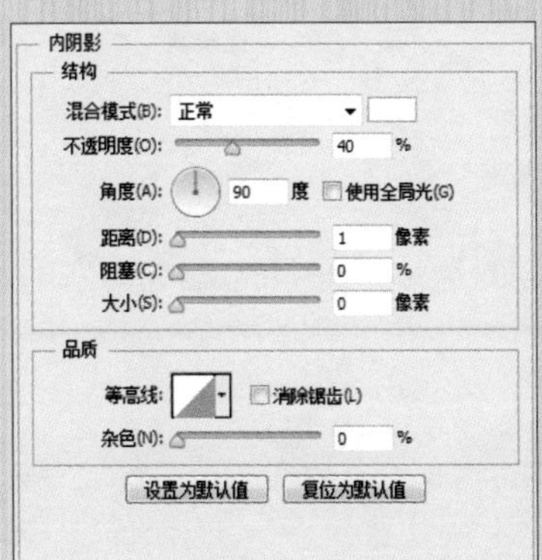

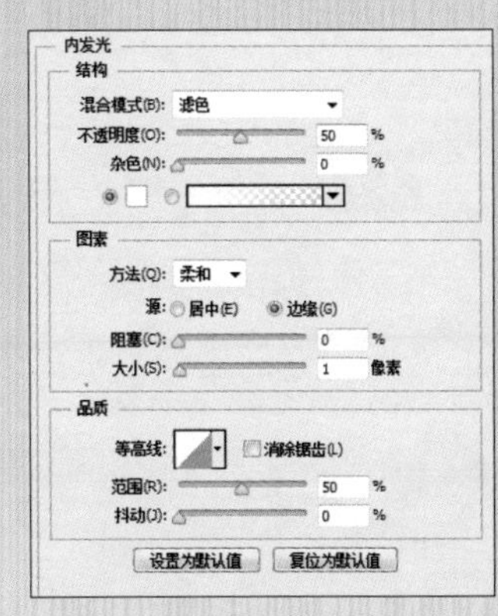

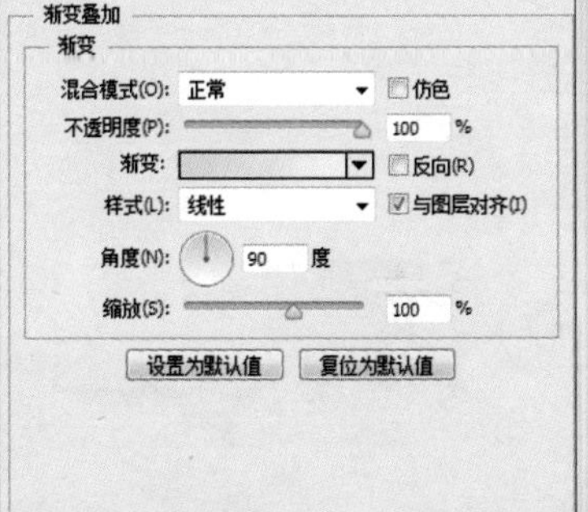

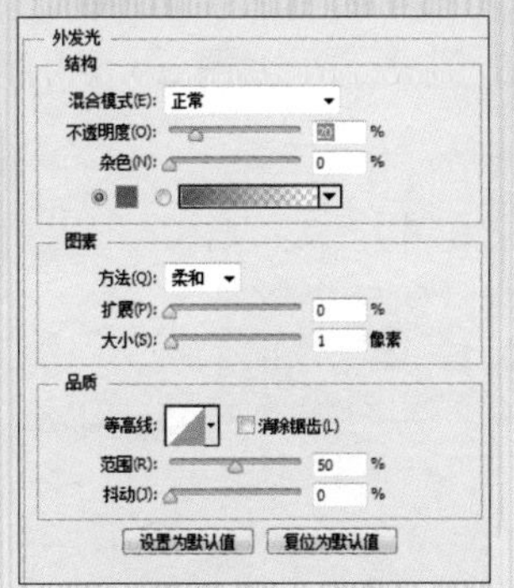

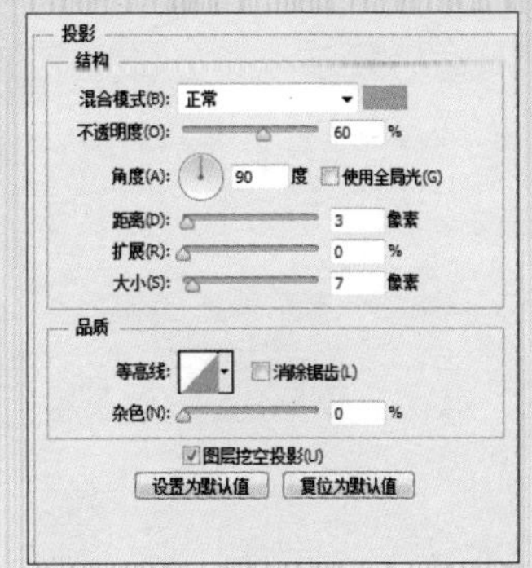

图 3-97 添加图层样式

18 确定操作后的图像效果如图3-98所示。

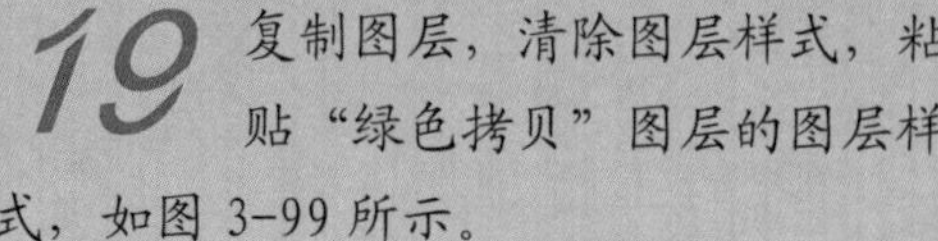

19 复制图层，清除图层样式，粘贴“绿色拷贝”图层的图层样式，如图3-99所示。

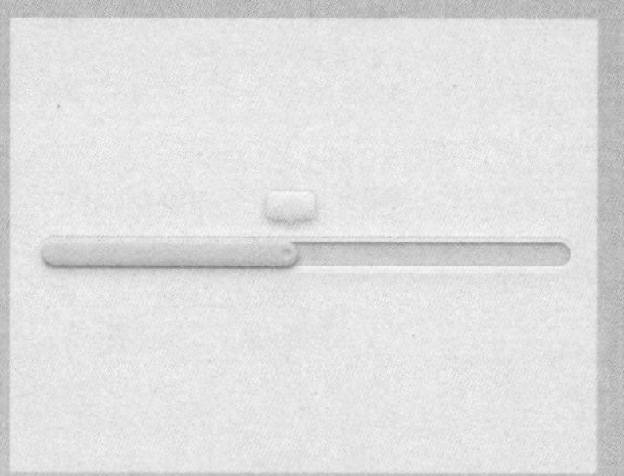

图3-98 图像效果

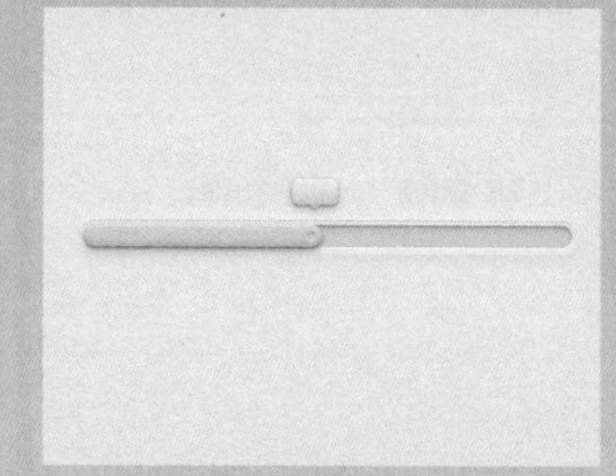

图3-99 复制图层并粘贴图层样式

20 使用“横排文字工具”输入文字并添加所需图层样式，完成绘制，如图3-100所示。

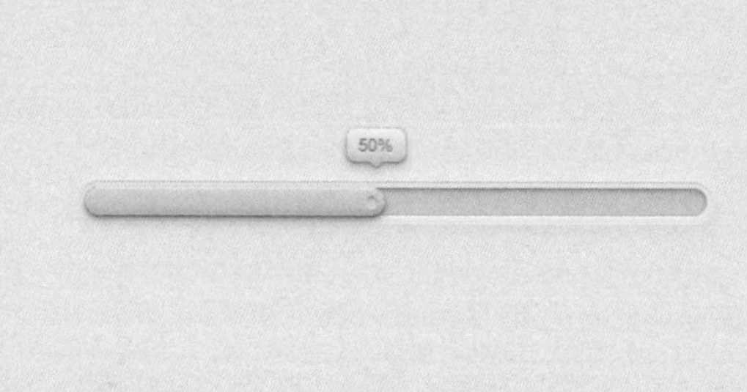

图3-100 完成绘制

3.1.6 开关按钮

滑块按钮用于滑动设置相应的选项，通常向左或向右滑动来设置两个不同的选项，与ON/OFF按钮效果相同。

设计思路

本实例制作的是滑块按钮。通过设计突出的滑块，吸引用户去点击滑动。向左或向右滑动后显示为颜色和文字变化，制作流程如图3-101所示。

图3-101 制作流程

制作步骤

知识点	"圆角矩形工具"、"方框模糊"滤镜、图层样式
光盘路径	第 3 章 \3.1.6 开关按钮

01 使用"圆角矩形工具"绘制圆角矩形，如图 3-102 所示。将图层重命名为"底层"，双击该图层，在打开的对话框中选择"内阴影"复选框，设置相关参数，如图 3-103 所示。

图 3-102 绘制圆角矩形

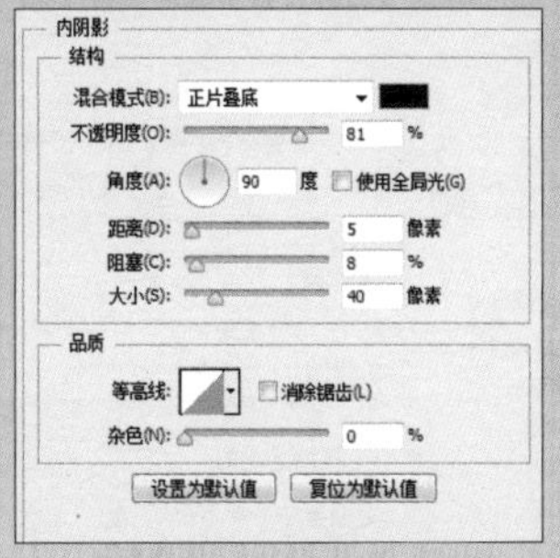

图 3-103 设置"内阴影"

02 然后设置"颜色叠加""外发光"图层样式的参数，如图 3-104 所示。

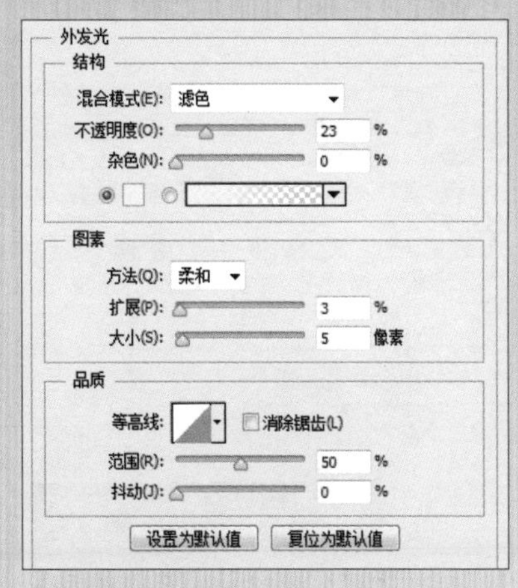

图 3-104 设置"颜色叠加""外发光"图层样式的参数

03 单击"确定"按钮关闭对话框，此时的图像效果如图 3-105 所示。再次绘制一个圆角矩形，将图层重命名为"外框"，调整图层到"底层"图层的下方，如图 3-106 所示。

图 3-105 图像效果

图 3-106 绘制矩形并调整顺序

04 同样，为“外框”图层设置图层样式，如图 3-107 所示。其中渐变叠加的颜色为（色标 1：#737373、色标 2：#c1c1c1）。

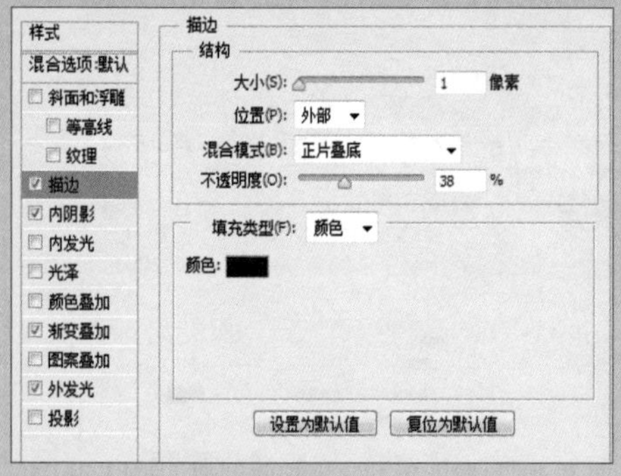

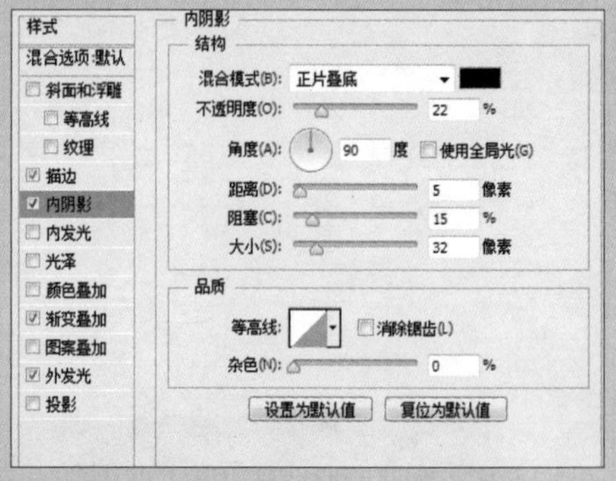

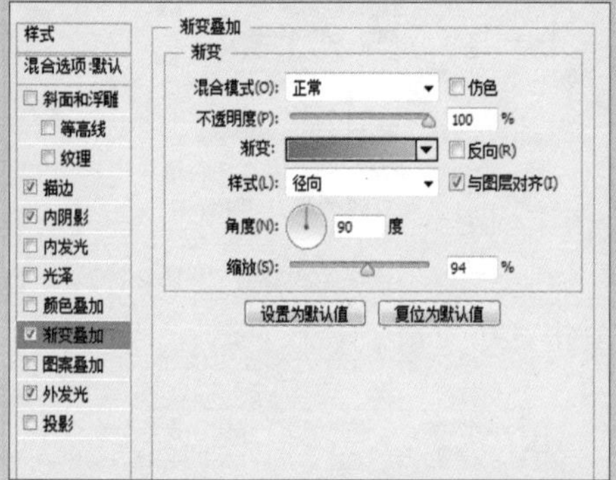

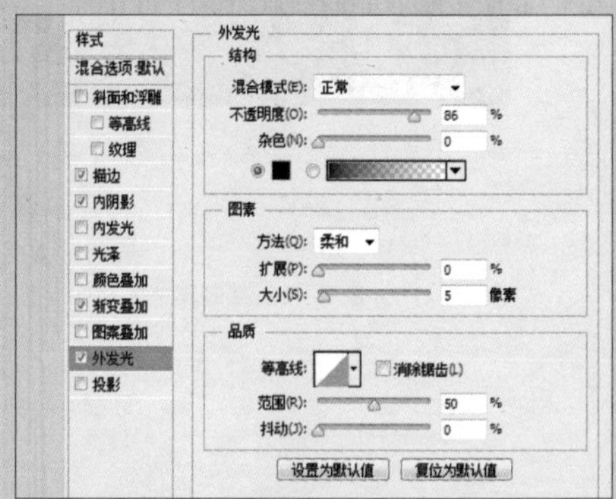

图 3-107 设置图层样式

05 单击“确定”按钮后的图像效果如图 3-108 所示。

06 绘制另一个圆角矩形，将图层重命名为“滑块底”，调整图层至“图层”面板的最上层，如图 3-109 所示。

图 3-108 图像效果

图 3-109 绘制矩形

07 双击图层，添加图层样式，如图 3-110 所示。

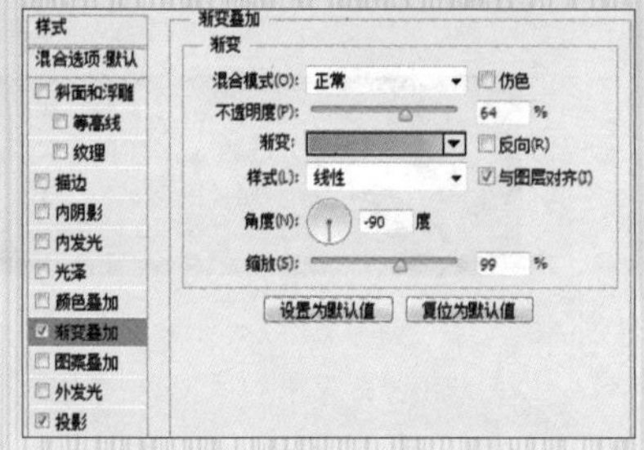

图 3-110 添加图层样式

08 复制一个图层，将复制的图层重命名为“滑块”，将其向上移动 12 像素，并清除图层样式，如图 3-111 所示。

09 双击图层，在打开的对话框中选择“渐变叠加”选项，设置相关参数，如图 3-112 所示。

图 3-111 复制并移动

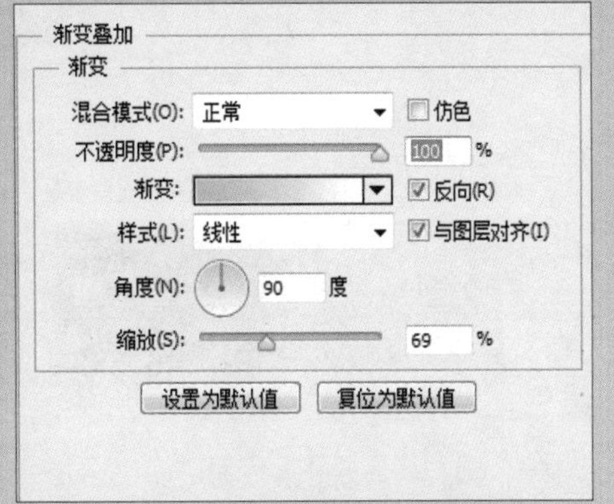

图 3-112 添加“渐变叠加”图层样式

10 确定操作后的图像效果如图 3-113 所示。复制一层，将复制的图层重命名为“滑块投影”。执行“滤镜”|“模糊”|“方框模糊”命令，如图 3-114 所示。

图 3-113 图像效果

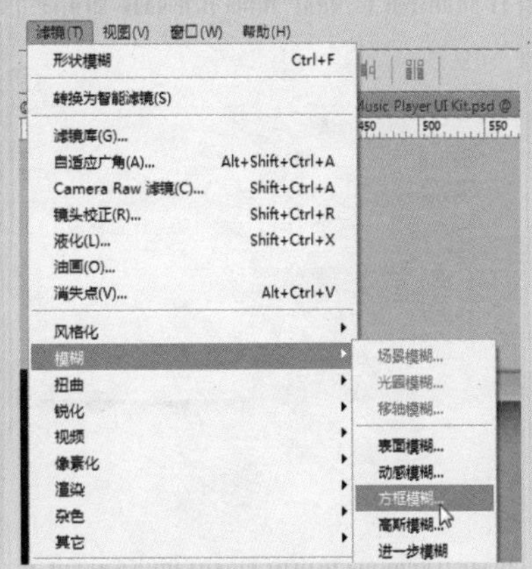

图 3-114 执行“方框模糊”命令

11 弹出提示对话框，单击“确定”按钮，如图 3-115 所示。

12 在弹出的对话框中设置相关参数，如图 3-116 所示。

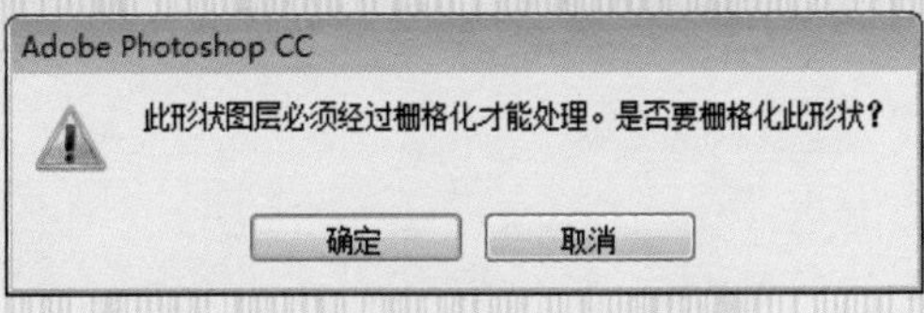

图 3-115 单击“确定”按钮

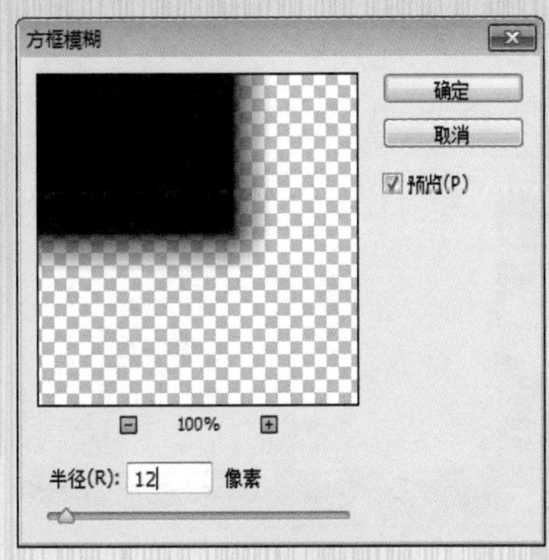

图 3-116 设置相关参数

13 单击“确定”按钮后，使用键盘上的方向键略微向下移动，图像效果如图 3-117 所示。

14 按 Ctrl+[组合键，将图层向下调整 3 层，移至“底层”图层的下方。添加图层蒙版，使用黑色的“画笔工具”涂抹右侧多余的部分，效果如图 3-118 所示。

图 3-117 向下移动

图 3-118 涂抹蒙版

15 绘制矩形并复制两个，单击“水平居中分布”按钮，如图 3-119 所示。选择“矩形 1”，双击进入“图层样式”对话框，设置“内阴影”和“外发光”图层样式，如图 3-120 所示。

图 3-119 绘制矩形

内阴影
结构
混合模式(B): 正片叠底
不透明度(O): 26 %
角度(A): 90 度 使用全局光(G)
距离(D): 5 像素
阻塞(C): 0 %
大小(S): 5 像素
品质
等高线: 消除锯齿(L)
杂色(N): 0 %
设置为默认值 复位为默认值

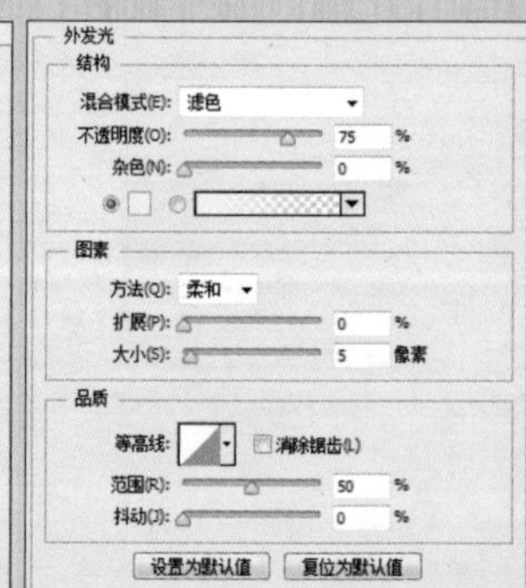

图 3-120 添加图层样式

16 单击“确定”按钮后的图像效果如图 3-121 所示。复制图层样式，选择“矩形 1 拷贝”和“矩形 1 拷贝 2”图层，粘贴图层样式，如图 3-122 所示。

图 3-121 图像效果

图 3-122 粘贴图层样式的效果

17 使用“横排文字工具”输入文字，如图 3-123 所示。为文字图层添加图层样式，如图 3-124 所示。

图 3-123 输入文字

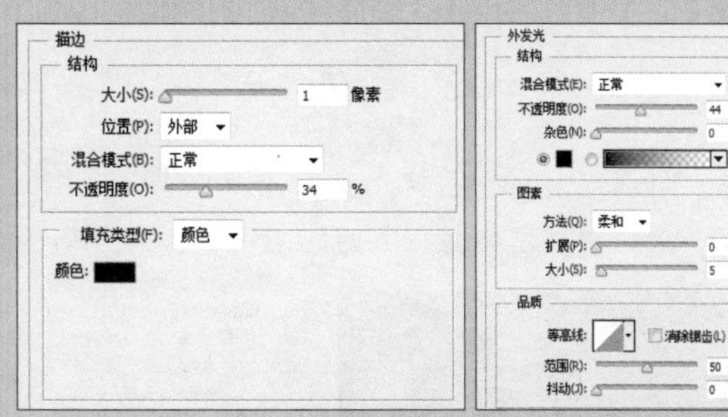

图 3-124 添加图层样式

18 单击“确定”按钮，完成效果如图 3-125 所示。将除背景外的所有图层选中，单击鼠标右键，选择“从图层建立组”命令。复制组，并修改颜色、文字等，制作开关的另一个状态，如图 3-126 所示。

图 3-125 完成效果

图 3-126 开关的另一个状态

3.1.7 搜索栏

搜索栏是用于搜索页面内容的控件，由搜索框和搜索按钮组成。部分搜索栏还提供搜索下拉列表，根据相应的关键字显示列表内容。

设计思路

本实例制作的是搜索栏，绘制圆角矩形作为搜索框，绘制放大镜图形作为搜索按钮，为图形添加图层样式，使其更具层次感，制作流程如图 3-127 所示。

图 3-127 制作流程

制作步骤

知识点	“圆角矩形工具”、图层样式、复制及粘贴图层样式
光盘路径	第 3 章 \3.1.7 搜索栏

01 新建空白文档，使用“圆角矩形工具”绘制圆角矩形，如图 3-128 所示。将图层重命名为“搜索框”，为图层添加“描边”和“内阴影”图层样式，如图 3-129 所示。

图 3-128 绘制圆角矩形

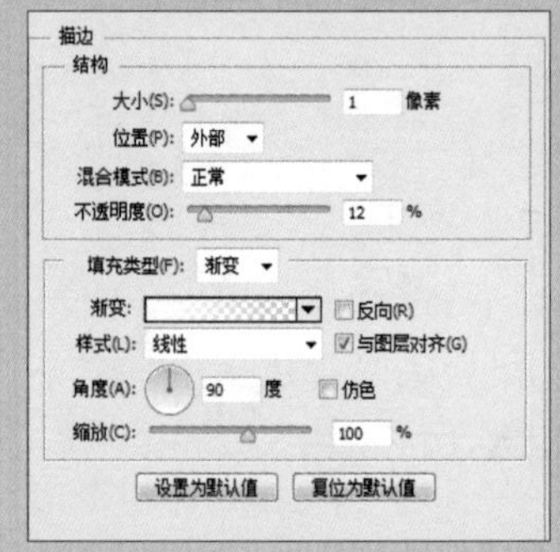

图 3-129 添加图层样式

02 继续添加“颜色叠加”图层样式，如图 3-130 所示。

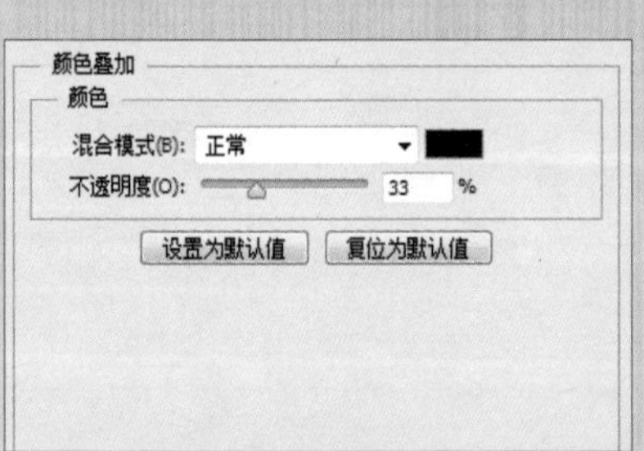

图 3-130 添加“颜色叠加”图层样式

03 设置填充为 0%，此时的图像效果如图 3-131 所示。

图 3-131 图像效果

04 使用多种绘图工具绘制放大镜，如图 3-132 所示。将图层重命名为“搜索图标”，为图层添加“颜色叠加”和“外发光”图层样式，如图 3-133 所示。

图 3-132 绘制放大镜

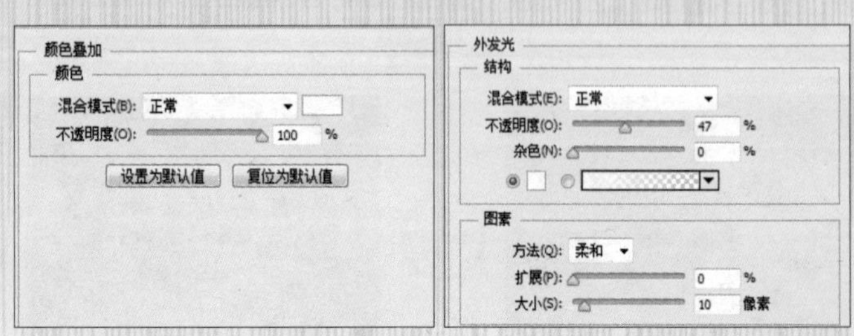

图 3-133 添加图层样式

05 确定操作后的图像效果如图 3-134 所示。输入文字并绘制线段，复制“搜索图标”图层的图层样式，在“Use”图层上粘贴图层样式，效果如图 3-135 所示。使用“圆角矩形工具”和“自定形状工具”绘制图形，如图 3-136 所示。

图 3-134 图像效果

图 3-135 输入文字

图 3-136 绘制图形

06 将图层重命名为“下拉框”，为图层添加“外发光”图层样式，如图 3-137 所示。使用“直线工具”绘制线条，使用“矩形工具”绘制矩形，如图 3-138 所示。

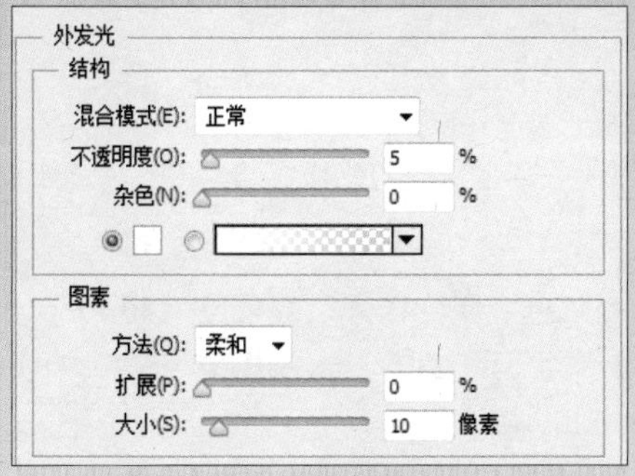

图 3-137 添加“外发光”图层样式

图 3-138 绘制线条与矩形

07 使用“横排文字工具”输入文字，如图 3-139 所示。

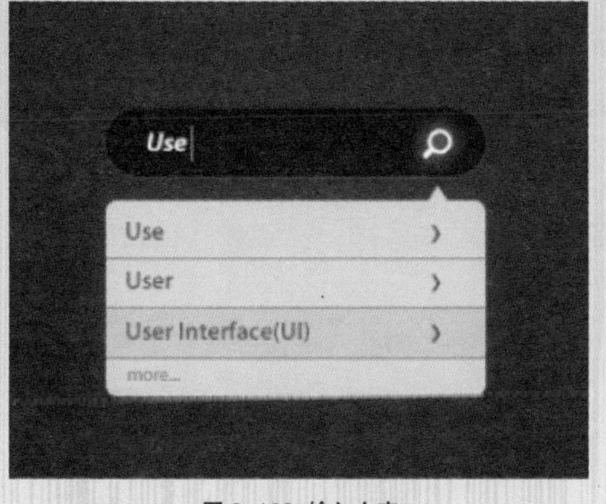

图 3-139 输入文字

08 添加小手图片，完成绘制，如图 3-140 所示。

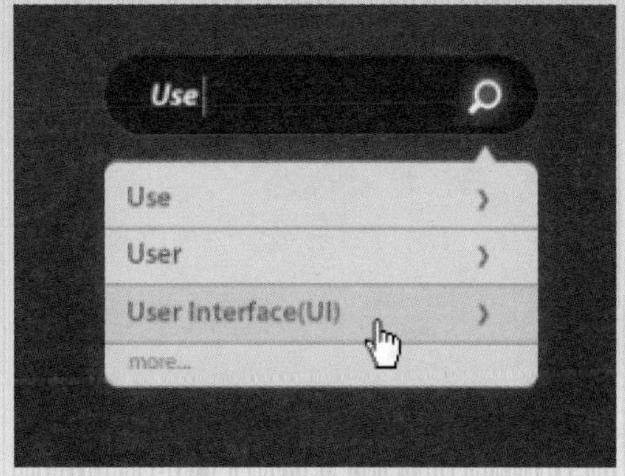

图 3-140 完成绘制

3.1.8 列表菜单

列表菜单是指将多个列表左对齐展示，可以增加向右箭头表明是否还有下级。一般通过漂亮的配色、图标组合来设计，使得菜单更多加丰富、美观。

设计思路

本实例绘制的列表菜单的外形为圆角矩形，在圆角矩形中将内容从上到下以列表的方式展示主要与次要信息，次要信息的文字颜色更暗、字号更小。制作流程如图 3-141 所示。

图 3-141 制作流程

制作步骤

知识点	"圆角矩形工具"、图层样式、智能对象、"添加杂色"滤镜
光盘路径	第 3 章 \3.1.8 列表菜单

01 新建文档，添加素材作为背景。使用"圆角矩形工具"绘制圆角矩形，如图 3-142 所示。

02 将图层重命名为"底层背景"，为图层添加"描边"图层样式，如图 3-143 所示。

图 3-142 绘制圆角矩形

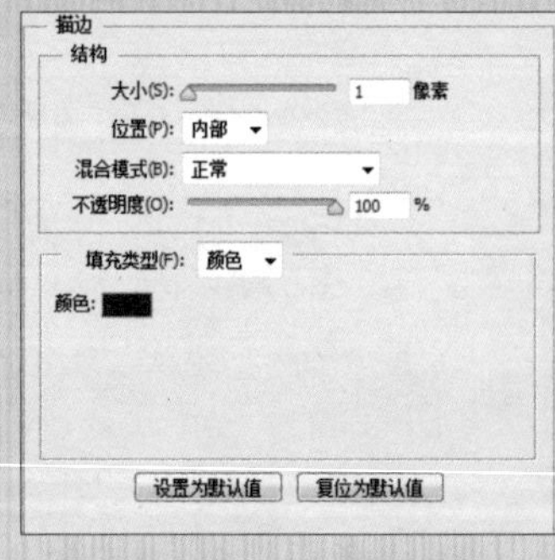

图 3-143 添加"描边"图层样式

03 继续为图层添加"内阴影""外发光"和"投影"图层样式，如图 3-144 所示。

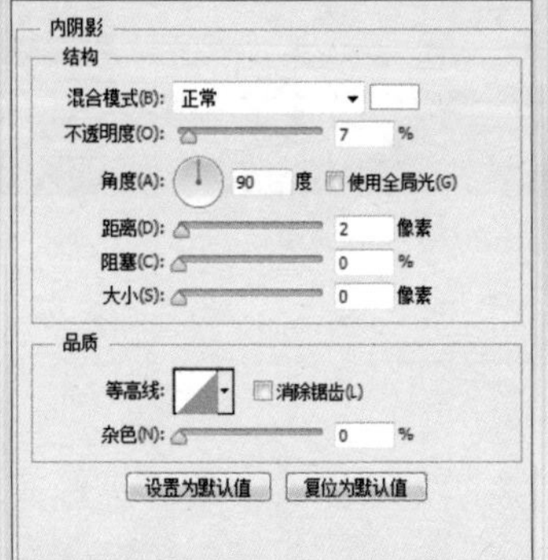

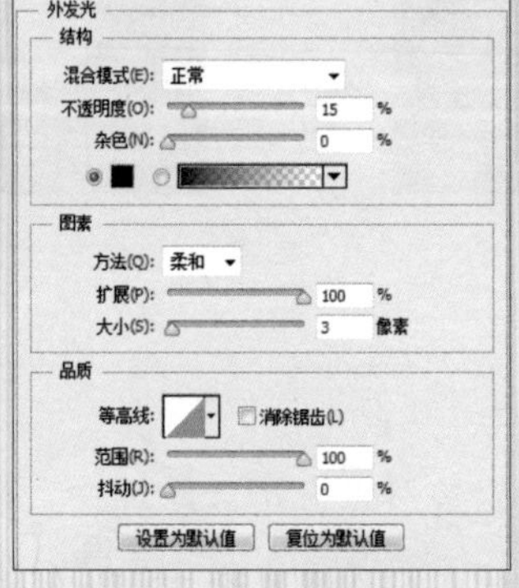

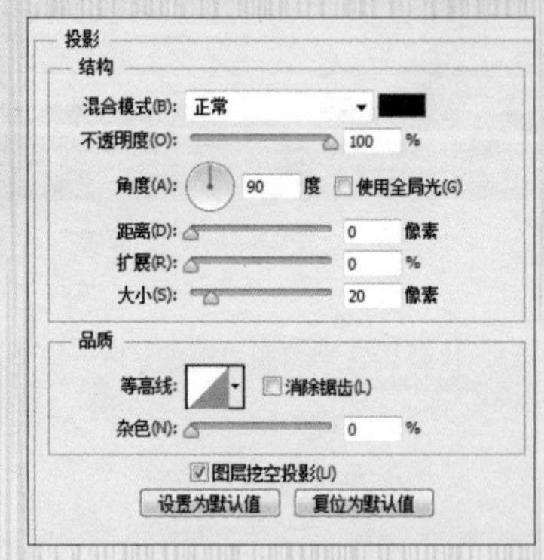

图 3-144 继续添加图层样式

04 确定操作后的效果如图 3-145 所示。绘制矩形，创建剪贴蒙版，将矩形转换为智能对象，之后设置图层混合模式为“叠加”并填充为 60%。执行“滤镜”|“杂色”|“添加杂色”命令，在弹出的对话框中设置相关参数，如图 3-146 所示。

图 3-145 确定后的效果

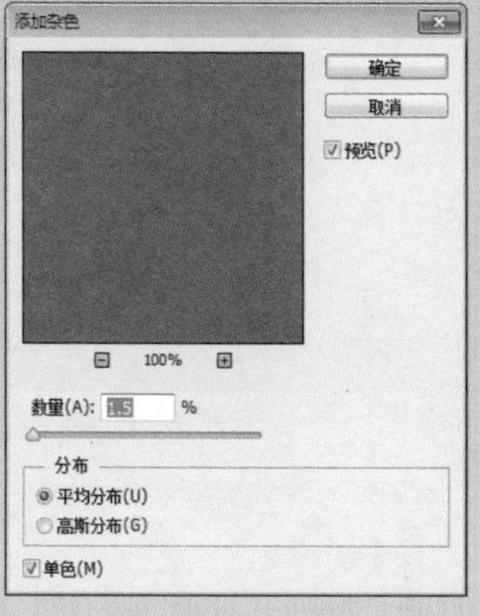

图 3-146 添加杂色

05 按 Ctrl+F 组合键再次添加杂色，确定后的图像效果如图 3-147 所示。

图 3-147 确定后的效果

06 使用“圆角矩形工具”绘制圆角矩形，如图 3-148 所示。

图 3-148 绘制圆角矩形

07 为图层添加“斜面和浮雕”“内阴影”“渐变叠加”图层样式，如图 3-149 所示。

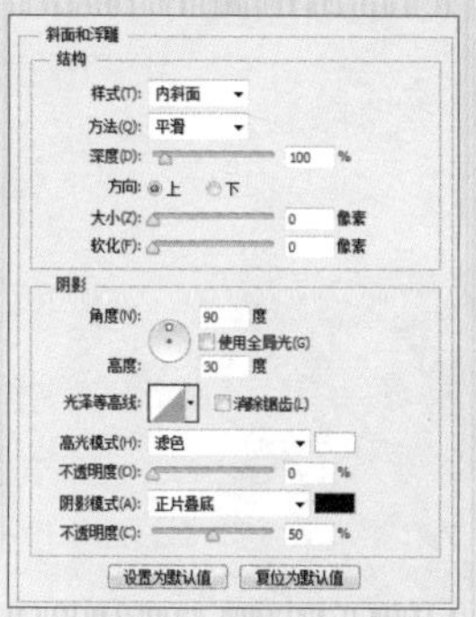

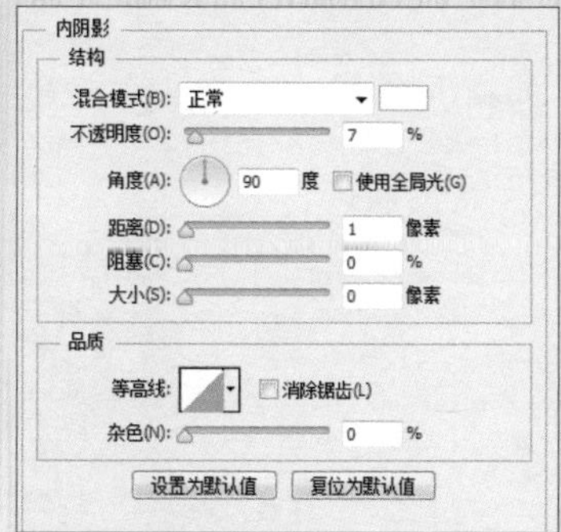

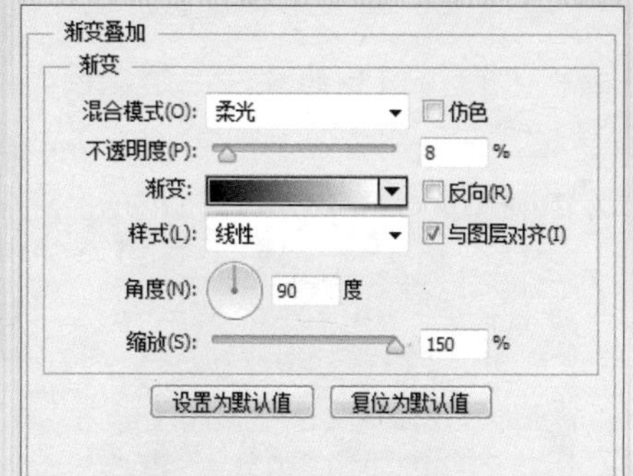

图 3-149 添加图层样式

08 确定操作后的图像效果如图 3-150 所示。

图 3-150 确定后的效果

09 绘制图形并添加图层样式，效果如图 3-151 所示。

图 3-151 绘制图形并添加图层样式

10 添加的图层样式为“颜色叠加”“渐变叠加”和“投影”，如图 3-152 所示。

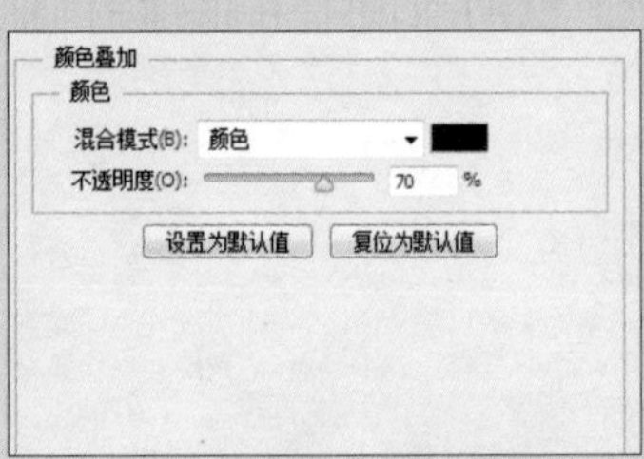

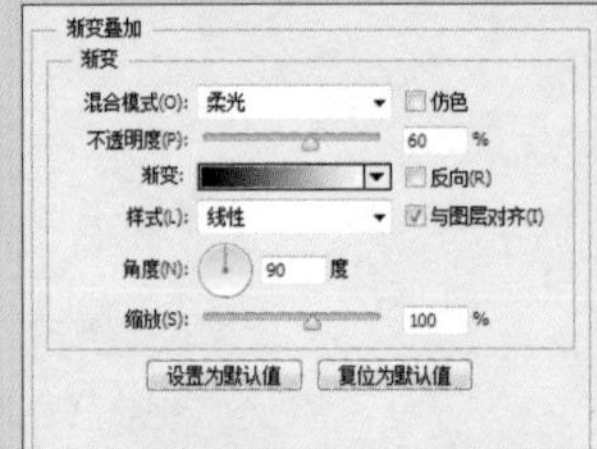

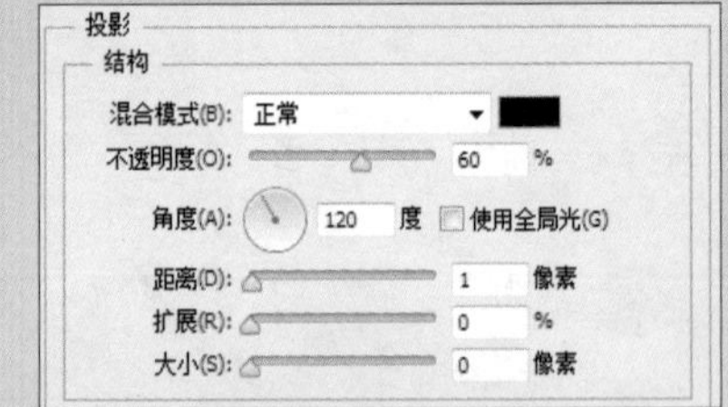

图 3-152 添加的图层样式

11 输入文字，并为文字图层添加“投影”图层样式，如图 3-153 所示。确定操作后的图像效果如图 3-154 所示。

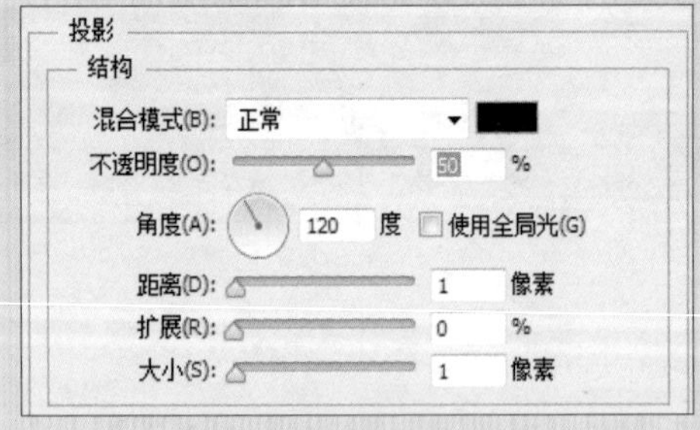

图 3-153 添加“投影”图层样式

图 3-154 确定后的效果

12 用同样的方法，绘制图形，并输入文字，如图 3-155 所示。继续添加文字，完成制作，如图 3-156 所示。

图 3-155 绘制图形并输入文字

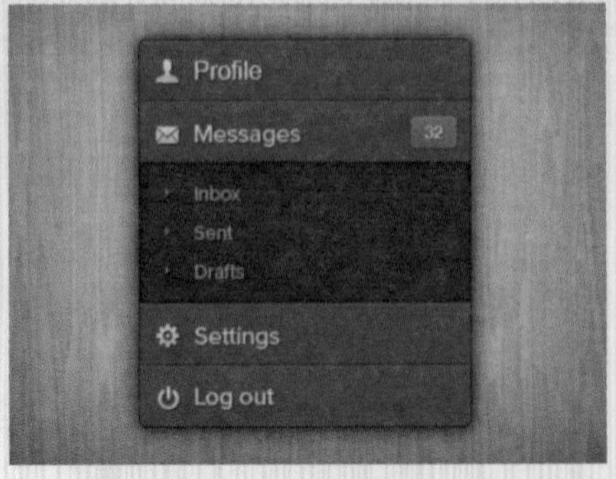

图 3-156 完成制作

3.2 图标的设计

图标按造型分类可以分为扁平化图标、线性图标、立体图标 3 类。从扁平化图标中可以细分出常规扁平化、长投影、投影式和渐变式 4 种。从立体图标中可以细分出立体图标和写实图标。

3.2.1 扁平化图标设计

扁平化是最近几年流行的风格，我们在各种 APP 中见到的扁平化风格很多。

下面对 4 种扁平化风格图标的绘制进行讲解，分别是常规扁平化、长投影、投影式、渐变式，如图 3-157 所示。

图 3-157 4 种扁平化风格图标

1. 常规扁平化

常规扁平化图标是没有任何修饰的扁平化图标，绘制过程十分简单。

设计思路

本实例绘制的是常规扁平化图标，直接使用“圆角矩形工具”“椭圆工具”和“自定形状工具”绘制图形即可。制作流程如图 3-158 所示。

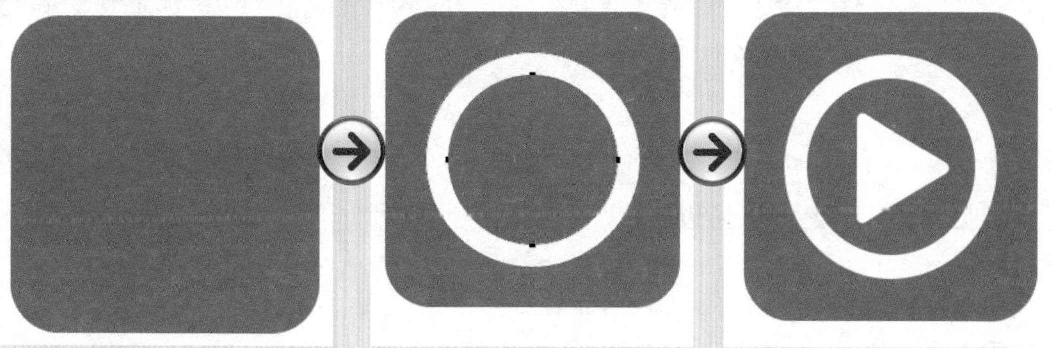

图 3-158 制作流程

制作步骤

知识点	"圆角矩形工具" "椭圆工具" "自定形状工具"
光盘路径	第 3 章 \3.2.1 扁平化图标设计 \1. 常规扁平化

01 执行"文件"|"新建"命令，新建空白文档，如图 3-159 所示。选择"圆角矩形工具"，在选项栏中设置填充颜色，并设置圆角半径为 40 像素，如图 3-160 所示。

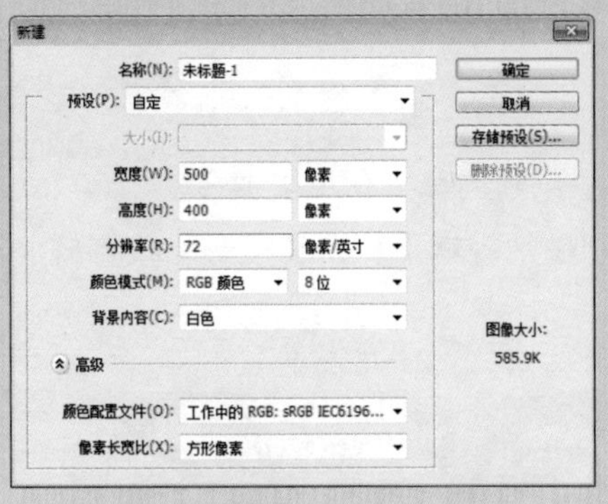

图 3-159 新建空白文档

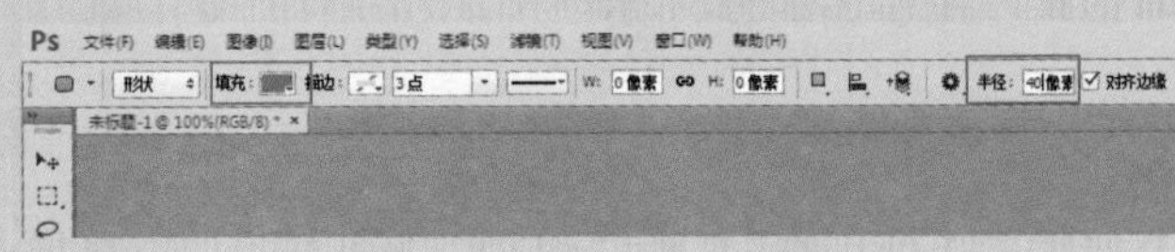

图 3-160 选项栏中的参数设置

02 单击"半径"左侧的"设置"按钮，在展开的面板中选择"固定大小"单选按钮，设置宽、高为 256 像素，如图 3-161 所示。在画面中绘制圆角矩形，如图 3-162 所示。

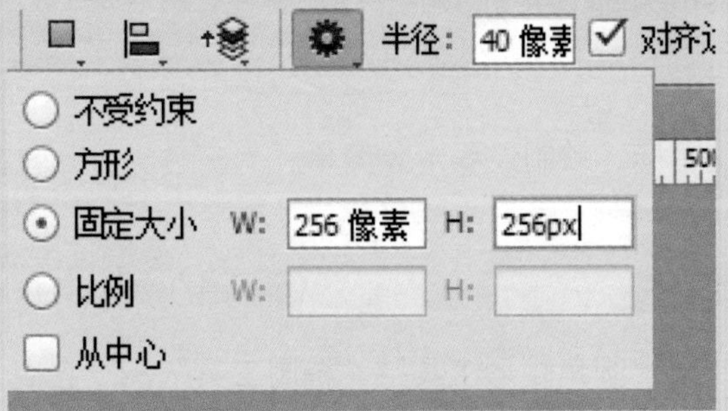

图 3-161 设置固定大小

图 3-162 绘制圆角矩形

03 选择"椭圆工具"，设置"固定大小"为 186 像素，如图 3-163 所示。

04 在画面中绘制正圆，如图 3-164 所示。

对齐边缘
不受约束
圆(绘制直径或半径)
固定大小 W: 186 像素 H: 186 像素
比例 W: H:
从中心

图 3-163 设置固定大小

图 3-164 绘制正圆

05 选择两个图层，并选择“移动工具”后，在选项栏中单击“垂直居中对齐”按钮和“水平居中对齐”按钮，如图 3-165 所示。

06 使用“路径选择工具”选择圆，按 Ctrl+C 组合键复制，按 Ctrl+V 组合键粘贴。按 Ctrl+T 组合键进行自由变换，按住 Shift+Alt 组合键按比例缩小 40 像素，如图 3-166 所示。

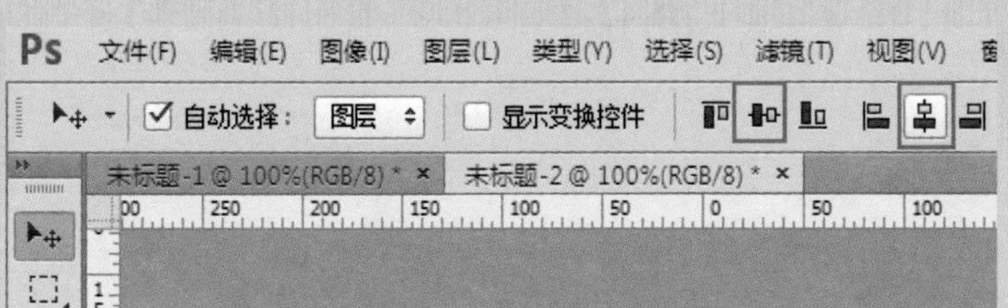

图 3-165 单击对齐按钮

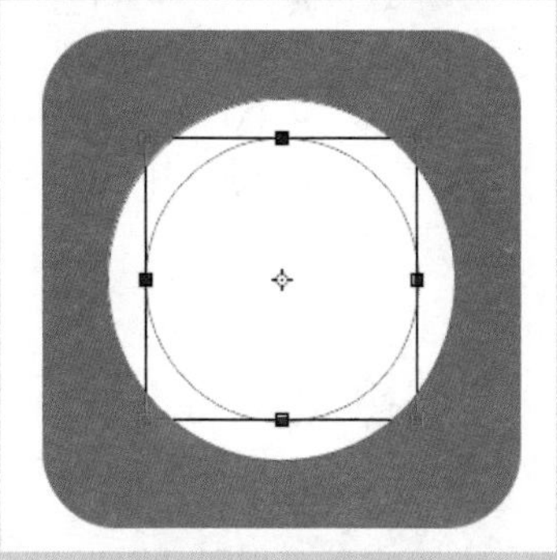

图 3-166 复制并缩小

07 在“属性”面板中可以进行细致调整，调整后的参数为 146 像素，如图 3-167 所示。在选项栏中选择“减去顶层形状”选项，如图 3-168 所示。

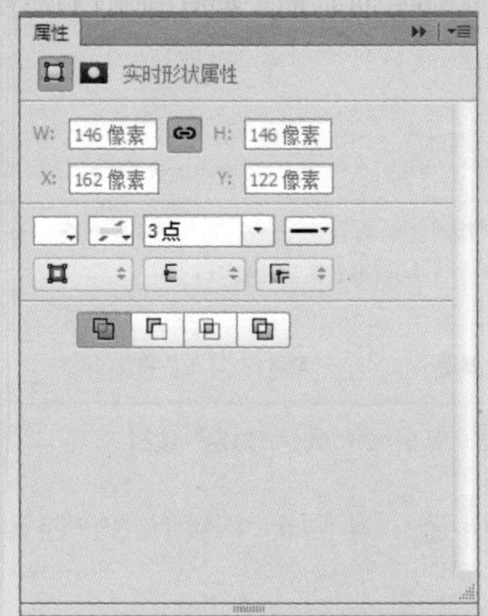

图 3-167 调整参数

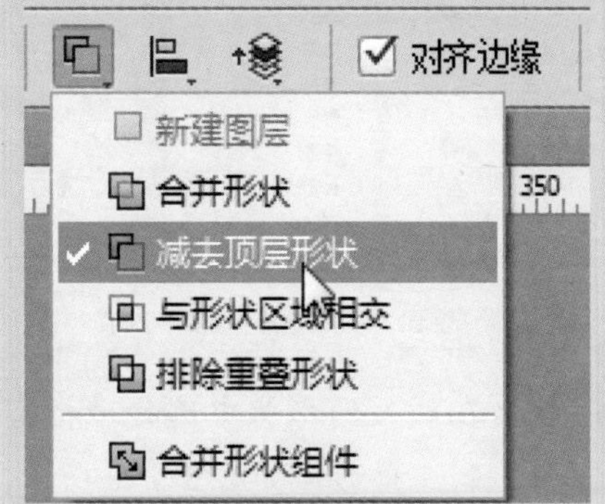

图 3-168 选择“减去顶层形状”选项

08 执行操作后的图形如图 3-169 所示。

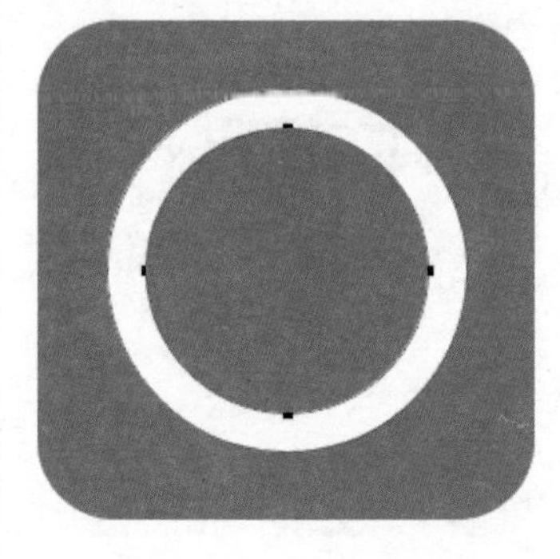

图 3-169 确定操作后的图形

09 在工具箱中选择“自定形状工具”，如图 3-170 所示。

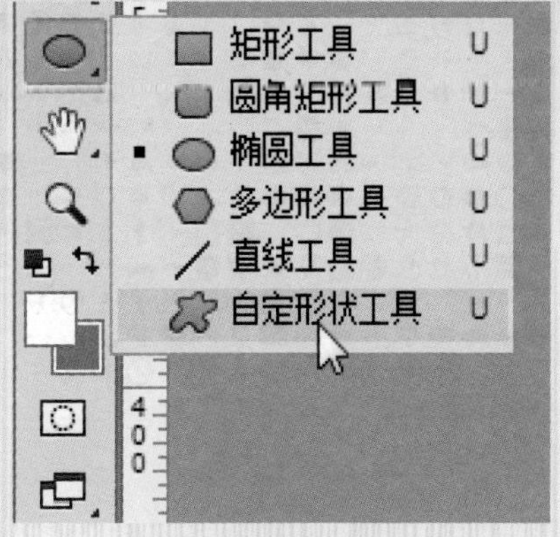

图 3-170 选择“自定形状工具”

10 在选项栏中单击如图 3-171 所示的下拉按钮。

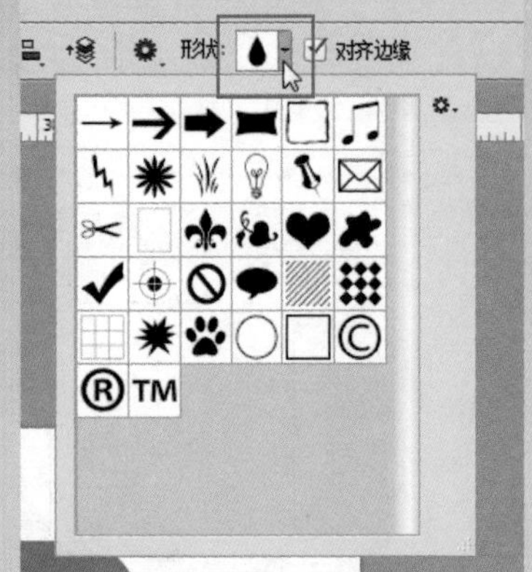

图 3-171 单击三角按钮

11 展开列表框，单击如图 3-172 所示的图标。

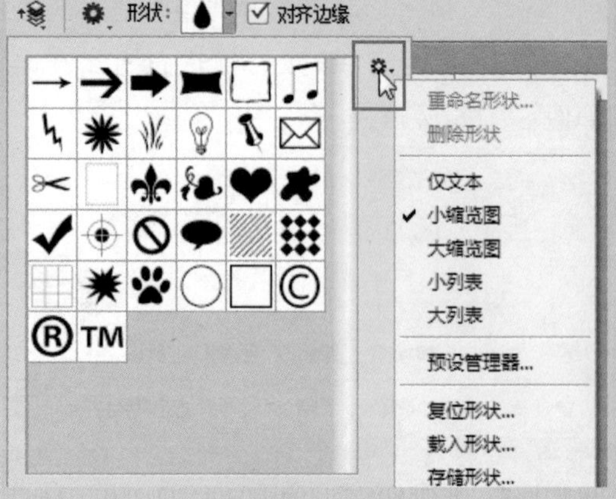

图 3-172 单击图标

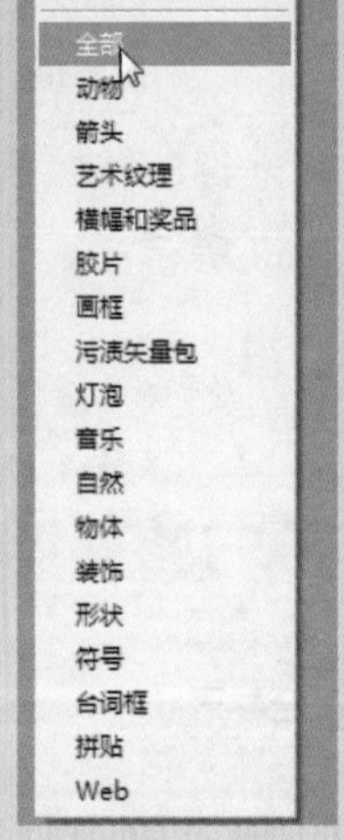

图 3-173 选择“全部”选项

12 选择“全部”选项，如图 3-173 所示。在弹出的对话框中单击“确定”按钮，如图 3-174 所示。

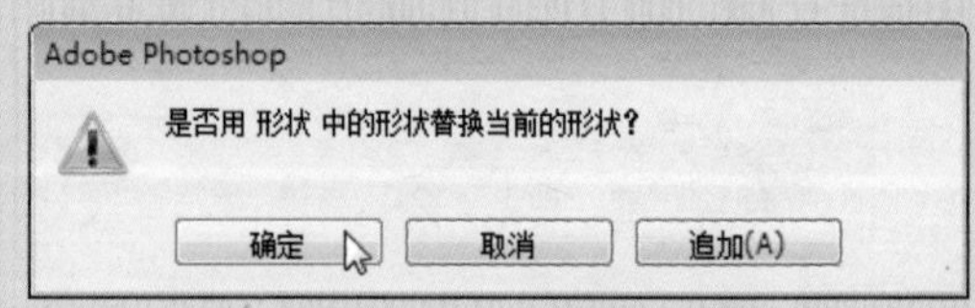

图 3-174 单击“确定”按钮

13 在载入的形状中选择“标志 3”，如图 3-175 所示。在画面中按住 Shift 键绘制三角形，如图 3-176 所示。

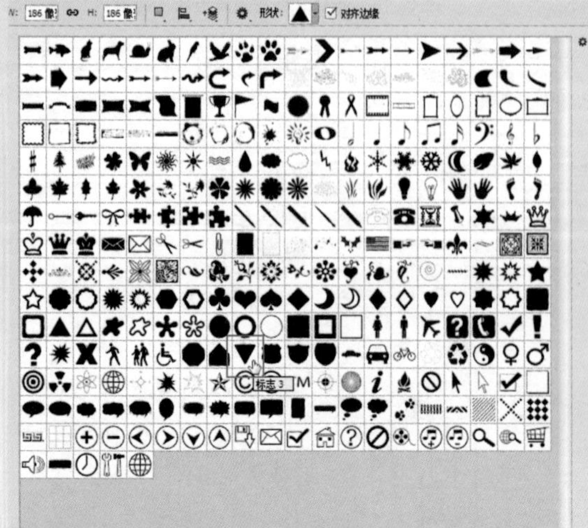

图 3-175 选择“标志 3”

图 3-176 绘制三角形

14 按 Ctrl+T 组合键将其逆时针旋转 90°。然后从标尺中拖出参考线，标记圆的中心，精确调整三角形的位置，如图 3-177 所示。按 Ctrl+; 组合键隐藏参考线，完成的效果如图 3-178 所示。

图 3-177 旋转并调整位置

图 3-178 完成效果

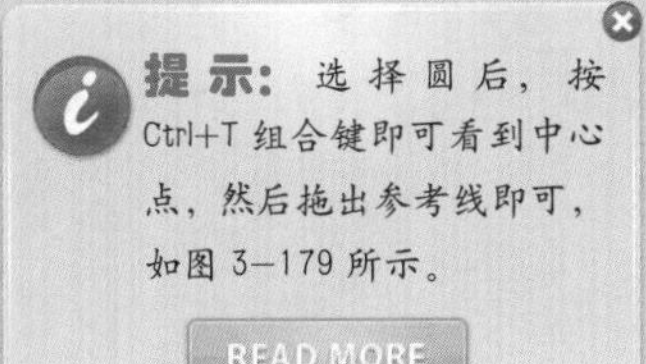

图 3-179 中心点

2. 长投影

随着扁平化被演绎得如火如荼，长投影风格也很快加入到这个行列中。长投影是指在常规扁平化图标上添加的一个很长的投影效果。

设计思路

制作本实例的长投影图标，首先要绘制矩形，将矩形旋转后添加锚点，拖动锚点来确定阴影的范围，调整图层的不透明度实现阴影效果，如图 3-180 所示为制作流程。

图 3-180 制作流程

制作步骤

知识点	图层顺序、图层蒙版、添加锚点、图层不透明度
光盘路径	第 3 章 \3.2.1 扁平化图标设计 \2. 长投影

01 使用“矩形工具”绘制一个填充颜色为黑色的矩形，如图 3-181 所示。

图 3-181 绘制矩形

02 在“图层”面板中调整矩形图层到椭圆图层的下方，如图 3-182 所示。

图 3-182 调整图层顺序

03 按 Ctrl+T 组合键，然后按住 Shift 键将矩形顺时针旋转 45°，如图 3-183 所示。

图 3-183 旋转 45 度

04 在“图层”面板底部单击“添加图层蒙版”按钮，添加图层蒙版，如图 3-184 所示。

图 3-184 添加图层蒙版

05 选择“圆角矩形 1”图层，按住 Ctrl 键单击该图层的缩览图，将其载入选区，如图 3-185 所示。

06 按 Ctrl+Shift+I 组合键进行反向选择，如图 3-186 所示。

图 3-185 载入选区

图 3-186 方向选择

07 设置背景色为黑色，选择“矩形 1”图层蒙版，按 Ctrl+Delete 组合键填充蒙版，如图 3-187 所示。使用“钢笔工具”单击以添加锚点，如图 3-188 所示。

图 3-187 填充蒙版

图 3-188 添加锚点

08 按住 Alt 键依次单击矩形顶端的 3 个锚点，如图 3-189 所示。然后按 Ctrl 键拖动锚点的位置，使多余的黑色部分收到三角形下方，如图 3-190 所示。

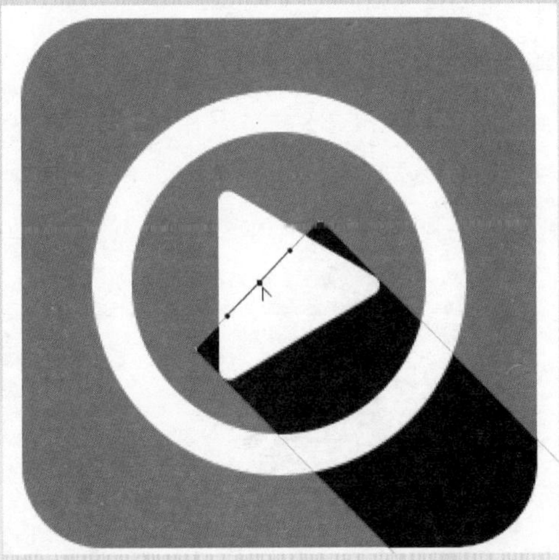

图 3-189 单击锚点

图 3-190 拖动锚点位置

09 在“图层”面板中调整图层的“不透明度”为 20%，如图 3-191 所示。

图 3-191 修改不透明度

10 调整完成后第一个长投影就制作完成了，如图 3-192 所示。

图 3-192 长投影完成效果

11 下面是圆形的长投影制作。同理，先绘制一个矩形，旋转一完的角度，如图 3-193 所示。

图 3-193 绘制矩形并旋转

12 添加蒙版后，使用“钢笔工具”添加 3 个锚点，然后调整锚点，如图 3-194 所示。

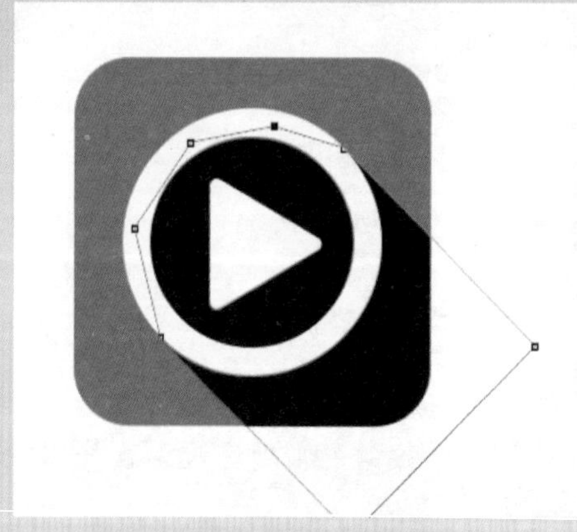
图 3-194 添加并调整锚点

13 调整图层的“不透明度”为 20%，完成长投影图标的绘制，如图 3-195 所示。

图 3-195 完成绘制

提示： 也可以在选择蒙版后，直接使用“画笔工具”在画面中涂抹。

READ MORE

3. 投影

投影是指在常规扁平化的基础上添加的一个效果。

设计思路

本实例通过对常规扁平化图标设置“投影”图层样式，实现投影效果，制作流程如图 3–196 所示。

图 3–196 制作流程

制作步骤

知识点	“投影”图层样式、复制与粘贴图层样式
光盘路径	第 3 章 \3.2.1 扁平化图标设计 \3. 投影

01 在常规扁平化的基础上，选择“圆角矩形 1”图层，单击“图层”面板底部的“添加图层样式”按钮，在打开菜单中选择“投影”命令，如图 3–197 所示。打开“图层样式”对话框，设置“投影”参数，如图 3–198 所示。

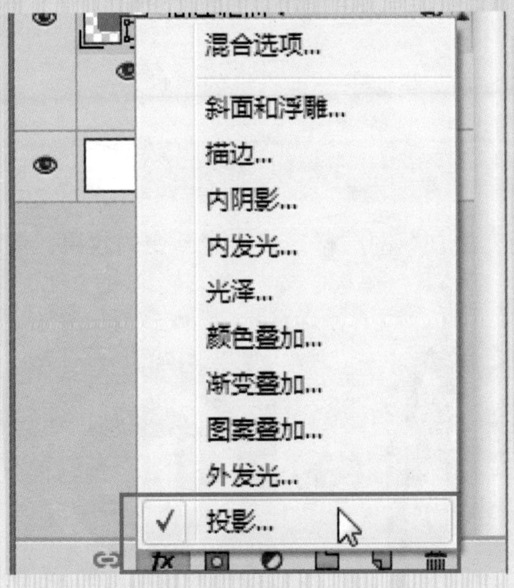

图 3–197 选择“投影”命令

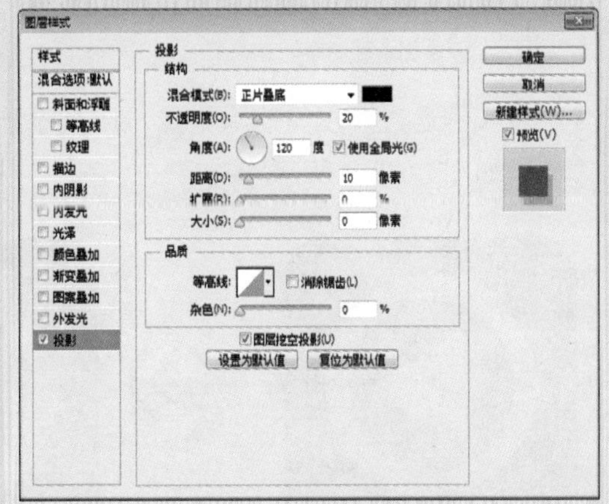

图 3–198 设置“投影”参数

02 单击“确定”按钮，图像效果如图 3-199 所示。选择该图层，单击鼠标右键，选择“拷贝图层样式”命令，如图 3-200 所示。

图 3-199 图像效果

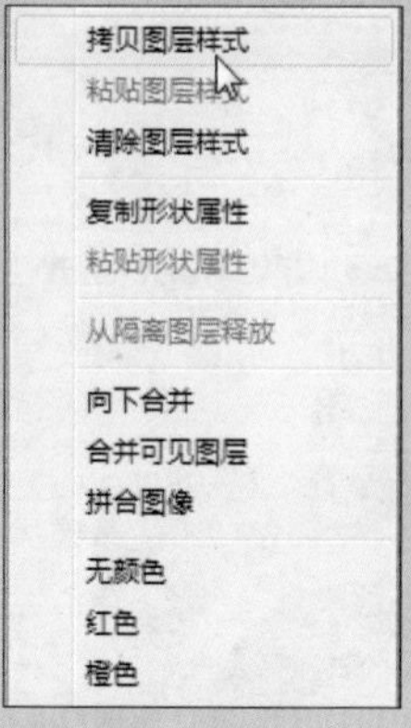

图 3-200 选择“拷贝图层样式”命令

03 选择圆和三角形所在的图层，单击鼠标右键，选择“粘贴图层样式”命令，如图 3-201 所示。完成制作，效果如图 3-202 所示。

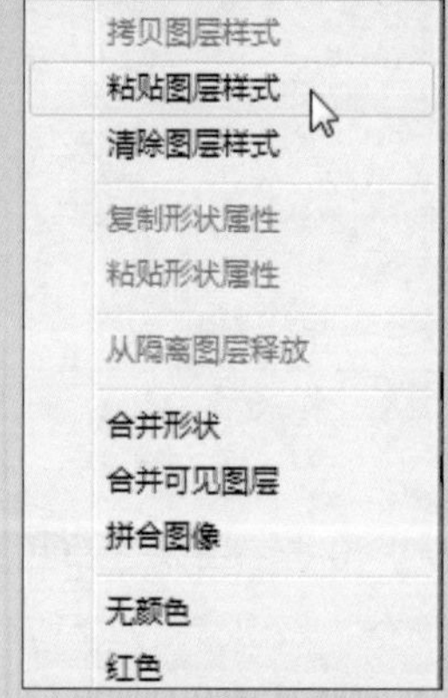

图 3-201 执行“粘贴图层样式”命令

图 3-202 完成效果

4. 渐变式

渐变式是在常规扁平化的基础上实现渐变的效果，类似于一种折纸的感觉。

设计思路

本实例通过添加与删除锚点，以及添加“渐变叠加”图层样式来实现渐变的效果，制作流程如图 3-203 所示。

图 3-203 制作流程

制作步骤

知识点	图层填充、“钢笔工具”“直接选择工具”、“渐变叠加”图层样式
光盘路径	第 3 章 \3.2.1 扁平化图标设计 \4. 渐变式

01 在常规扁平化的基础上，复制圆角矩形，并在“图层”面板上设置“填充”为 0%，如图 3-204 所示。选择“钢笔工具”，在圆的路径左右两侧添加两个锚点，如图 3-205 所示。

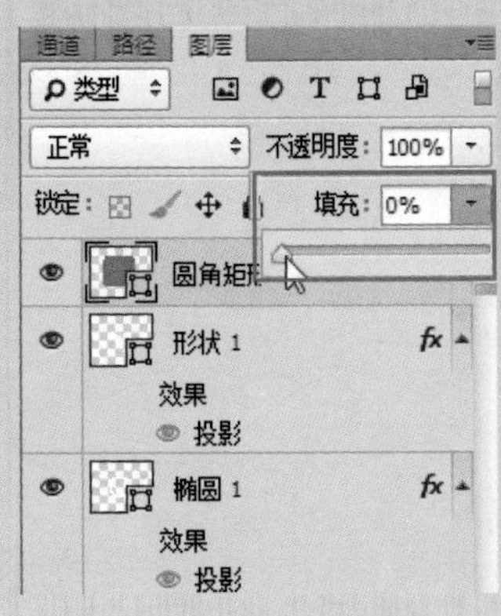

图 3-204 设置“填充”为 0%

图 3-205 添加两个锚点

02 在工具箱中选择“直接选择工具”，如图 3-206 所示。

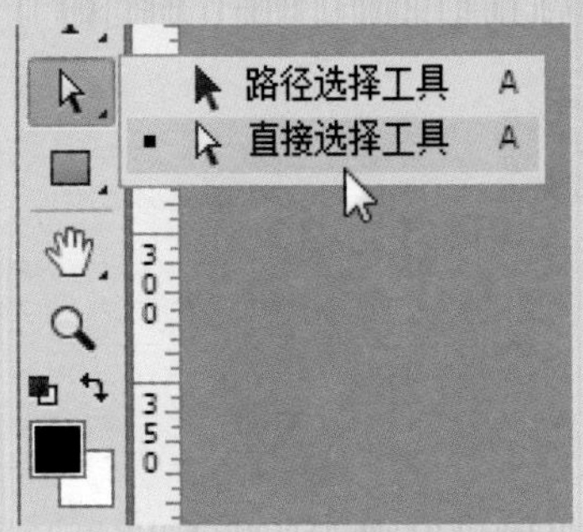

图 3-206 选择“直接选择工具”

03 框选下半部分，如图 3-207 所示。

图 3-207 框选下半部分

04 按 Delete 删除选中的锚点，如图 3-208 所示。双击图层，在打开的对话框中添加“渐变叠加”图层样式，如图 3-209 所示。

图 3-208 删除锚点

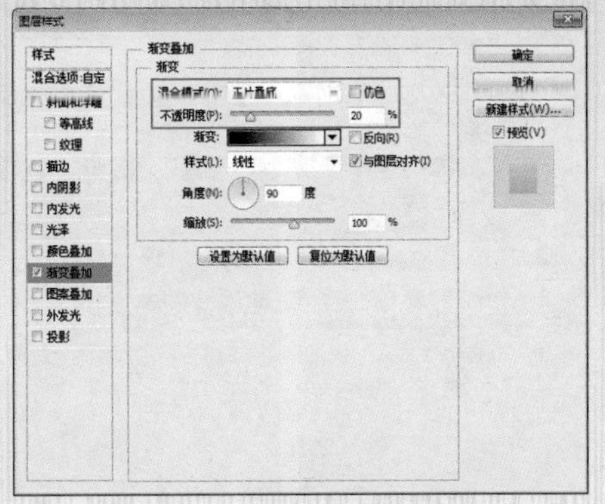

图 3-209 添加“渐变叠加”图层样式

05 单击“确定”按钮，效果如图 3-210 所示。选择底层的圆角矩形，同样添加“渐变叠加”图层样式，如图 3-211 所示。

图 3-210 图像效果

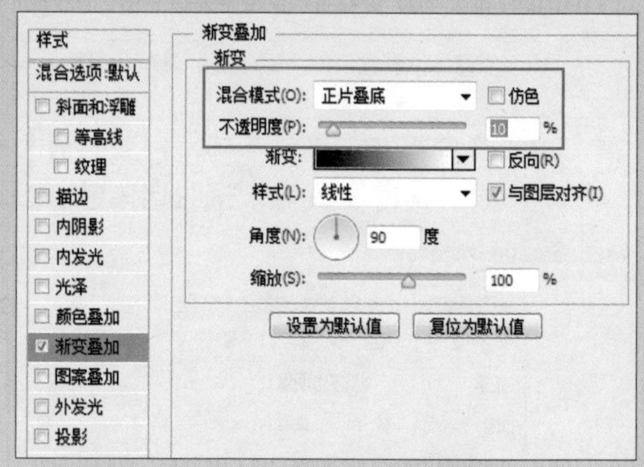

图 3-211 添加“渐变叠加”图层样式

06 单击“确定”按钮完成制作，效果如图 3-212 所示。

图 3-212 完成效果

3.2.2 线性图标设计

线性图标一般作为 APP 界面中的功能性或示意性图标，如图 3-213 所示。它比拟物化图标简单很多，但却很实用，特别适用于扁平化设计。

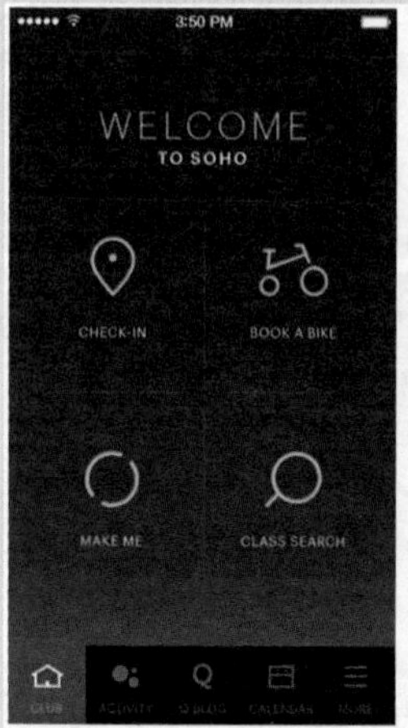

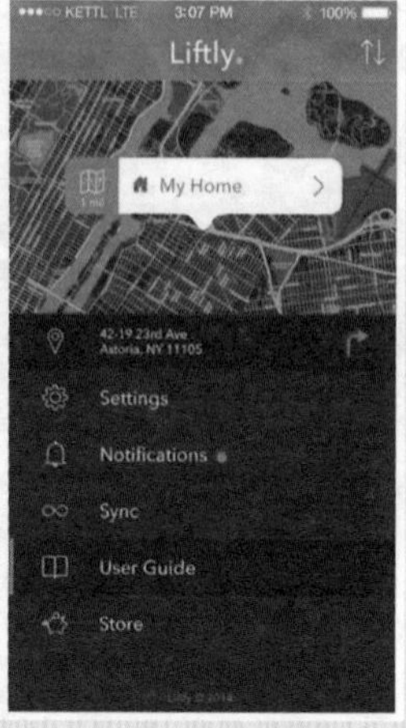

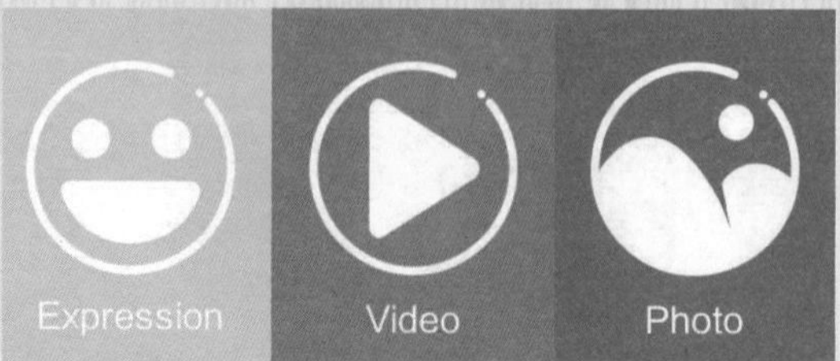

图 3-213 线性图标

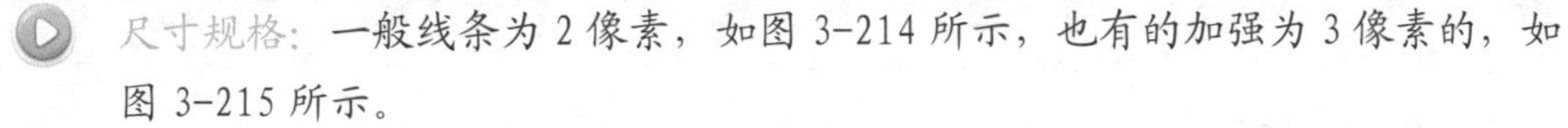

- 尺寸规格：一般线条为 2 像素，如图 3-214 所示，也有的加强为 3 像素的，如图 3-215 所示。
- 风格：线条简单，图形指示意义明确。

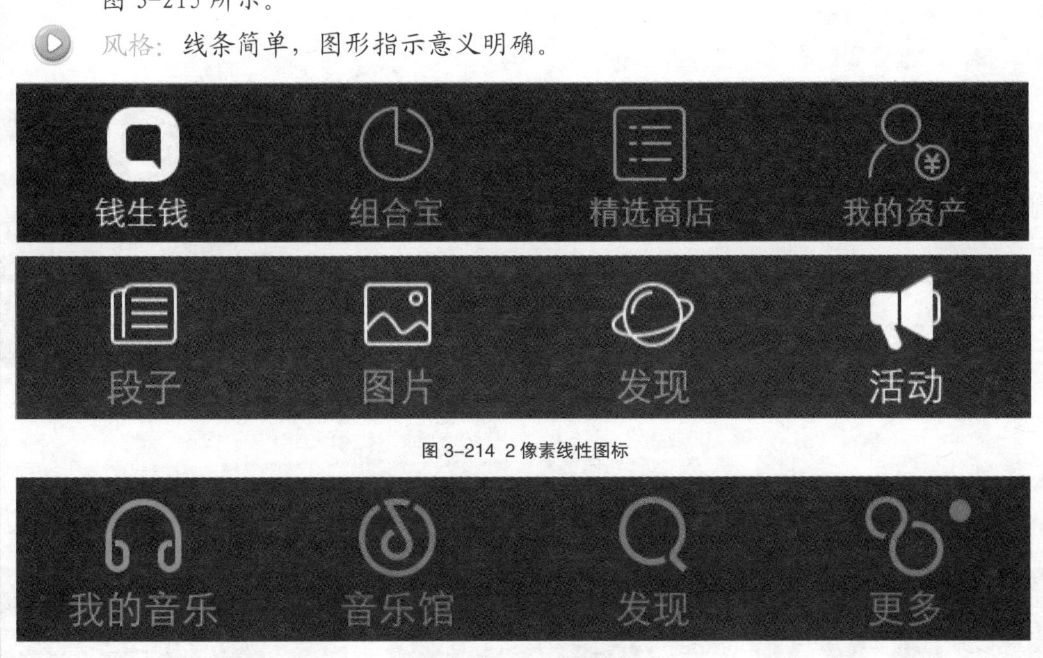

图 3-214 2 像素线性图标

图 3-215 3 像素线性图标

线性图标主要有两种绘制方法，下面分别进行介绍。

1. 形状绘制法

形状绘制法就是直接使用绘图工具绘制图标。

设计思路

使用绘图工具绘制形状，设置描边颜色和宽度参数，而不设置填充色，即可绘制出线性图标。制作流程如图 3-216 所示。

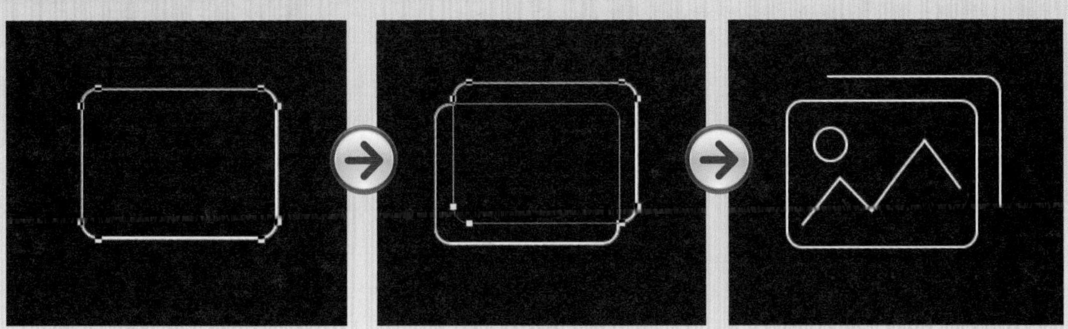

图 3-216 制作流程

制作步骤

知识点	"圆角矩形工具""路径选择工具""钢笔工具"
光盘路径	第 3 章\3.2.2 线性图标设计\1. 形状绘制法

01 选择"圆角矩形工具"，在选项栏中设置"填充"为无，"描边"为"2 点"，如图 3-217 所示。在画布中绘制圆角矩形，如图 3-218 所示。

Ps 文件(F) 编辑(E) 图像(I) 图层(L) 类型(Y) 选择(S) 滤镜(T)

形状 填充: 描边: 2 点

图 3-217 设置"描边"与"填充"

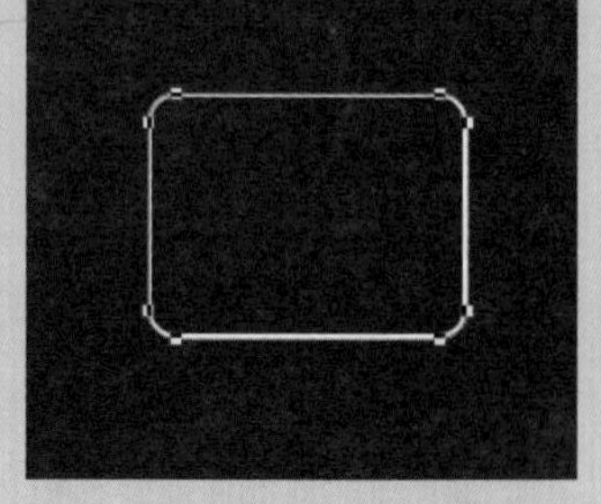

图 3-218 绘制圆角矩形

02 按 Ctrl+J 组合键复制图层，并调整图形的位置，如图 3-219 所示。使用"路径选择工具"，框选左下角的 4 个锚点，按 Delete 键删除，如图 3-220 所示。使用"椭圆工具"绘制正圆，如图 3-221 所示。

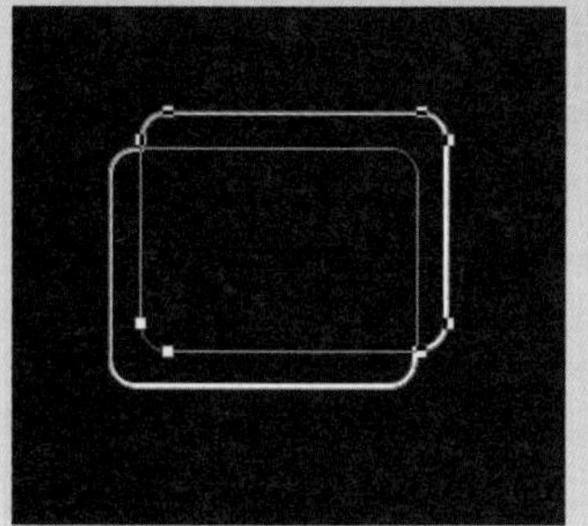

图 3-219 复制并调整图形位置

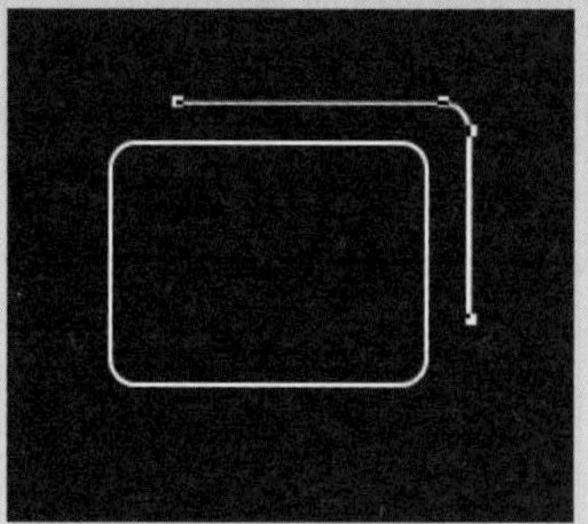

图 3-220 删除锚点

图 3-221 绘制正圆

03 选择"钢笔工具"，在选项栏设置相关参数，如图 3-222 所示。在画布中绘制图形，如图 3-223 所示。

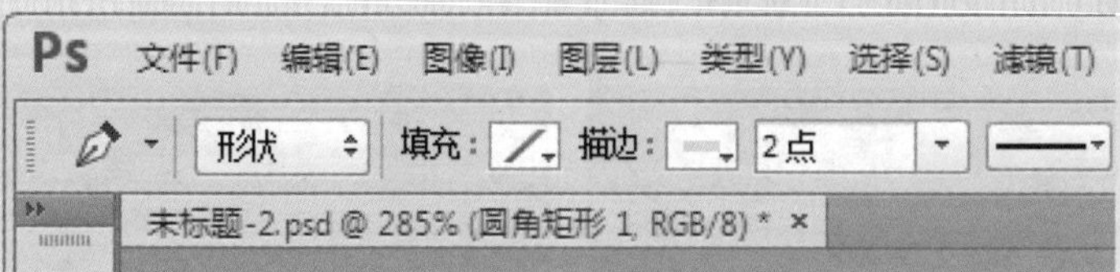

图 3-222 设置参数

图 3-223 绘制图形

提示： 使用"路径选择工具"选择图形，在选项栏中单击"设置形状描边类型"按钮，在展开的列表中设置"端点"为"圆形"，如图 3-224 所示。设置"角点"为"圆形"，如图 3-225 所示。

READ MORE

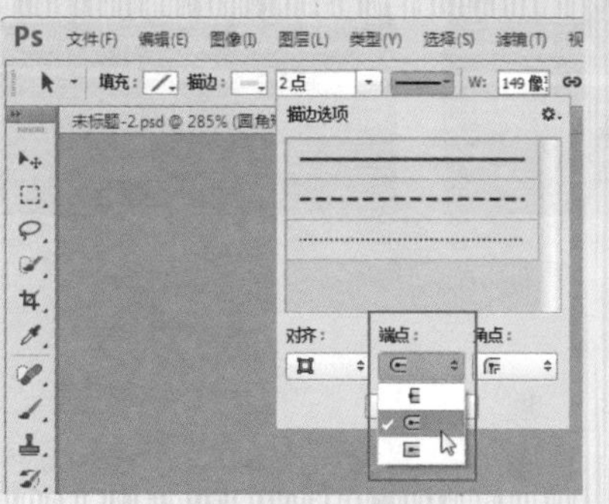

图 3-224 设置端点

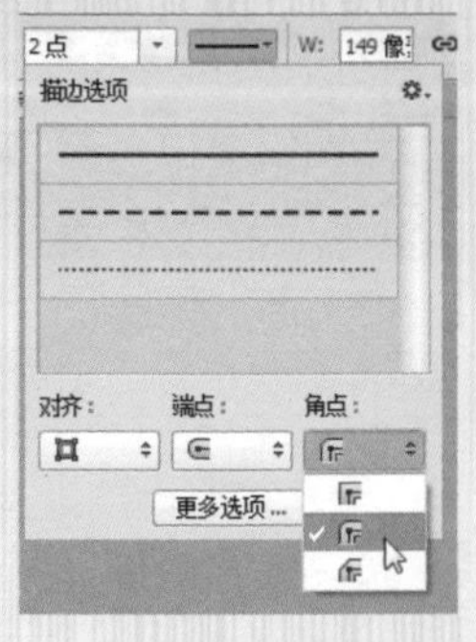

图 3-225 设置角点

2. 路径操作法

下面介绍路径操作法。为了方便读者阅读，这里将原 2 像素宽的线性图标放大绘制。

设计思路

本实例通过绘制图形，并对图形设置“路径操作”方式，完成图标的绘制，制作流程如图 3-226 所示。

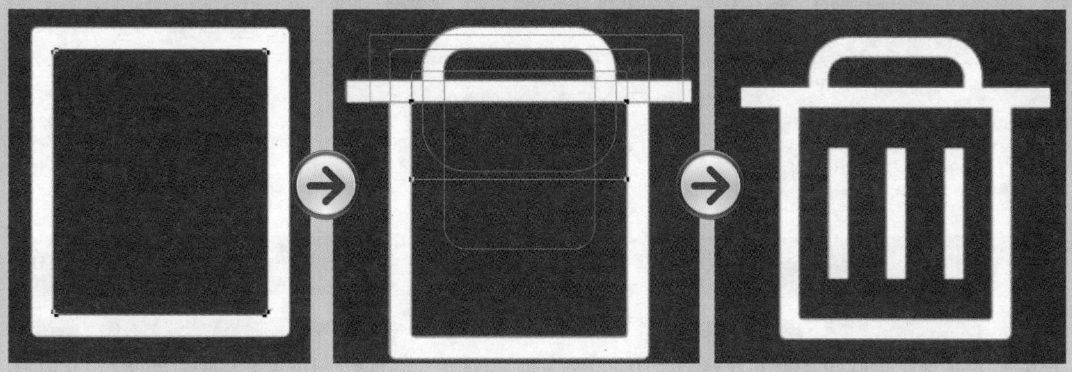

图 3-226 制作流程

制作步骤

知识点	路径操作、路径对齐方式
光盘路径	第 3 章 \3.2.2 线性图标设计 \2. 路径操作法

01 绘制一个圆角矩形，如图 3-227 所示。按 Ctrl+C 组合键复制圆角矩形，按 Ctrl+V 组合键进行粘贴，然后将复制的矩形缩小，如图 3-228 所示。

02 选择“路径选择工具”，在选项栏中单击“路径操作”按钮，在展开的列表中选择“减去顶层形状”选项，如图 3-229 所示。

图 3-227 绘制圆角矩形

图 3-228 复制并缩小圆角矩形

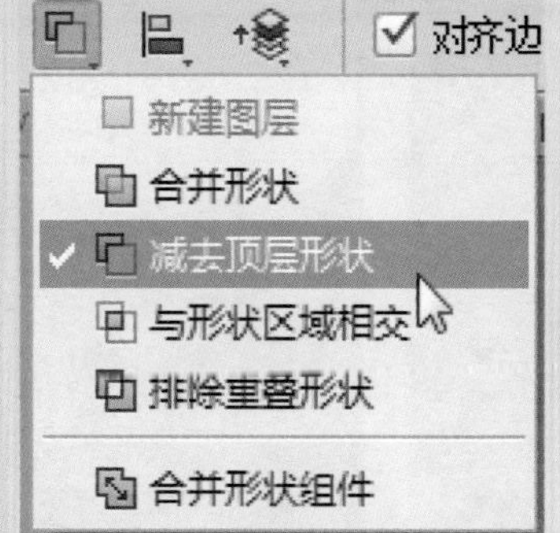

图 3-229 选择“减去顶层形状”选项

03 操作后形成了外框，如图 3-230 所示。使用“矩形工具”在上方绘制矩形，在选项栏中选择“减去顶层形状”选项，效果如图 3-231 所示。再次绘制矩形，在选项栏中选择“合并形状”选项，如图 3-232 所示。

图 3-230 形成外框

图 3-231 绘制矩形效果

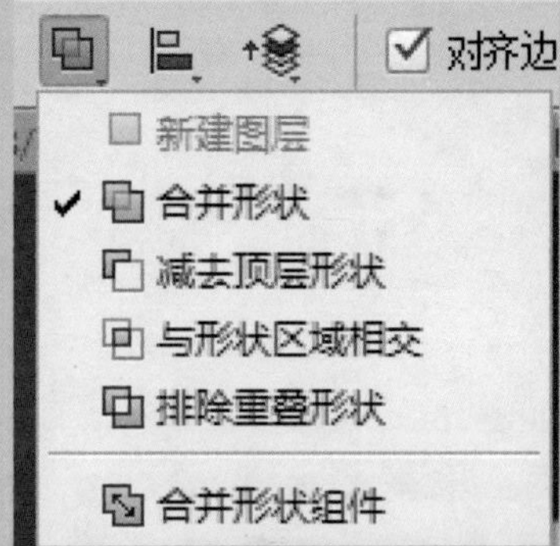

图 3-232 选择“合并形状”选项

04 此时的图像效果如图 3-233 所示。选择所有形状，在选项栏中单击“路径对齐方式”按钮，在下拉列表中选择“水平居中”选项，如图 3-234 所示。

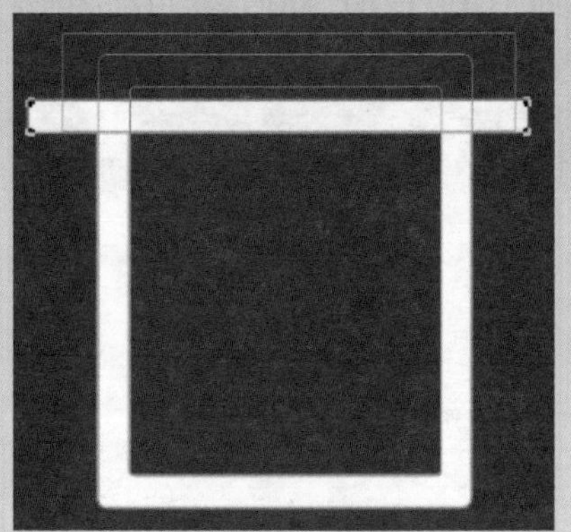
图 3-233 图像效果

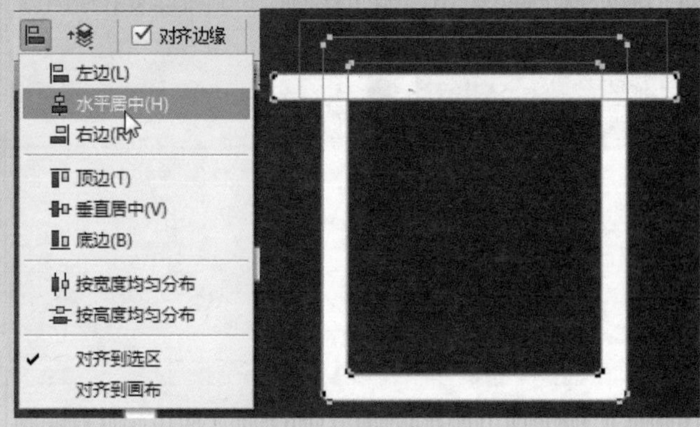

图 3-234 水平居中

05 使用“圆角矩形工具”绘制圆角矩形，如图 3-235 所示。

图 3-235 绘制圆角矩形

06 将其进行对齐操作，如图 3-236 所示。

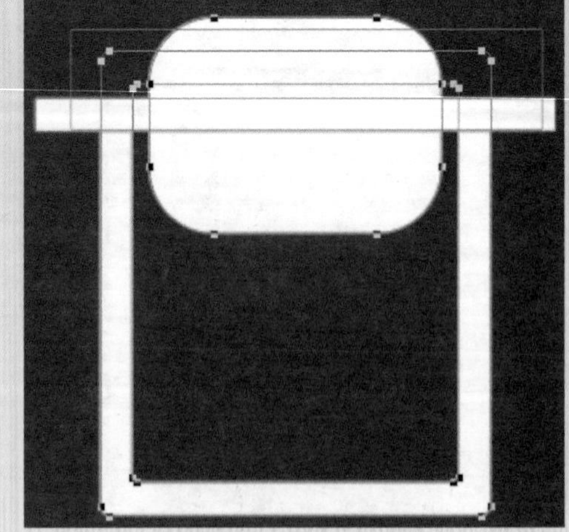
图 3-236 对齐

07 绘制一个圆角矩形，然后在选项栏中选择“减去顶层形状”选项，如图 3-237 所示。在下方绘制一个矩形，选择“减去顶层形状”选项，效果如图 3-238 所示。

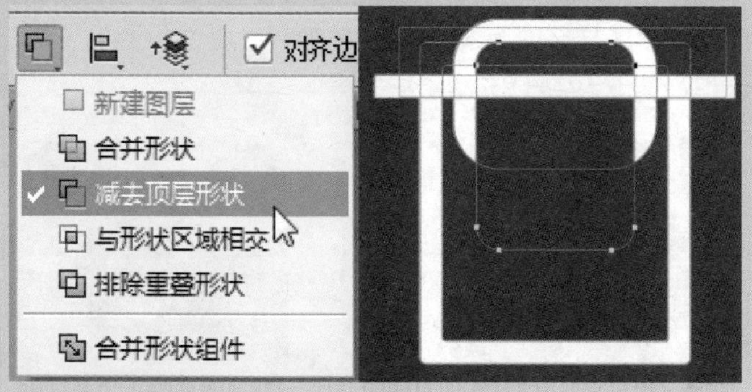

图 3-237 减去顶层形状

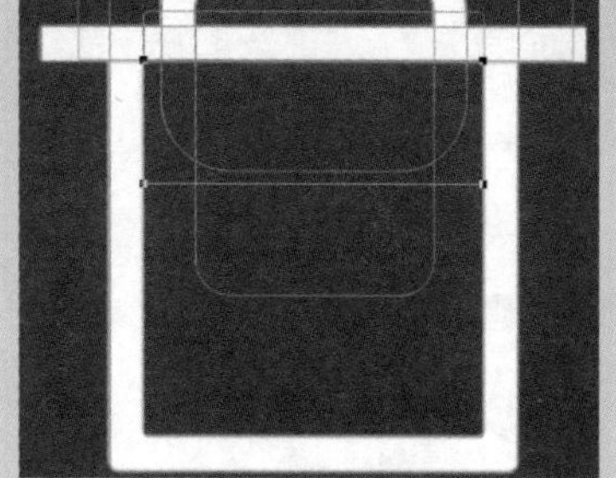

图 3-238 减去顶层形状的效果

08 绘制矩形，并复制两个，选择 3 个矩形，设置对齐方式为“垂直居中”，如图 3-239 所示。将矩形移动到合适的位置，完成绘制，如图 3-240 所示。

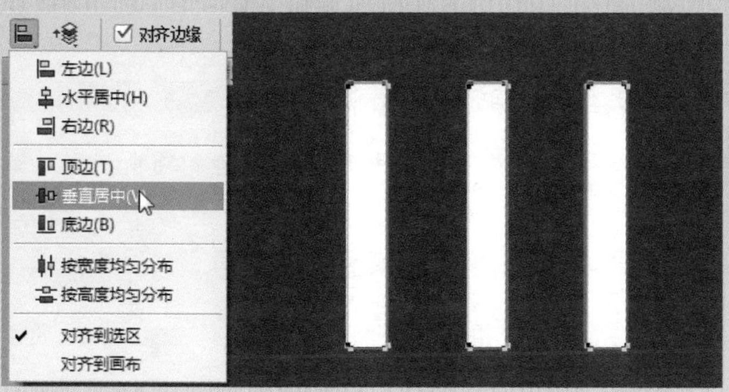

图 3-239 绘制矩形并“垂直居中”对齐

图 3-240 完成绘制

09 用同样的方法可以绘制其他线性图标，如图 3-241 所示。

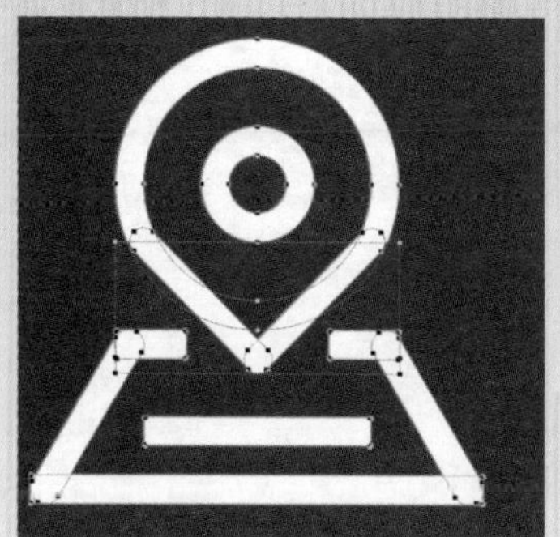
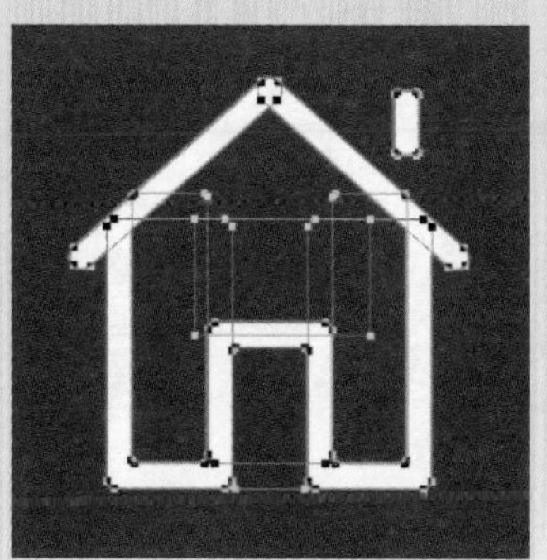
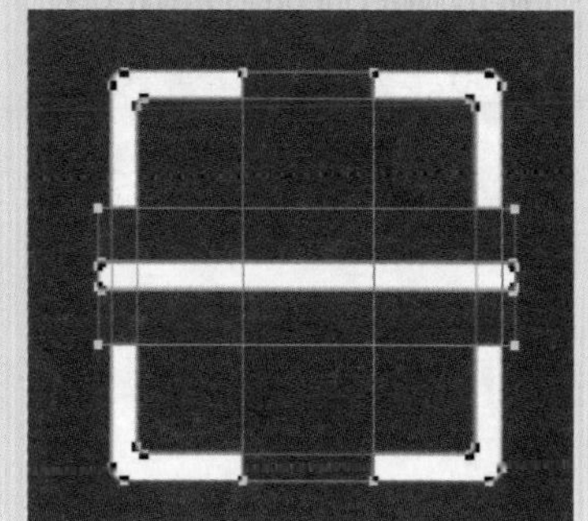

图 3-241 绘制其他线性图标

3.2.3 立体图标设计

立体图标不同于扁平化和线性图标。立体图标的绘制更为复杂，一般作为 APP 的应用图标。

设计思路

本实例制作相机立体图标，主要通过图层样式实现相机的立体效果，通过图形的复制、调整实现相机镜头的层次感，制作流程如图 3-242所示。

图 3-242 制作流程

制作步骤

知识点	"圆角矩形工具" "椭圆工具"、图层样式
光盘路径	第 3 章 \3.2.3 立体图标设计

01 新建文档，为背景图层填充渐变色。使用"圆角矩形工具"绘制圆角矩形，如图 3-243 所示。

02 将图层重命名为"底层"，为图层添加"斜面和浮雕""内阴影"图层样式，如图 3-244 所示。

图 3-243 绘制圆角矩形

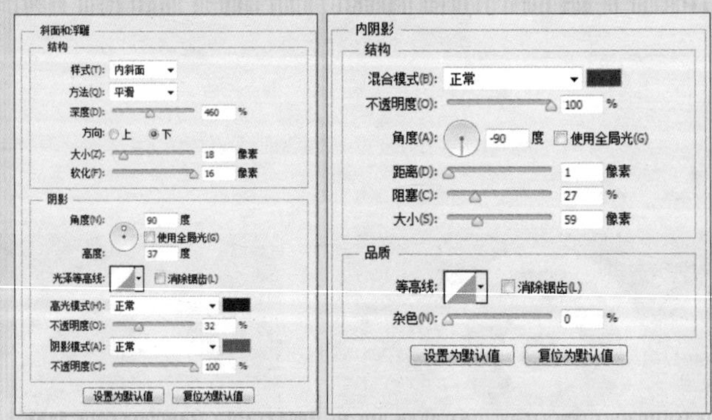

图 3-244 添加图层样式

03 继续为图层添加"内发光""光泽"和"渐变叠加"图层样式，如图 3-245 所示。

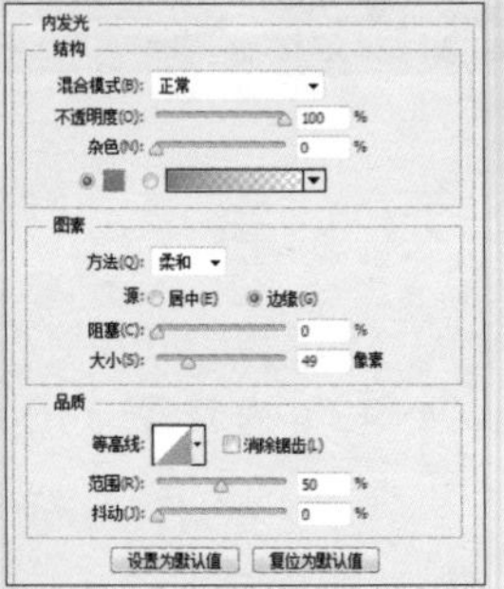

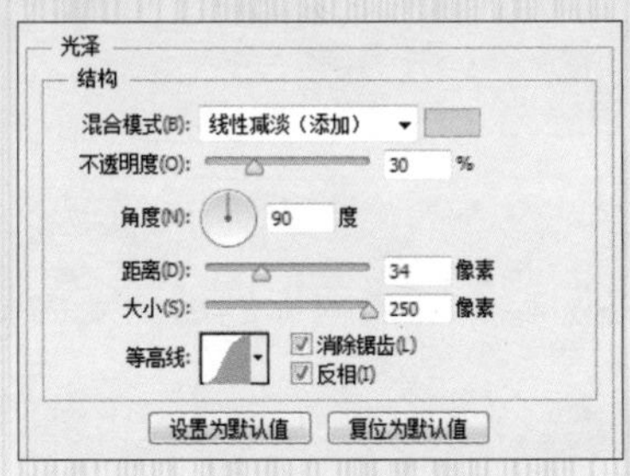

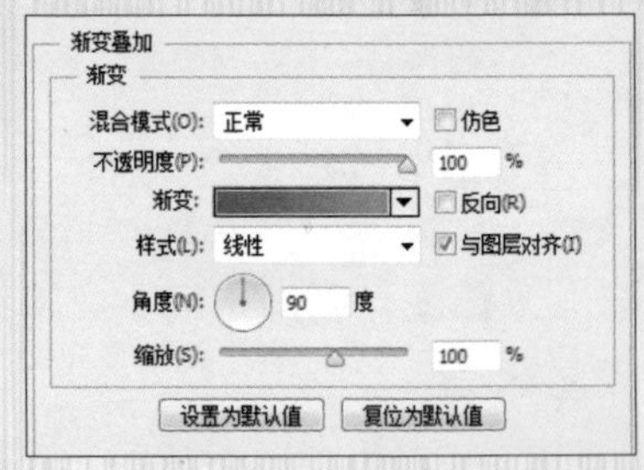

图 3-245 继续添加图层样式

04 确定操作后的图像效果如图 3-246 所示。复制图层，将图层重命名为“发光”，清除图层样式，为其添加“内发光”图层样式，如图 3-247 所示。创建新组“底”，选择前面的两个图层，拖入组内。

图 3-246 图像效果

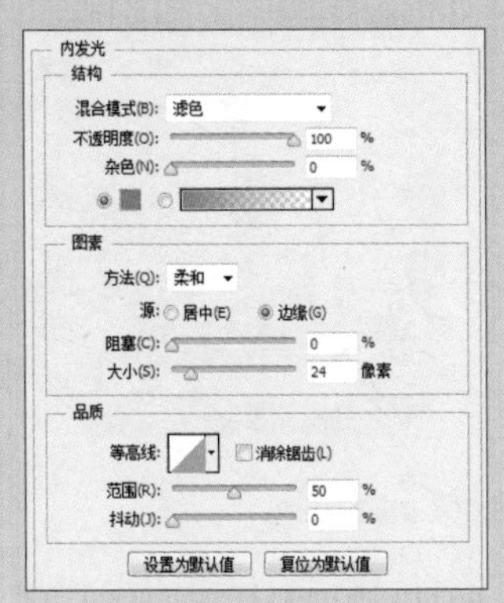

图 3-247 添加“内发光”图层样式

05 新建图层，使用“画笔工具”在矩形上涂抹高光，设置图层的“混合模式”为“叠加”、“不透明度”为 74%，如图 3-248 所示。

06 新建图层，继续使用“画笔工具”涂抹，设置图层的“不透明度”为 20%。将两个图层选中，并创建组，为组添加蒙版，填充黑色，按住 Ctrl 键单击矩形图层的缩览图，回到蒙版中，填充白色。使用“椭圆工具”绘制正圆，如图 3-249 所示。

图 3-248 涂抹高光

图 3-249 绘制正圆

07 设置图层的“填充”为 0%，为图层添加“外发光”图层样式，如图 3-250 所示。

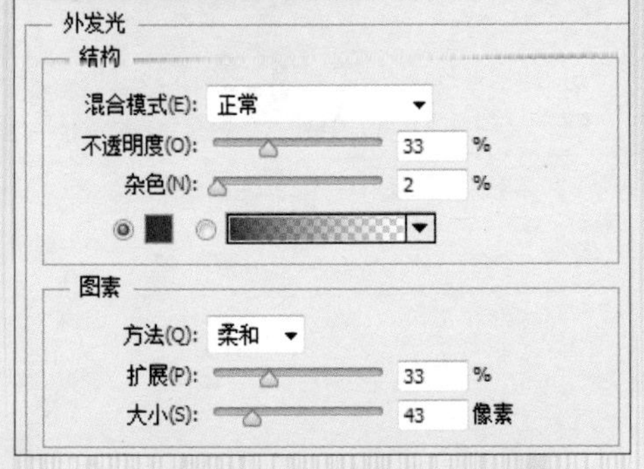

图 3-250 添加“外发光”图层样式

08 单击“确定”按钮后的图像效果如图 3-251 所示。

图 3-251 图像效果

09 将其转换为智能对象，为图层添加“渐变叠加”图层样式，如图 3-252 所示。绘制圆，将该图层向下移动一层，如图 3-253 所示。

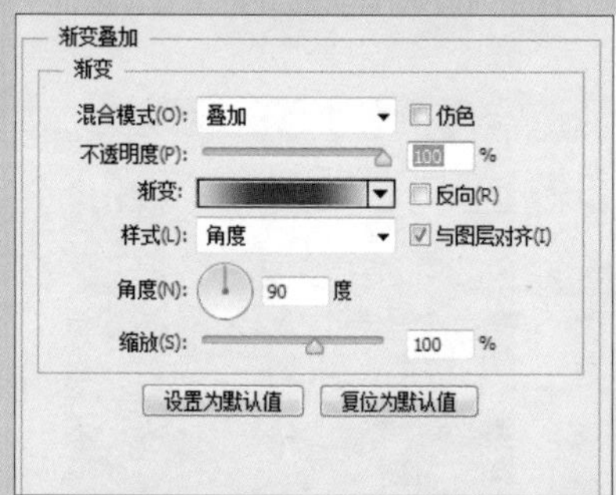

图 3-252 添加“渐变叠加”图层样式

图 3-253 绘制圆

10 将其转换为智能对象，并执行“滤镜”|“模糊”|“高斯模糊”命令，弹出“高斯模糊”对话框，设置相关参数，如图 3-254 所示。

11 确定后的图像效果如图 3-255 所示。使用“椭圆工具”绘制正圆，如图 3-256 所示。

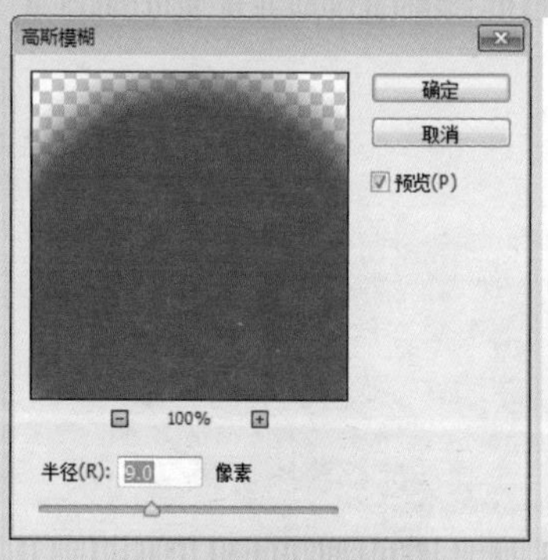

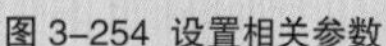

图 3-254 设置相关参数

图 3-255 图像效果

图 3-256 绘制正圆

12 为图层添加“渐变叠加”和“外发光”图层样式，如图 3-257 所示。确定后的图像效果如图 3-258 所示。

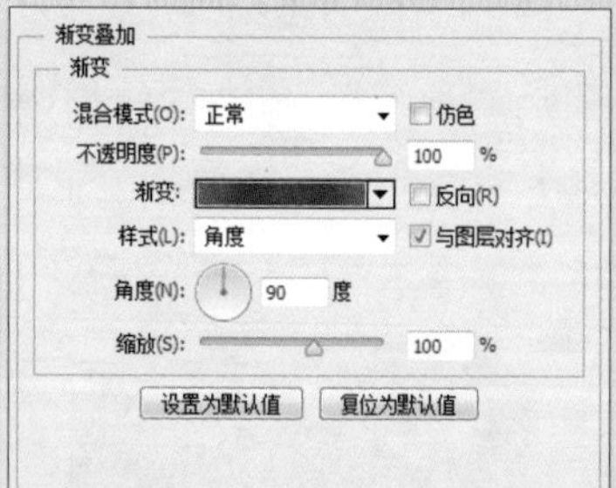

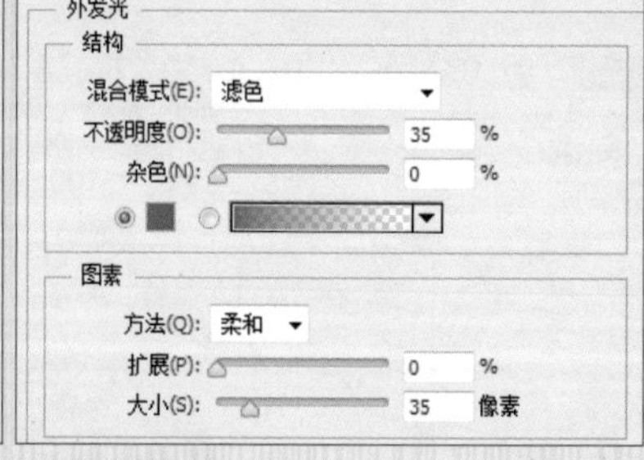

图 3-257 添加图层样式

图 3-258 图像效果

13 复制图层，将圆缩小一点，双击打开“图层样式”对话，修改“渐变叠加”参数，如图 3-259 所示，并取消选中“外发光”图层样式。确定后的图像效果如图 3-260 所示。

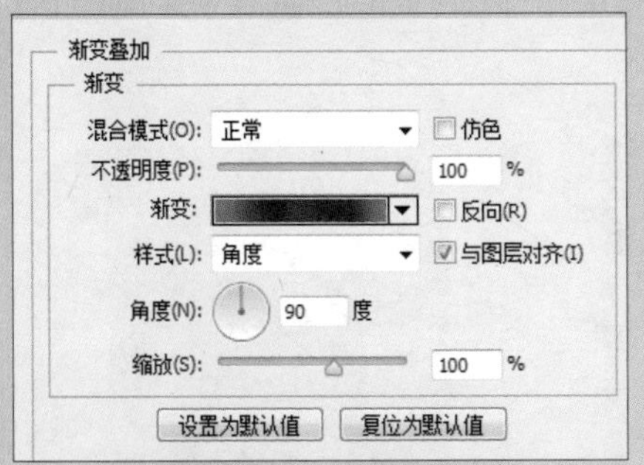

图 3-259 修改“渐变叠加”参数

图 3-260 图像效果

14 再复制一层，清除图层样式，双击打开“图层样式”对话框，设置“混合选项”与“描边”参数，如图 3-261 所示。确定后的图像效果如图 3-262 所示。

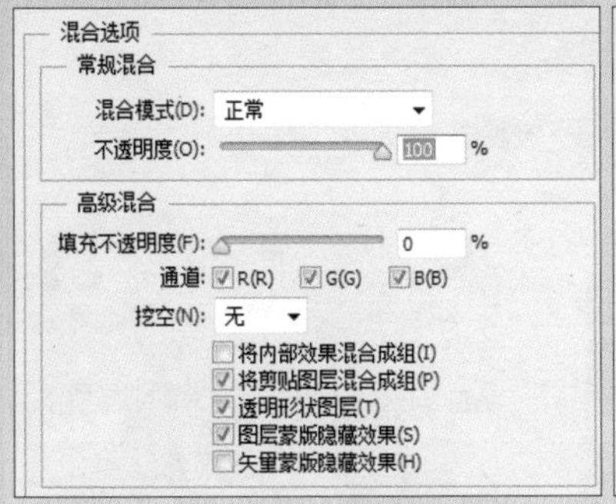

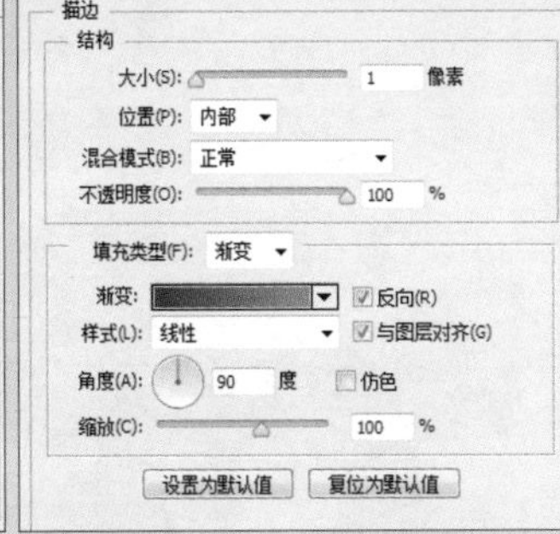

图 3-261 设置参数

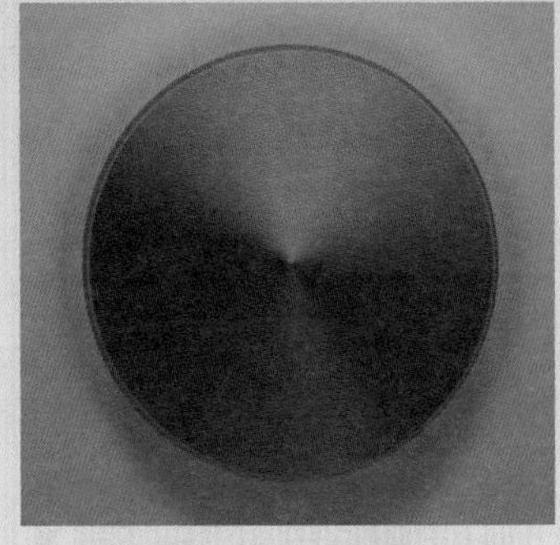

图 3-262 图像效果

15 使用“椭圆工具”绘制正圆，如图 3-263 所示。用同样的方法，依次复制图层并设置图层样式，图像效果如图 3-264 所示。

图 3-263 绘制正圆

图 3-264 图像效果

16 使用“矩形工具”绘制矩形，并复制两层，如图 3-265 所示。选择第一个矩形图层，为图层添加“渐变叠加”和“投影”图层样式，如图 3-266 所示。

图 3-265 绘制矩形并复制两个

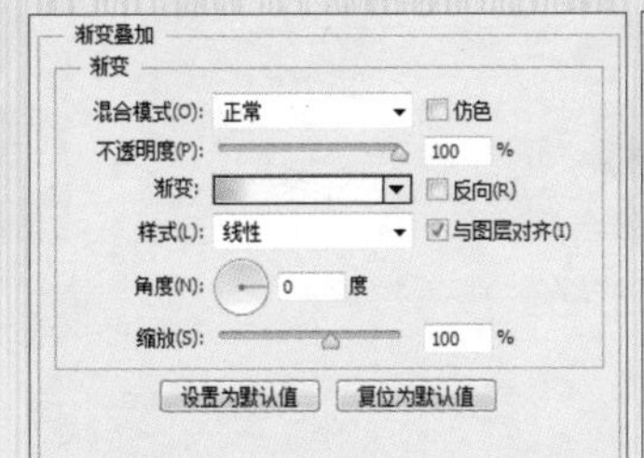

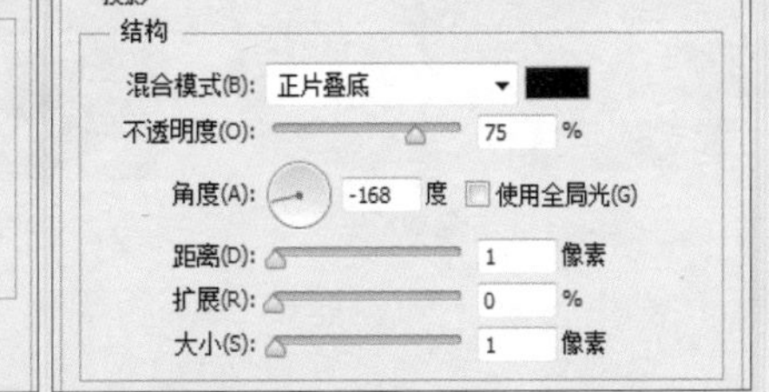

图 3-266 添加图层样式

17 确定操作后的图像效果如图 3-267 所示。用同样的方法，设置另外两个矩形的图层样式，效果如图 3-268 所示。

18 选择 3 个矩形，将其复制到另一侧，并在“图层样式”对话框中选择“渐变叠加”中的“反向”复选框，效果如图 3-269 所示。

图 3-267 图像效果

图 3-268 其他效果

图 3-269 复制并修改图层样式的效果

19 用前面的方法绘制圆并添加图层样式，效果如图 3-270 所示。使用“绘图工具”绘制图形，如图 3-271 所示。为图层添加图层样式，添加后的效果如图 3-272 所示。

图 3-270 绘制圆

图 3-271 绘制图形

图 3-272 添加图层样式效果

20 使用“圆角矩形工具”绘制圆角矩形，如图 3-273 所示。为图层添加图层样式，添加后的效果如图 3-274 所示。继续使用“圆角矩形工具”绘制圆角矩形，如图 3-275 所示。

图 3-273 绘制圆角矩形

图 3-274 添加图层样式的效果

图 3-275 绘制圆角矩形

21 用同样的方法绘制小镜头，如图 3-276 所示。使用“椭圆工具”和“矩形工具”绘制图形，如图 3-277 所示。复制图层，修改颜色并调整位置，如图 3-278 所示。

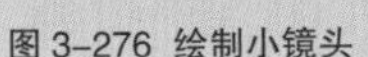
图 3-276 绘制小镜头

图 3-277 绘制图形

图 3-278 复制并调整

22 为图层添加图层样式，效果如图 3-279 所示。复制图层，并调整到右侧，如图 3-280 所示。

23 使用“椭圆工具”绘制圆路径，使用“横排文字工具”在路径上输入文字，如图 3-281 所示。

图 3-279 添加图层样式的效果

图 3-280 复制并调整

图 3-281 输入文字

24 为文字图层添加“渐变叠加”图层样式，如图 3-282 所示。单击“确定”按钮完成本实例的绘制，如图 3-283 所示。

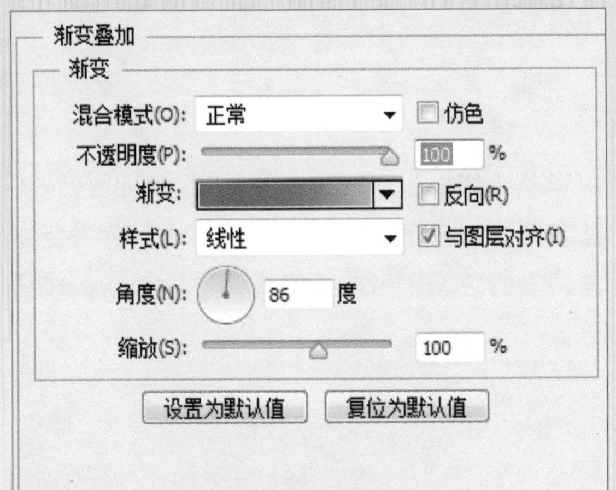

图 3-282 添加“渐变叠加”图层样式

图 3-283 完成绘制

3.3 设计师心得

3.3.1 让按钮更吸引人的方法

按钮的作用就是通过点击后实现界面的操作。下面介绍让按钮吸引人点击的方法。

1. 对比突出

利用色彩、形状、字体等不同，赋予按钮独特的视觉效果，使它们能与界面中的其他元素清晰地区别开来，如图 3-284 所示。

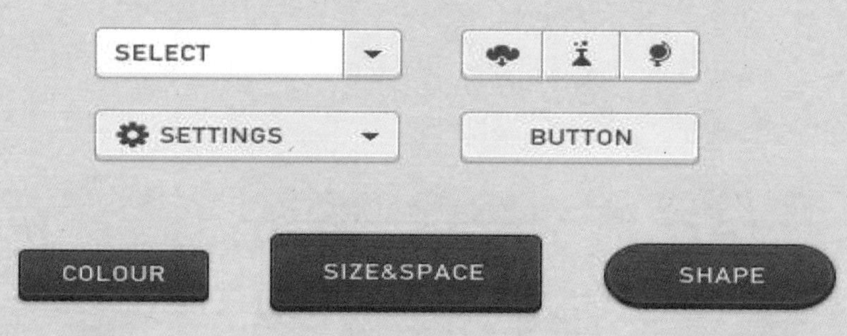

图 3-284 对比突出

2. 使用圆形或不规则图形

如果一个界面中有很多圆形的 UI 元素，不妨在按钮设计中采用类似的设计。当然，也可以对形状做相应的调整，这样可以让按钮与界面形成一定的对比，充分彰显按钮自身的独特性。

3. 描边颜色的一致性

我们见到的大多数按钮都或多或少地使用了描边效果。一般说来，如果设计的按钮比背景色更暗，那么应使用暗色的描边效果，其色调要与按钮的颜色一致；反之，背景色比按钮颜色暗，则应使用与背景色一致，但略微偏暗的色调作为按钮的描边色，否则，按钮效果很可能给人一种“有点脏”的感觉，如图 3-285 所示。

BUTTON

没有描边

BUTTON

描边颜色和按钮一致

BUTTON

描边颜色和按钮一致

BUTTON

描边颜色和背景一致

图 3-285 描边颜色的一致性

4. 慎用阴影效果

当某个元素的色调比背景更淡时，使用阴影有最佳效果；相反，当某个元素的色调比背景色还要暗时，使用阴影效果就应该十分慎重，如图 3-286 所示。

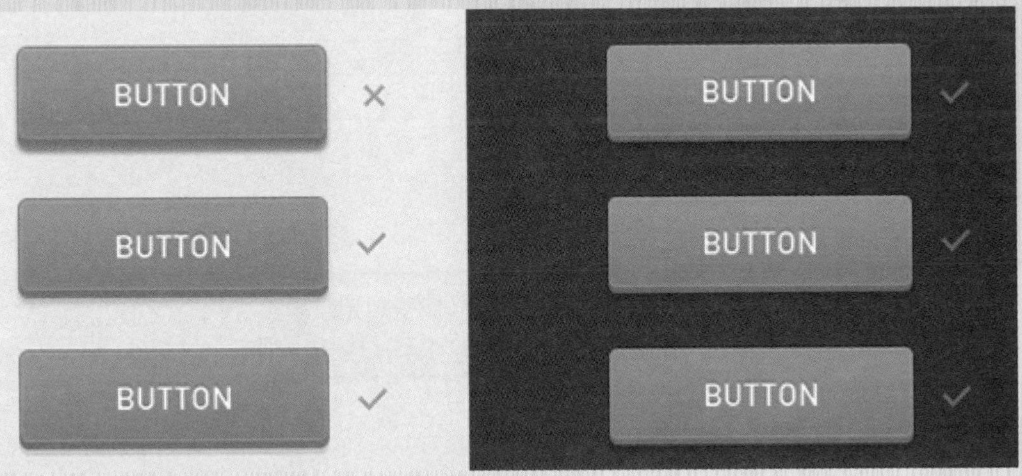

图 3-286 慎用阴影效果

5. 小图标，大不同

为了把按钮与其他形状接近的 UI 元素区分开来，使用“指示箭头”这样简洁、微小的图标往往能发挥意想不到的作用。

例如，一个指向右边的箭头图标可能会让用户觉得，点击它会离开页面或打开一个新页面；而一个指向下方的箭头则可能会给用户这样的信息，就是点击它可以打开一个下拉菜单或查看隐藏的内容，如图 3-287 所示。

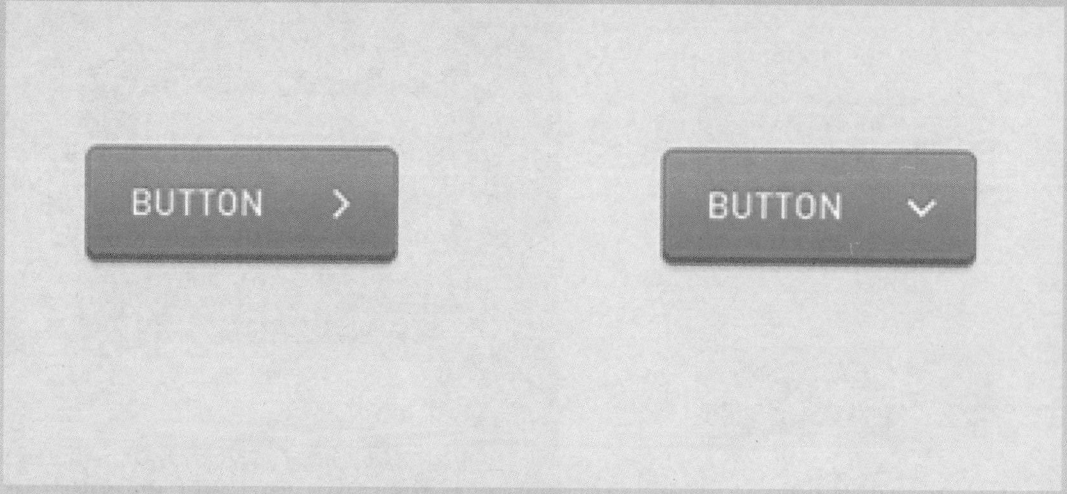

图 3-287 不同的箭头图标表达的信息不同

6. 让按钮主次分明

如果界面需要展示很多选项和功能，那么使用不同的视觉效果为按钮划分级别就显得尤为必要。

对最重要的按钮应使用最强烈、最鲜艳的色彩，对其他的按钮应按重要程度次第削弱色彩效果。在其他方面也一样，对于二级、三级按钮，应该在大小、字号和特效等方面做相应调整，如图 3-288 所示。

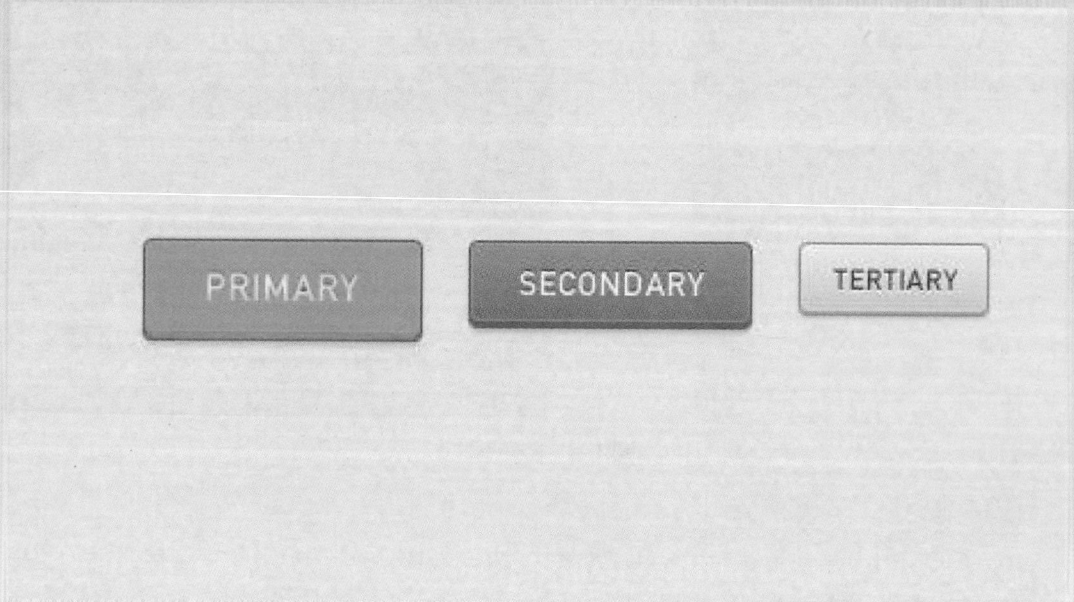

图 3-288 主次分明

3.3.2 如何设计优秀的应用图标

通常情况下，应用的图标是用户对应用的第一印象。当用户在应用市场中看到应用的图标时，他们就会根据看到的图标来推测应用的使用体验。如果图标看上去优美、精致，用户就会下意识地认为这个应用也能够带来优秀的使用体验。

1. 形状独特

如图 3–289 所示的 4 个图标各不相同，有的使用了大量的颜色，有的使用了梯度颜色。但是它们都有一个共同点，那就是使用了简单的形状。这种设计能够让用户立即记住这个应用。

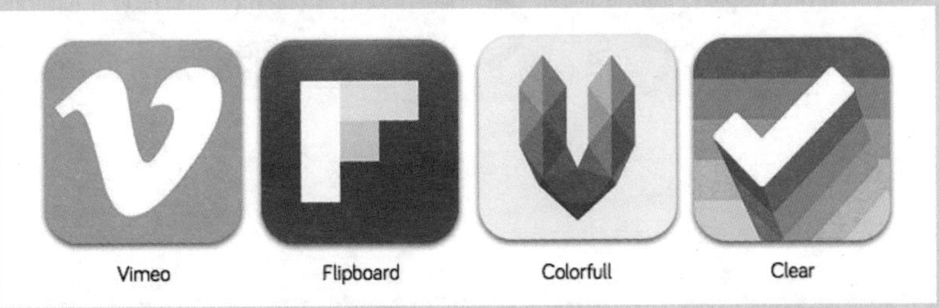

图 3–289 形状独特的图标

2. 谨慎选择颜色

要限制应用颜色的色调，使用 1 ~ 2 个色调的颜色就足够了，颜色过多的图标不容易吸引用户。

3. 避免使用照片

不要在图标设计中使用照片，如图 3–290 所示，从图中可以看出，当使用酒杯的照片作为应用图标时，会给用户简陋的感觉。而在经过设计后，一种优雅感会让用户对这个应用产生兴趣。

图 3–290 避免使用照片

4. 不用使用太多的文字

有不少设计者为了让用户看到自己的 APP 应用软件，会在图标上添加文字让用户知道应用的名字，但是我们要明白，图标在手机设备上会变得很小，有时候会看不清楚图标上的文字，只会让用户有不好的体验。应用中只应该出现 LOGO，而不要将应用的全称添加进去。如图 3–291 所示的这些文字应用的图标设计，如果将应用名称添加到图标中，会给人一种凌乱的感觉。

图 3-291 文字应用的图标设计

5. 准确地传递信息

准确地传递简单来说，要让用户看到你的图标就知道它是干什么的。通过图标颜色、图形、图标所表现的质感都可以让人准确判断出该 APP 的用途，如图 3-292 所示。

图 3-292 准确传递信息

6. 富有创意

富有创意的图标可以在众多应用图标中脱颖而出，创意并不是天马行空，而是从实际生活中找到突破，并从图标中表现出来，如图 3-293 所示。

图 3-293 富有创意

第4章 常见界面构图与设计

在介绍界面设计制作之前，本章将介绍界面的构图，对常见的构图进行分析，将有助于读者更好学习后面界面的设计与制作方法。

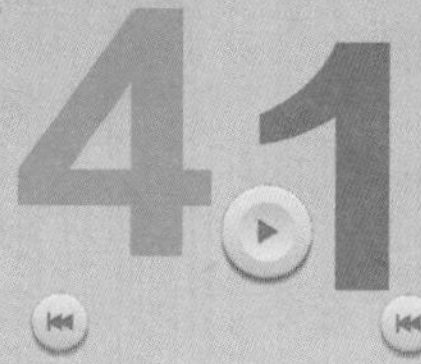

4.1 界面构图

构图就是在有限的画面中，将各种元素进行合理地布局和安排，使图形和文字在画面中达到最佳位置，产生最优的视觉效果。

4.1.1 九宫格网格构图

我们最常见的九宫格构图是手机的解锁界面，如图 4–1 所示。这种版式主要运用在以分类为主的一级页面，起到功能分类的作用。

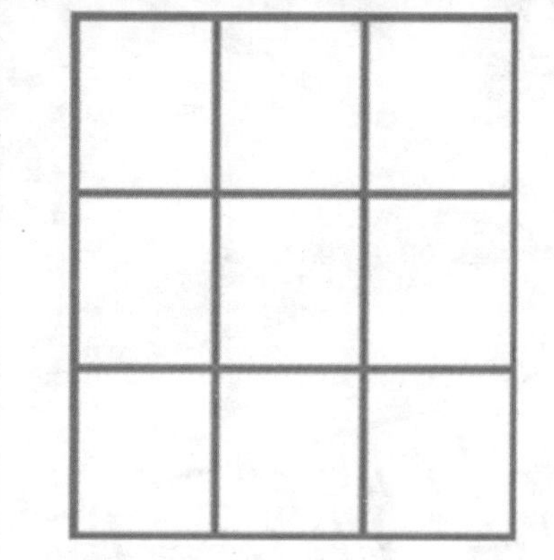

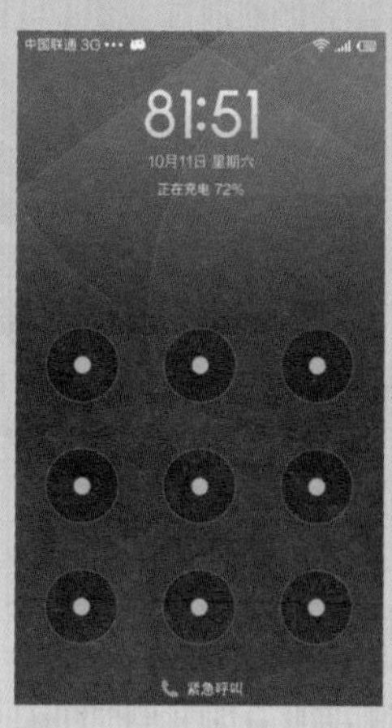

图 4–1 九宫格构图

通常在界面设计中，我们会利用网格在界面中进行布局，根据水平方向和垂直方向划分所构成的辅助线，设计会进行得非常顺利。在界面设计中，九宫格这种类型的构图更为规范和常用，用户在使用过程中非常方便，应用功能会显得格外明确和突出，如图 4–2 所示。

九宫格构图给用户一目了然的感觉，操作便捷是这种构图方式最重要的优势。

图 4–2 九宫格界面设计

灵活运用九宫格辅助线区分出来的方块，在有规律的设计方法中寻找突破。

在分配 9 个方块的时候，不一定要一个格子对应一个内容，也可以一对二、一对多，打破平均分割的框框，增加留白，调整页面节奏，或突出功能点或广告。对各个方块应用不同组成方式，页面的效果也会产生无数变化，如图 4–3 所示。

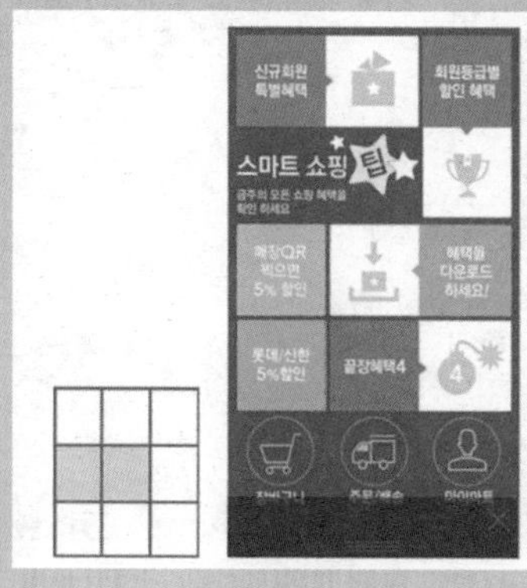
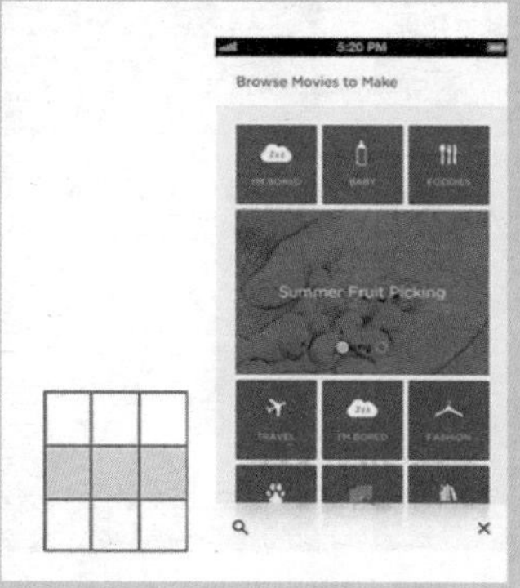

图 4–3 变化的九宫格

通过图 4–3 可以看出，这样的版式同样可以使界面变得非常灵活，内容简单，信息明了。

4.1.2 圆心点放射形构图

圆是有圆心的，在界面中，往往通过构造一个大圆来起到聚焦、凸显的作用。

放射形的构图，有凸显位于中间内容或功能点的作用。在强调核心功能点的时候，可以试着将功能以圆形的方式排布到中间，以当前主要功能点为中心，将其他的按钮或内容放射编排起来。

将主要的功能设置在版式的中心位置，就能引导用户的视线聚集在想要突出的功能点上，就算视线本来不在中间位置，也能引导用户再次回到中心的聚集处，如图 4–4 所示。

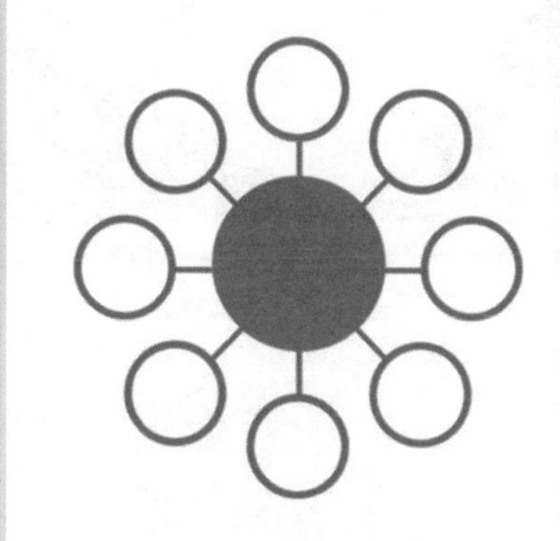

图 4–4 圆心点放射形构图

在界面设计中，圆形的运用能使界面显得格外生动，多数可操作的按钮上或交互动画中都能见到圆形的身影。

因为圆形具有灵动、活跃、有趣、可爱、多变的特质，因此在界面设计中善于将圆形的设计与动画结合，能让整个软件鲜活起来。例如加上旋转围绕的动画。

界面中的圆形能集中用户的视线，引导用户点击操作，突出主要的功能点或数据，把产品核心展现出来，如图 4–5 所示。

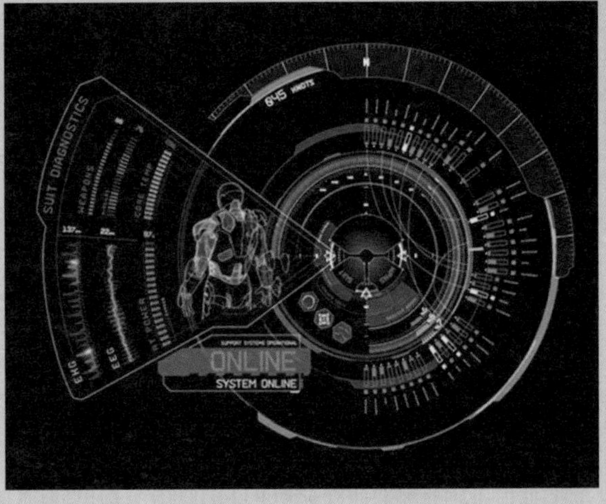

图 4–5 界面中的圆形

圆心点放射形的设计，会使软件感觉更为智能化，包罗万象。

如果要体现的功能点非常简单，只有几个功能按钮，可尝试大圆的展示设计，突出最重要的功能，然后罗列并排出其他的功能点。这种方式非常实用，就和画重点一样，圈出最重要的数据。善于运用大圆构图，能撑起整个画面，让界面圆润而饱满，如图 4–6 所示。

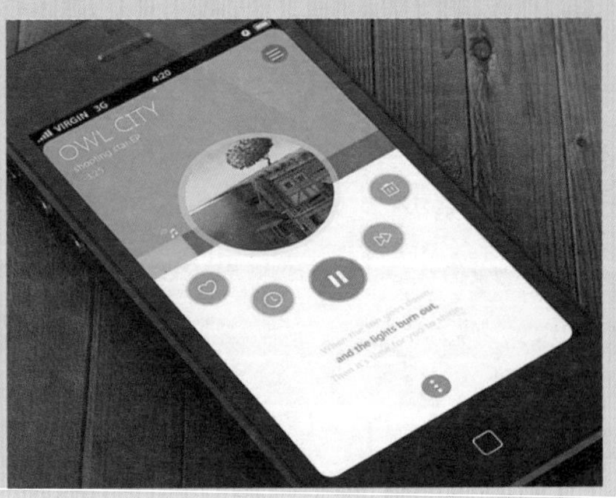

图 4–6 大圆的展示设计

4.1.3 三角形构图

这类构图方式主要运用在文字与图标的版式中，能让界面保持平衡、稳定。从上至下式的三角形构图，能把信息层级罗列得更为规整和明确。

在界面中，三角形构图大部分都是图在上，字在下，阅读更为舒服，有重点，也有具体描述。如图 4–7 所示，登录页在设计中将 LOGO 作为了图形的部分，输入框就是产品的核心描述。

图 4–7 三角形构图

个人信息页常用三角形构图。头像明确了这个页面的内容，而下面的粉丝、喜欢等数据就是对本人的一个描述和介绍，如图 4-8 所示。

如图 4-9 所示，儿童卫士宝贝信息设置页面运用到三角构图，并与圆形构图相结合。将体重刻度做成可滑动操作的方式，而卡通形象来突出设置的对象及这个页面的功能。

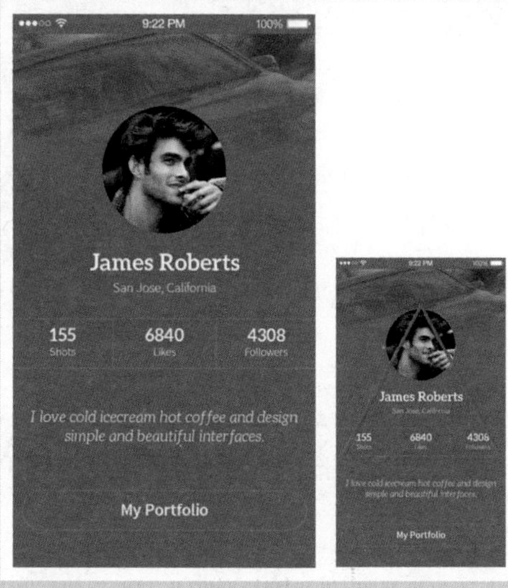

图 4-8 三角形构图

图 4-9 三角构图与圆形构图的结合

4.1.4 SF 字形构图

在进行界面设计的时候，对用户视觉移动方向的预设是非常重要的。在界面中加入更为顺畅的引导用户视线移动的元素，就能使用户更多地观察到产品的核心和产品的卖点。

视线流动的轨迹大多是从上至下、从左到右移动，如果不能围绕这样的视线轨迹进行排版，用户在阅读的时候会变得很吃力，找不到重点，使用户产生反感。所以在界面设计中格外需要注意这个地方。现在界面一般是上下滑动的，做好视线引导，可以大大减小用户的负担和阅读疲劳。

界面中最基础的是 S 形视线构图，如图 4-10所示。

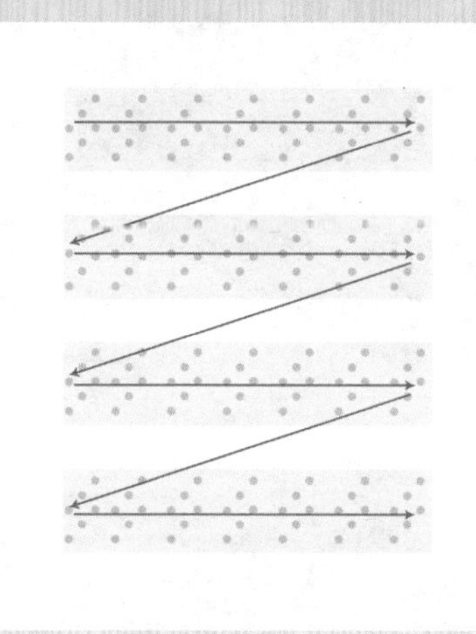

图 4-10 S 形视线构图

在界面中怎么运用 S 形视线构图呢？ S 形视线大家都懂，关键是如何运用好 S 形视线来抓住用户眼球。

首先看一下视线的轨迹，在视线转角处视觉轨迹最为密集，浏览更多地集中在切换的地方，视线转折的地方停留时间最长，如图 4–11 所示。所以应该把重要的想要突出的产品或功能放在这里，这样更容易让用户记住产品的卖点。

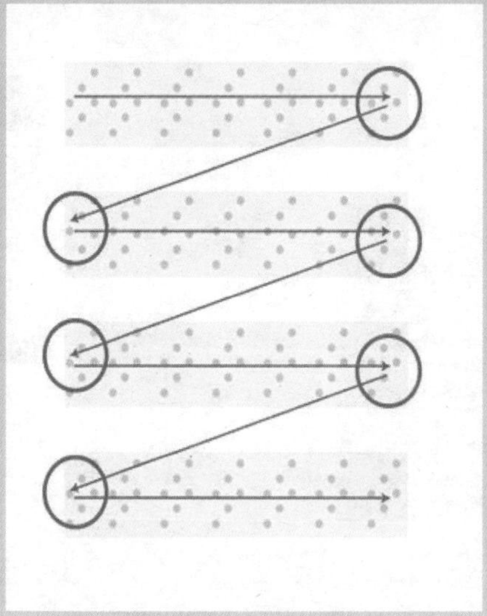

图 4–11 视线转折处

此外，为了帮助引导视线的移动方向，图片的处理也非常讲究。在如图 4–12 所示的介绍中，第一张图片展开的效果用到了三角形构图，第一屏手机展开方向与视线保持一致，强化了引导视线轨迹的指示性。同时多张图片借助手机排列方向引导视线轨迹，很好地实现了图片—文字—图片之间的切换，将用户带入到整个产品画面中。

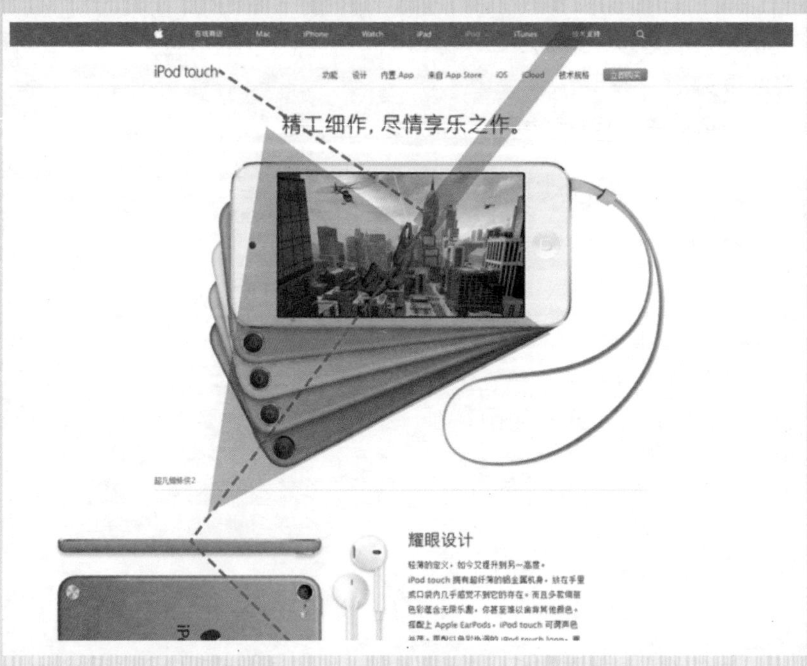

图 4–12 构图

为了使用户阅读更有推进性，在图片层次和空间上，我们也需要注重用户的视线效果，将焦点调整到合理的视线位置上，产品正面方向对准视线的来源点。通过这些调整不仅能使阅读顺畅，更加强了界面的平衡性。

相比于左右构图，S 形构图在上下滚动的页面上优势非常明显。左右构图很容易给人疲劳感，而 S 形构图则将图片和文字完美地结合在一起，配以大量的留白，如同山间的溪流，给人轻快流畅的感觉，如图 4-13 所示。

图 4-13 构图

如图 4-14 所示的界面中，设计师很好地运用到 S 形构图，增强了穿插感和灵动性。人物的信息上下穿插布局，头像则成为视线的转折点，使这种双列模式的排版更有节奏。而具体到每一部分，头像与内容采用了三角形构图，内容描述段落用到了文本居中方式，画面稳定、和谐。

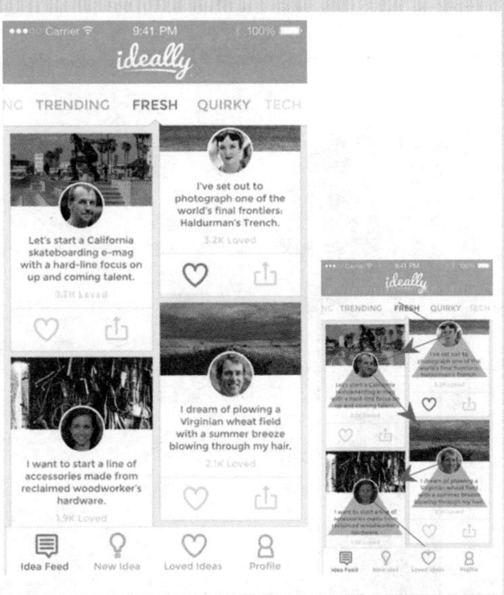

图 4-14 S 形构图

在引导页中也会常常运用到 S 形构图。将图文进行穿插布局，这样的构图层次感分明，动感十足，如图 4–15 所示。

图 4–15 引导页

由图文版式布局，我们还可以演变出 F 形构图，这种类型的构图大部分运用在图文左右搭配图和 banner中，如图 4–16 所示。使用 F 形构图能让图文搭配更有张力、更大气，产品信息更为简单和明确。

图 4–16 图文左右搭配图

在 F 形构图的规律中，主图为 F 的主干，右侧两行（或两部分）文字为辅，要注意合理分配图片和文字的占比，如图 4–17 所示。

图 4–17 F 形构图

F 形构图在 banner 中的使用，能将标题更为突出，主题更加吸引视线，如图 4–18 所示。

图 4–18 banner 中的 F 形构图

值得注意的是，要充分利用主图画面的指向性。比如，主图是人物，可将文字放置于其眼神、朝向、手势等对应的方向，加强视线引导。如果是产品图，则可以通过产品的朝向来引导。这样做，用户能最快速地关注到文本信息，加强认知度和购买度，如图 4–19 所示。

图 4–19 指向性

4.2 常见界面设计

一款APP由多个界面组成，常见的界面有启动界面、引导界面、登录界面、注册界面、主界面、设置界面等。

4.2.1 启动界面＼引导界面

APP程序开启画面分为两种：第一种是前面介绍的启动界面；第二种就是引导界面。

1. 启动界面

启动应用程序后，进入主功能界面前会有一张图片或一段动画效果，停留数秒钟后消失。这张图片或这段动画效果被称为应用程序的启动画面。由于启动画面停留的时间很短，就像闪现的效果一样，所以也有人把启动画面称为闪屏。启动界面对APP来说非常重要，简洁的3～5个页面能够传递给用户APP更新的重要功能、引导用户体验、推出重大活动等。

启动界面像是应用的一道门，在使用前给用户一个预示，它通常包含图标、版本号、加载进度等信息。设计师可以根据产品风格随意发挥，与图标呼应，强化产品的印象。

下面介绍启动界面的展现方式。

- 直接用百分比数字或者进度条告知用户正在进入中，这类界面目前已不是很多。
- 品牌信息传递：由LOGO、标语、产品主色、版本号、出品团队、合作伙伴等元素，构成的静态图片，简单且主题突出，一般会铺满屏幕，如图4-20所示。

图4-20 品牌信息传递

- 与应用内部页面浑然一体：这一类型的启动页使用仿造界面的方式，给用户一种已经进入APP的假象。

- 情感故事共鸣：通过图片来表达一个场景或联想到一个跟主题相关的故事。建立与用户使用情景匹配的场景，让用户能建立一种熟悉的感受，能让用户对引导的功能点感同身受，如图 4-21 所示。

图 4-21 情感故事共鸣

- 动态效果：利用淡出或开门等转场效果，完成过渡。

在设计启动界面时避免显示无关内容，尽可能让启动画面变得简洁、有意义，毕竟只有首次打开 APP 的那么几秒时间。对于用户来说，他们希望立即体验这个应用程序，而不是欣赏一些无用信息。比如植入广告，就是非常令人讨厌的行为，同时也是致命的。

2. 引导界面

APP 的引导界面，类似于一个简洁的产品说明书，其主要目的是为了向用户展示该 APP 的核心功能及用法，如图 4-22 所示。一般出现在用户首次安装 APP 后打开的时候。欢迎界面一般为 2 ~ 5 屏的全屏静态图，左右滑动进行翻页，有跳过按钮，新功能指示及操作引导，一般用蒙版加箭头指引的形式完成。

一个优秀的 APP 引导页，能够最迅速地抓住 APP 用户的眼球，让他们快速了解 APP 的价值和功能，起到很好的引导作用。目前，APP 引导页设计并不是每个 APP 的必备设计界面。因为一款 APP是否需要引导页，取决于每个 APP 的出发点或用途。

图 4-22 引导界面

引导界面按展现方式分为两种：一种是透明的动画浮层，告知用户如何操作；一种是类似于订阅的功能，以及让用户进行内容选择，在选择操作后才开始体验，如图 4-23 所示，常见于各种新闻资讯客户端。

图 4-23 用户选择

第一种应用最多，又可以细分为功能介绍型、情感带入型、趣味搞笑型 3 类。

① 功能介绍型。

从整体上采取平铺直叙型的方式介绍 APP 具备的功能，帮助用户大体上了解 APP 的概况。用户浏览新安装的 APP 界面时间不会超过 3 秒，在这样宝贵的 3 秒里，需要用简要明白、通俗易懂的文案和界面呈现，突出重点，展示相关的功能展示页面。

- 插图与重点文字相结合：使用简单的文字与简易的插图表示主题，如图 4-24 所示。

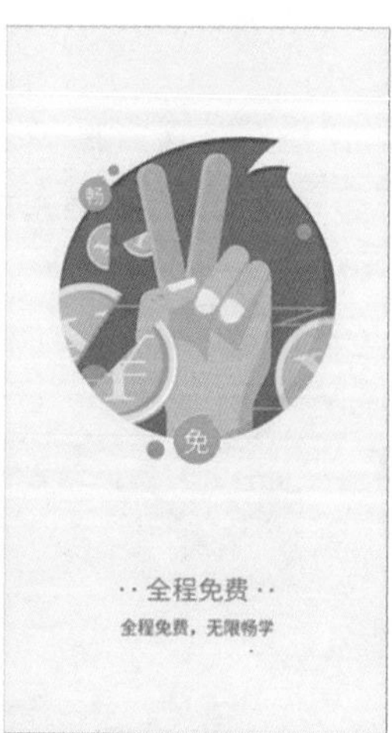

图 4-24 插图与重点文字相结合

- 简短的文字 + 该功能的界面截图：如图 4-25 所示，这种方式能较为直接地传达产品的主要功能，缺点在于过于模式化，显得千篇一律。

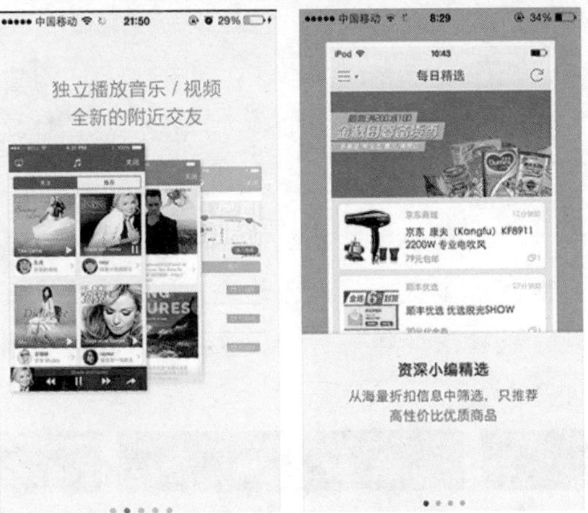

图 4-25 简短的文字 + 该功能的界面截图

- APP 上下滑动：与左右滑动不同，通过上下滑动来展示线路、轨迹，如图 4-26 所示。

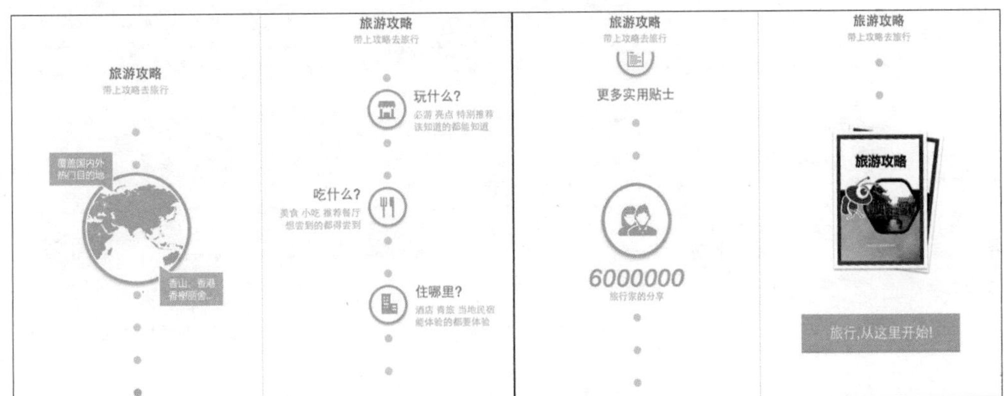

图 4-26 APP 上下移动

- APP 动态效果与音乐、视频融合的表现方式：除了之前静态的展示方式之外，APP 也可以采用一些优美的动态效果，比如页面之间切换的方式、当前页面的动态效果展示等，还可以加入音乐，微视频等。
- 使用说明：在打开界面后，以半透明的背景 + 文字的方式直接进行说明，如图 4-27 所示。

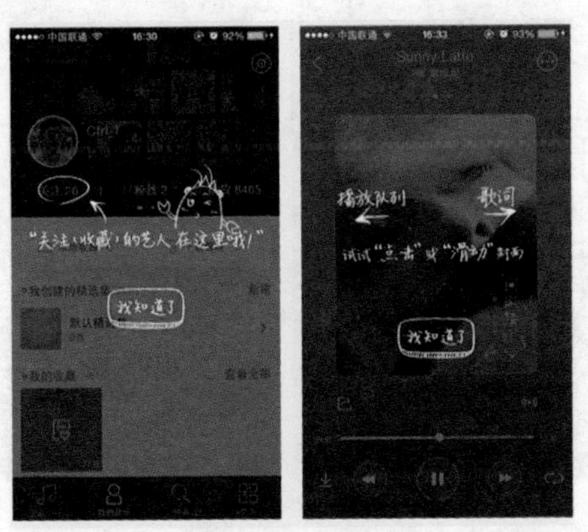

图 4-27 使用说明

⑦ 情感带入型。

通过文案和配图，引导用户去思考这个 APP 的价值，把用户的需求透过某种情感去表现出来，更加形象化、生动化、立体化，加强产品的预热，让用户有种惊喜感。

文字与插图的组合：这种方式是目前常见的形式之一。插图多具象，以使用卡通人物、场景、照片或者是玻璃大背景为主，来表现文字内容。这种 APP 引导界面设计的表现方式被设计师采用的居多。这样设计出来的引导界面视觉冲击力很强，如图 4-28 所示。

图 4-28 文字与插图的组合

讲故事型：通过多页来讲一个串联的故事。一步抛出一个需告知的点，循序渐进地解说，如图 4-29 所示。故事可以只围绕一个功能点来叙述，也可以将多个功能点串联起来变成一个故事，形成一个完整的故事。由于每次一个告知点，多会采用聚焦的设计手法，把视觉注意力吸引到每个告知点上。讲故事的主要目的是希望构建用户与产品之间的联系。

图 4-29 讲故事型

⑦ 趣味搞笑型。

综合运用拟人化、交互化表达方式，通过扮角色、讲故事，根据目标用户的特点来选择，让用户身临其境，最后使用户心情愉悦，这种类型的阅读量最高，如图 4-30 所示。

图 4-30 趣味搞笑型

4.2.2 登录界面

账号登录在各大 APP 中已经普遍存在了，登录界面是非常重要的一屏。登录界面一般包括用户名、密码、操作按钮、密码帮助、注册选项等信息，很多应用还会添加用户头像。

设计思路

本实例制作的登录界面，以头像、简单的注册信息为主要内容，体现简洁的界面风格。背景为深灰色，登录按钮为对比鲜明的蓝色，十分突出，制作流程如图 4-31 所示。

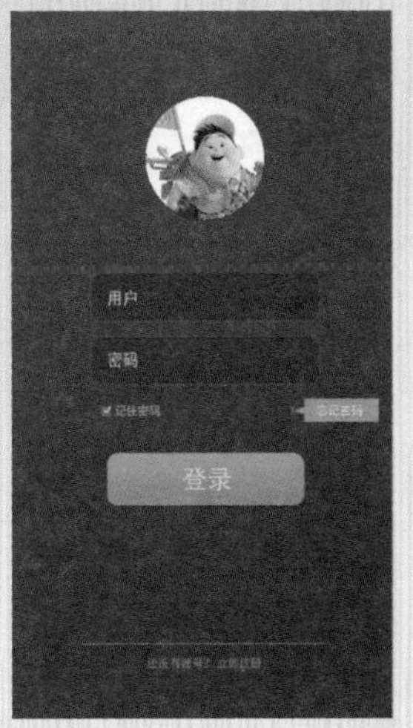

图 4-31 制作流程

制作步骤

知识点	剪贴蒙版、“自定形状工具”、图层样式
光盘路径	第 4 章\4.2.2 登录界面

01 新建空白文档，设置文档的尺寸为 1080×1920 像素，如图 4-32 所示。为画布填充深灰色，使用“椭圆工具”绘制正圆，填充颜色为白色，如图 4-33 所示。

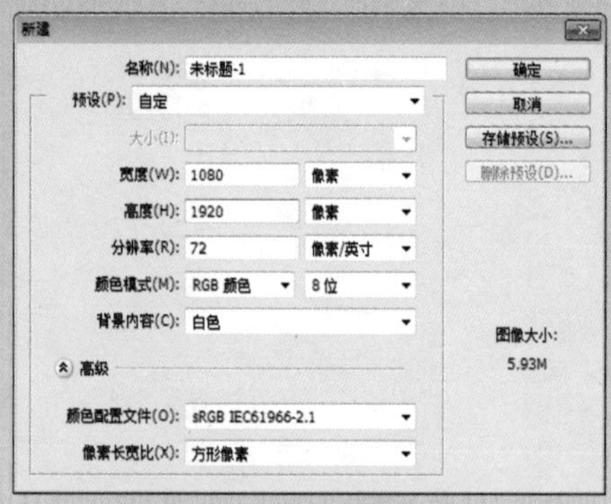

图 4-32 新建文档

图 4-33 绘制正圆

02 为图层添加“投影”图层样式，如图 4-34 所示。之后将素材图片拖入文档中，并创建剪贴蒙版，如图 4-35 所示。使用“圆角矩形工具”绘制圆角矩形，如图 4-36 所示。

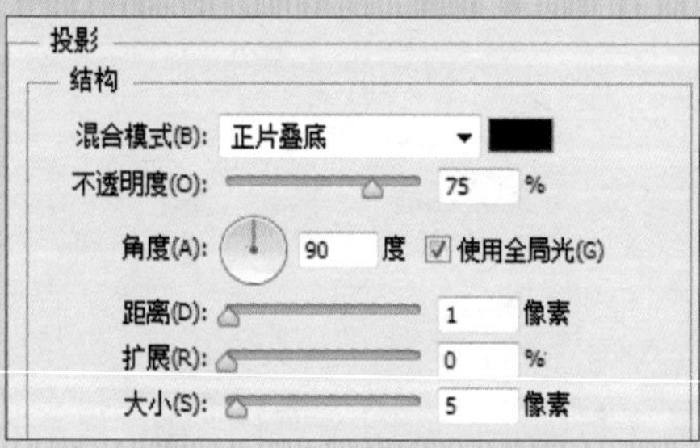

图 4-34 添加“投影”图层样式

图 4-35 添加素材

图 4-36 绘制圆角矩形

03 为图层添加“描边”“内阴影”“内发光”图层样式，如图 4-37 所示。

描边
结构
大小(S): 5 像素
位置(P): 外部
混合模式(B): 正常
不透明度(O): 5 %
填充类型(F): 颜色
颜色:
设置为默认值 复位为默认值

内阴影
结构
混合模式(B): 正片叠底
不透明度(O): 24 %
角度(A): 90 度 使用全局光(G)
距离(D): 1 像素
阻塞(C): 0 %
大小(S): 1 像素
品质
等高线: 消除锯齿(L)
杂色(N): 0 %
设置为默认值 复位为默认值

内发光
结构
混合模式(B): 正片叠底
不透明度(O): 100 %
杂色(N): 0 %
图素
方法(Q): 柔和
源: 居中(E) 边缘(G)
阻塞(C): 0 %
大小(S): 1 像素

图 4-37 添加图层样式

04 确定操作后的图像效果，使用“横排文字工具”输入文字，如图 4-38 所示。复制图层，调整位置并修改文字，如图 4-39 所示。继续使用“圆角矩形工具”绘制圆角矩形，如图 4-40 所示。

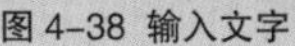
图 4-38 输入文字

图 4-39 复制并修改

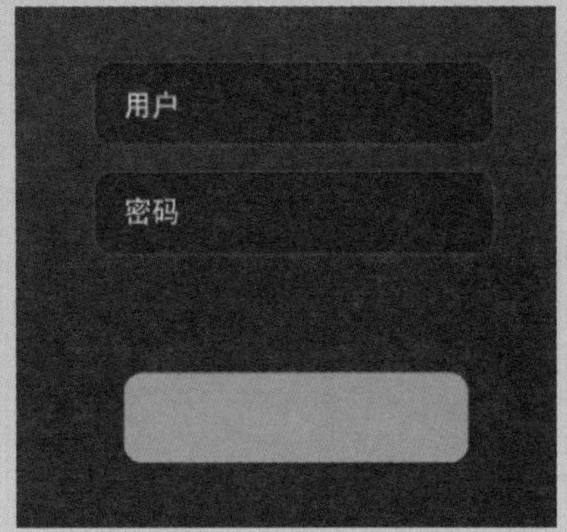

图 4-40 绘制圆角矩形

05 为图层添加“描边”“渐变叠加”和“投影”图层样式，如图 4-41 所示。

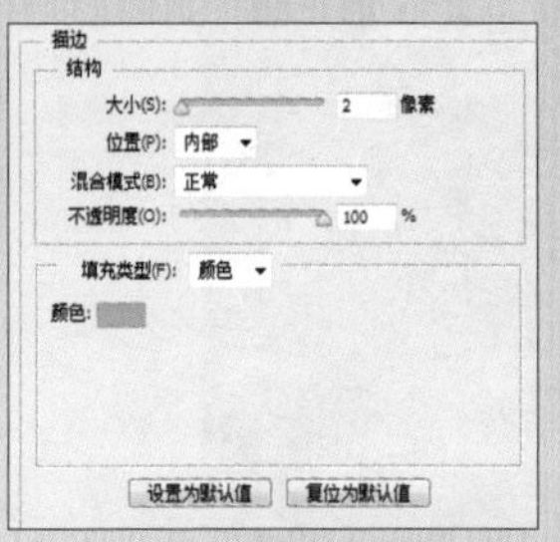

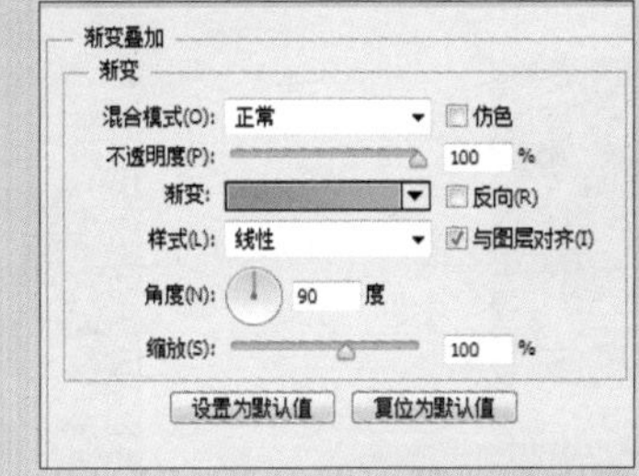

图 4-41 添加图层样式

06 确定后使用“横排文字工具”输入文字，如图 4-42 所示。选择“矩形工具”绘制矩形，然后使用“自定形状工具”绘制形状，如图 4-43 所示。为形状图层添加“投影”图层样式，如图 4-44 所示。

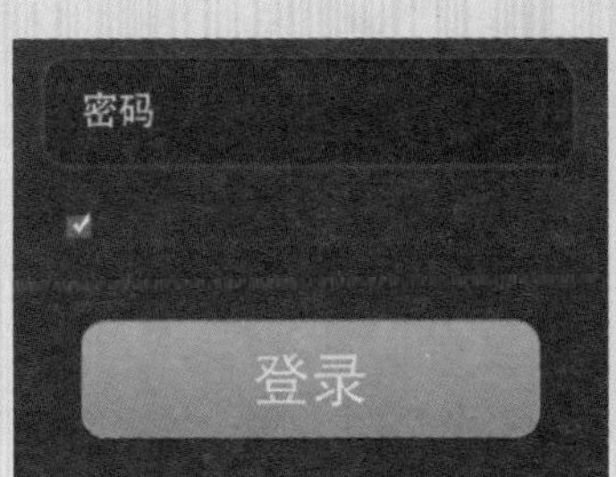

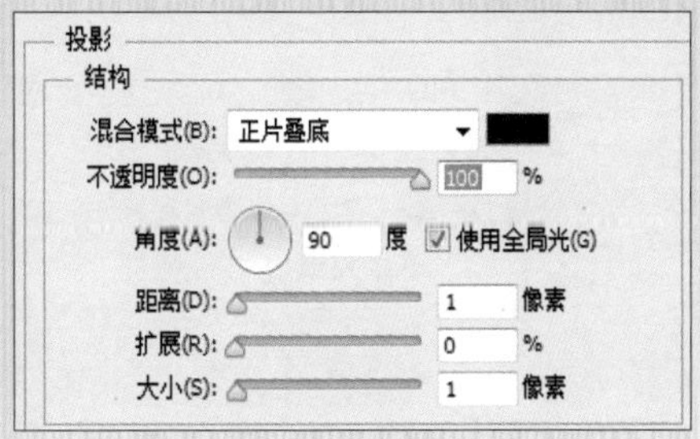

图 4-42 输入文字

图 4-43 绘制图形

图 4-44 添加“投影”图层样式

07 为矩形图层添加“描边”和“投影”图层样式，如图 4-45 所示。

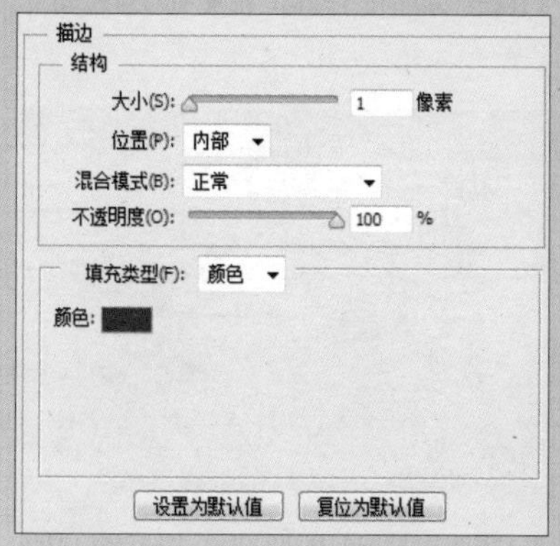

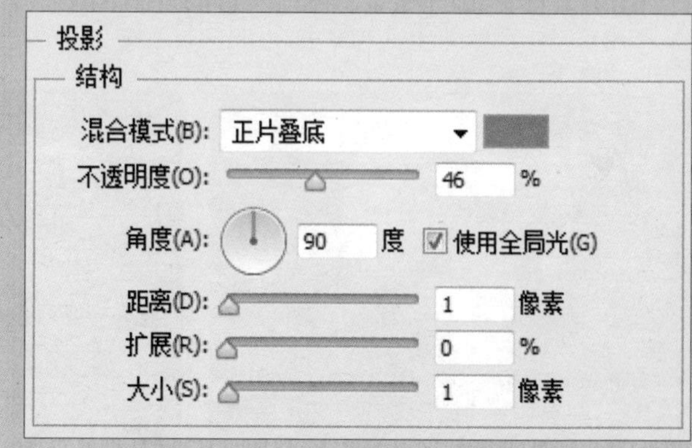

图 4-45 添加图层样式

08 使用“自定形状工具”绘制图形，并绘制矩形，使用“横排文字工具”输入文字，如图 4-46 所示。

09 使用“直线工具”绘制直线，并输入文字，如图 4-47 所示。

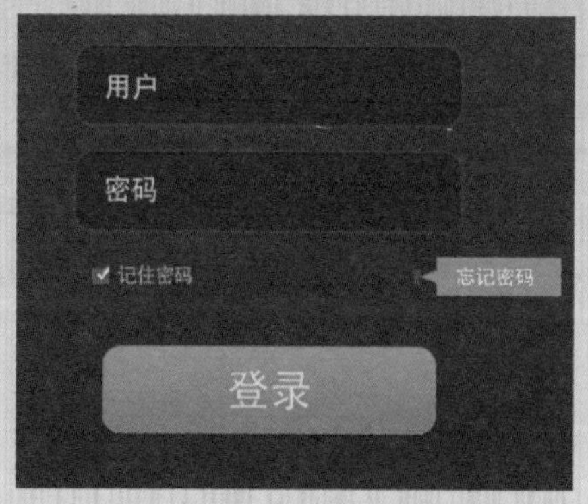

图 4-46 绘制图形并输入文字

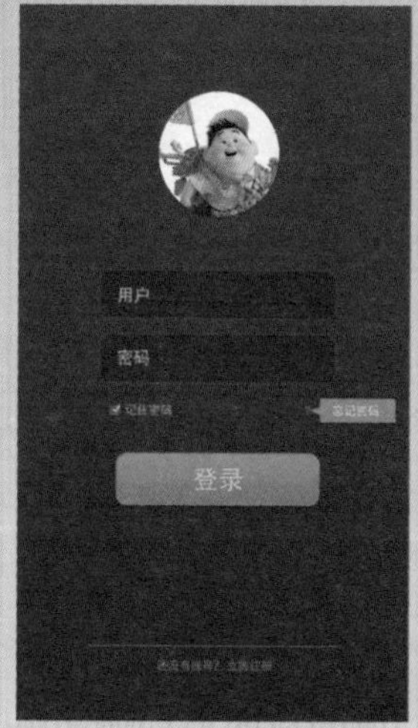

图 4-47 绘制直线并输入文字

提示： 选择“自定形状工具”后，在选项栏中可以选择不同的形状，如图 4-48 所示。

READ MORE

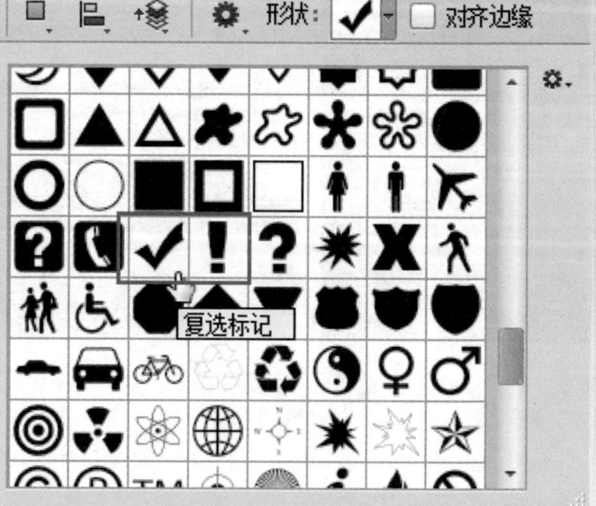

图 4-48 选择不同形状

4.2.3 设置界面

设置界面在 APP 中的应用也很多，主要是用于设置各项参数的，用户根据自己的习惯设置后能提升用户体验。

设计思路

本实例制作的设置界面中用线性图标标记主要设置项，以列表的形式列出设置的内容，简洁、明了。制作流程如图 4-49 所示。

图 4-49 制作流程

制作步骤

知识点	图层样式、滤镜
光盘路径	第 4 章\4.2.3 设置界面

01 新建文档，使用“圆角矩形工具”绘制圆角矩形，如图 4-50 所示。为图层添加“内阴影”和“渐变叠加”图层样式，如图 4-51 所示。

图 4-50 绘制圆角矩形

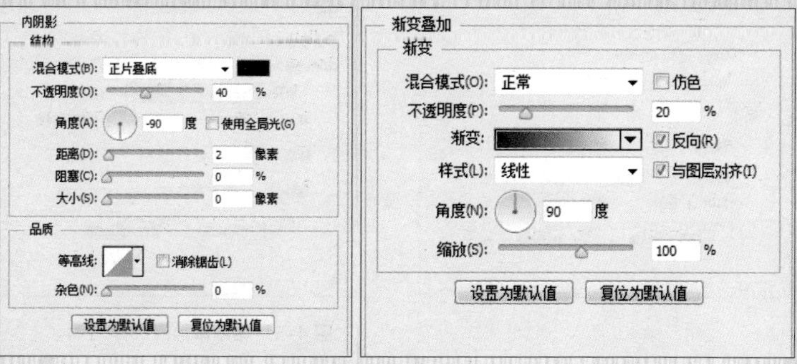

图 4-51 添加图层样式

02 确定操作后的图像效果如图 4-52 所示。使用“横排文字工具”输入文字，并为图层添加“投影”图层样式，如图 4-53 所示。确定后的文字效果如图 4-54 所示。

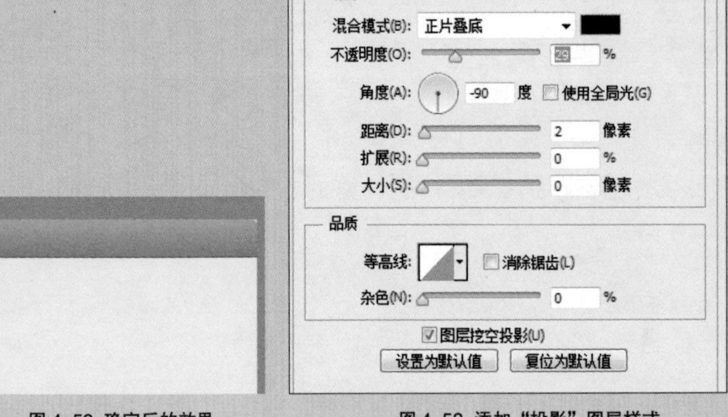

图 4-52 确定后的效果

图 4-53 添加“投影”图层样式

图 4-54 文字效果

03 复制图层样式。绘制图形并输入文字，为文字图层粘贴图层样式，如图 4-55 所示。设置形状图层的“填充”为 0%，为图层添加“内阴影”图层样式，如图 4-56 所示。

图 4-55 绘制图形并输入文字

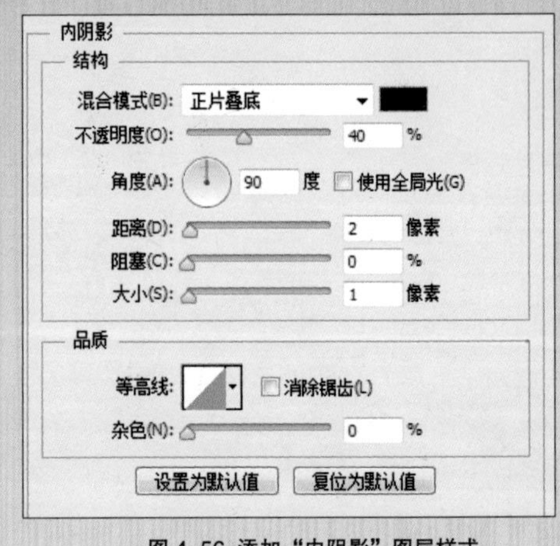

图 4-56 添加“内阴影”图层样式

04 继续为图层添加“内发光”“渐变叠加”和“投影”图层样式，如图 4-57 所示。

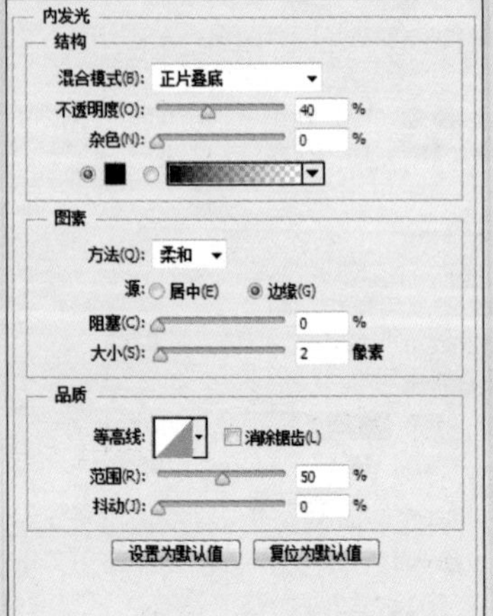

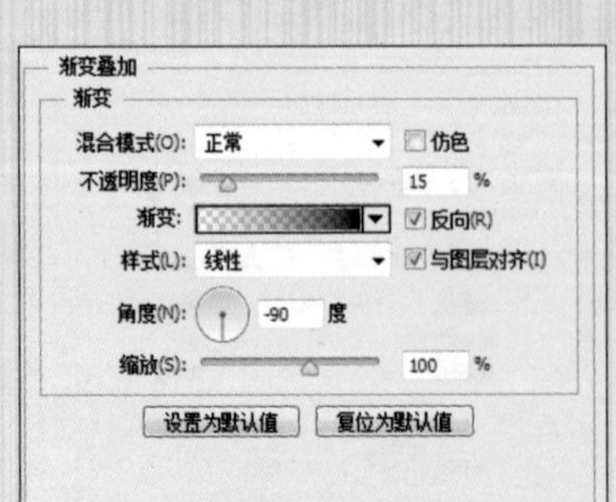

图 4-57 继续添加图层样式

05 单击“确定”按钮后的图像效果如图4-58所示。使用“直线工具”绘制线条并复制多个，然后绘制矩形，并对线条进行对齐和排列，如图4-59所示。

图 4-58 确定后的效果

图 4-59 绘制线条和矩形

06 使用“圆角矩形工具”绘制圆角矩形，并复制多个，分别修改颜色，如图4-60所示。

图 4-60 绘制圆角矩形

07 使用多种绘图工具绘制图标，并使用“横排文字工具”输入文字，如图4-61所示。

图 4-61 绘制图形并输入文字

图 4-62 绘制箭头

08 继续输入文字，并使用“直线工具”绘制箭头，如图4-62所示。使用“圆角矩形工具”绘制圆角矩形，如图4-63所示。

图 4-63 绘制圆角矩形

4 常见界面构图与设计

09 为图层添加“斜面和浮雕”“内阴影”“颜色叠加”和“投影”图层样式，如图 4-64 所示。

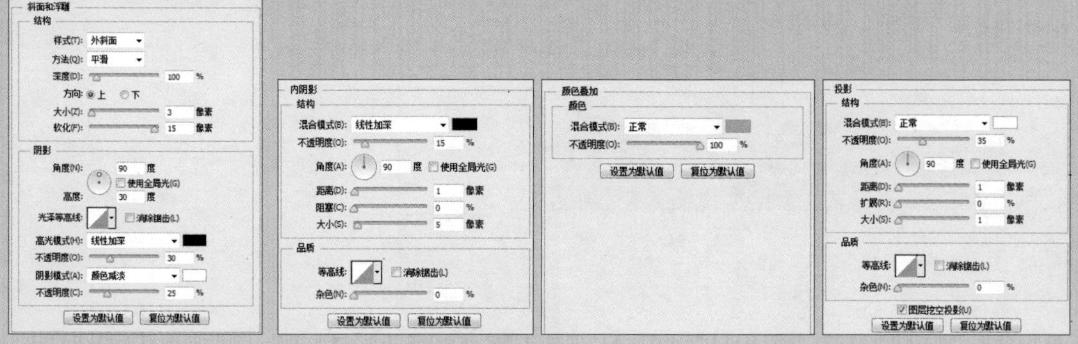

图 4-64 添加图层样式

10 确定操作后的效果如图 4-65 所示。

11 使用“椭圆工具”绘制正圆，如图 4-66 所示。

图 4-65 确定操作后的效果

图 4-66 绘制正圆

12 为图层添加“描边”“渐变叠加”和“投影”图层样式，如图 4-67 所示。

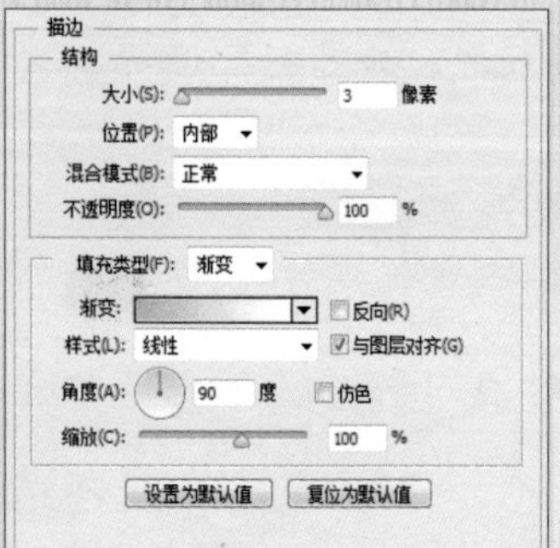

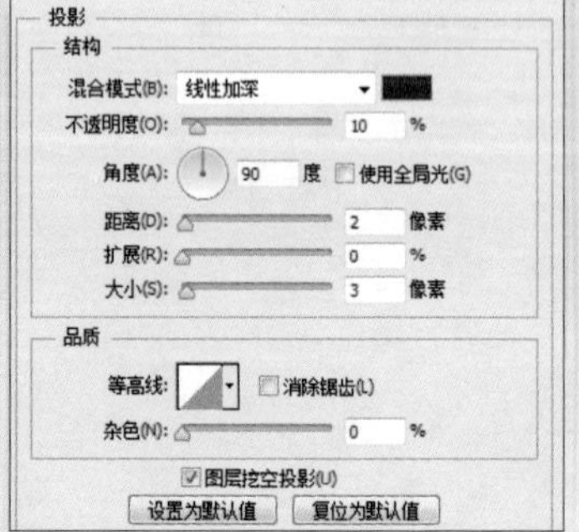

图 4-67 添加图层样式

13 确定后操作的图像效果如图 4-68 所示。复制图层，在图层上单击鼠标右键，选择“转换为智能对象”命令，然后设置图层的“填充”为 0%。为图层添加“渐变叠加”图层样式，如图 4-69 所示。

图 4-68 确定操作后的效果

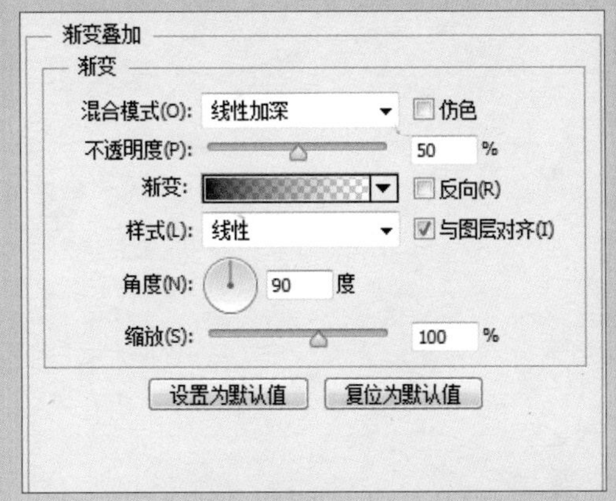

图 4-69 添加“渐变叠加”图层样式

14 执行“滤镜”|“模糊”|“高斯模糊”命令，在弹出的对话框中设置相关参数，如图 4-70 所示。

15 执行“滤镜”|“模糊”|“动感模糊”命令，在弹出的对话框中设置相关参数，如图 4-71 所示。确定后的图像效果如图 4-72 所示。

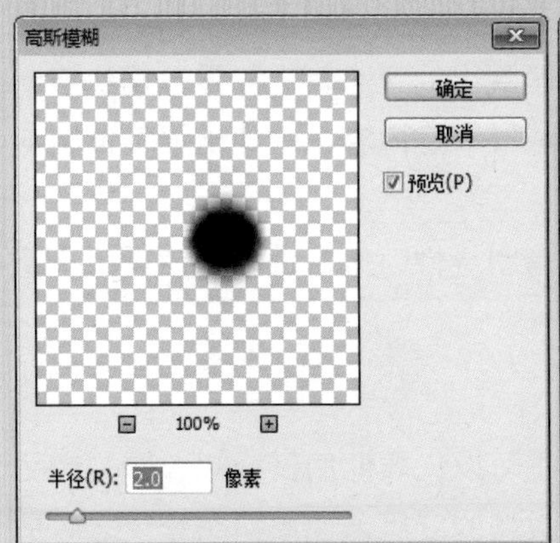

图 4-70 高斯模糊

动感模糊
确定
取消
预览(P)
100%
角度(A): 90 度
距离(D): 10 像素

图 4-71 动感模糊

图 4-72 图像效果

16 将 3 个图层选中，单击鼠标右键，选择“从图层建立组”命令。复制组两次，并调整位置，并将副本 1 的圆向右移动，如图 4-73 所示。

17 双击副本 1 中的圆角矩形，打开“图层样式”对话框，修改“渐变叠加”和“外发光”图层样式，如图 4-74 所示。

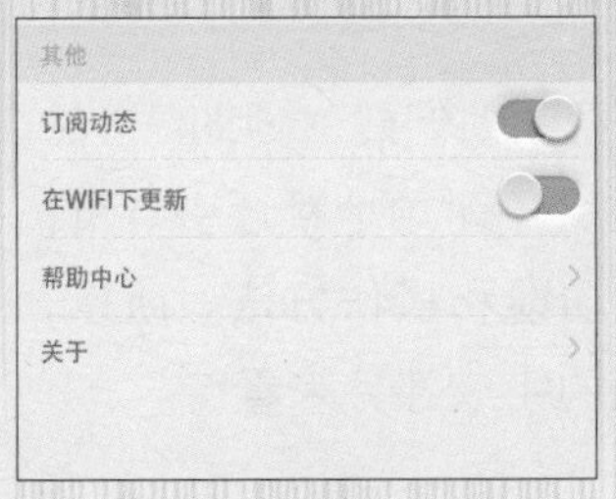

图 4-73 复制并移动

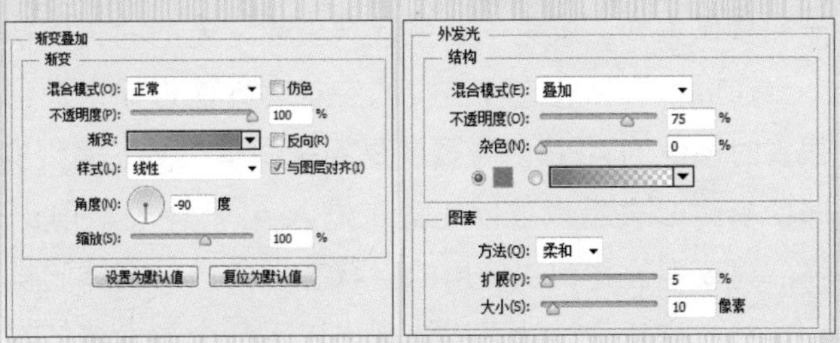

图 4-74 修改图层样式

18 单击“确定”按钮完成设置界面的绘制，如图 4-75 所示。

图 4-75 完成绘制

4.2.4 空状态界面

“空状态”是指移动应用界面在没有内容或数据时呈现出的状态，也称零数据状态。从产品体验的角度来看，空状态通常会在初次使用、完成或清空内容、软件出错等情境下出现。

空状态的设计足够优秀的话可以提高用户体验，带有引导性、愉悦性，并使得用户留存率增加。

1. 产品初次使用

如果用户下载了你的应用并完成了注册，那么这几乎可以代表他们已经知道你的产品是做什么用的了，但未必清楚具体怎样使用。对于某些类型的应用来说，初次登录之后是没有任何数据内容的，这也正是充分利用界面空间为用户提供新手指引的好机会。你可以告诉用户为什么当前没有内容、怎样创建或获取内容，在这个环节中，不妨试着融入一些能够体现产品个性的情感化元素，这可以使用户进入一种较为轻松的上手状态，引发他们积极、正面的情感，同时也能给他们留下不错的第一印象。

在初体验流程中，空状态的首要目标就是教育、引导用户，帮助他们快速了解首要功能和操作方式，避免一上手就产生迷茫无助的负面情绪。

通过初次体验流程当中的空状态界面告知用户会发生什么，帮助他们建立预期。当然，很多时候你的 APP 引导页就是用来做这个的，但现实是用户通常会不耐烦地跳过引导页，即使有耐心去看也难以在真正进入 APP 环境之前记得各种特色功能和操作方法。所以，强烈建议各位将初次使用的空状态视为产品初体验当中一个重要的组成部分来看待。

好的空状态设计可以体现出以下几个方面的信息：

- 是什么：对界面中的功能或信息进行描述。
- 在哪里：告诉用户他现在位于体验流程的起点或其他特定的位置。
- 何时：暗示用户内容的循环机制，让他们知道怎样的行为会产生内容。

通常可以通过两种方式传达这些信息，要么是言简意赅的文案，要么通过示例内容告知用户这里产生了数据之后会是怎样的形式，为其建立更直观的预期。不管采用哪种方式，都要提供必要的引导信息，让用户知道要达成这样的内容状态需要以怎样的操作开始，如图 4-76 所示。

图 4-76 空状态界面

2. 用户清空数据

用户使用这款 APP 是否会频繁地清空数据？如果是的话，进行相应的设计，甚至可以准备一些不同的空状态内容来随机展示。这样的情况有很多种创意的 APP 设计，比如邮件 APP 设计，如图 4-77 所示。

图 4-77 用户清空数据

3. 出错、失败

“出错”多数是由网络连接的中断引起的。可以试着在这种情况下提供一些更有用的或是更具亲和力的内容，通过你的设计弱化用户心中的负面感受，降低他们对坏状况的感知。让用户在非常规使用中看到你的设计，他们就会感知到当前的状况是在可预计范围之内的，从而放松下来，如图 4–78 所示。

图 4–78 出错、失败

4.3 设计师心得

4.3.1 APP 引导界面设计注意事项

下面介绍 APP 引导界面设计的注意事项。

1. 引导语句必须简短，聚焦重点

在移动情境中，人机会话时间更加有限，注意力更容易分散。而人类的短期记忆难以保存太多的内容，信息在 20 秒左右的时间内就会开始被遗忘。因此，相比于在一个浮层上一次性展示 UI 当中每个地方的说明，不如一次聚焦在一两个上面。减少说明的焦点可以使用户将注意力放在最重要的说明上。一次展示的说明越少，用户越有可能去阅读并记忆下来。

同时设计师也要学会挑选合适的时机，为用户提供最重要的引导提示，一次一个，使他们更容易理解和明白。

也要避免接连不断地展示引导信息，这样不仅会产生短期加重记忆方面的问题，而且会让新用户觉得你的应用过于复杂，望而生畏。

如果需要展示引导的文字太多，可以分成几个步骤来引导，简化这些文字。

精准贴切的文案也十分重要，将专业的术语转换成用户“听”得懂的语言。尤其对于通过照片来表现主题的引导页设计，文案与照片的吻合度直接影响到情感传达的效果，如图 4–79 所示。

图 4-79 文案与照片吻合

2. 尽量使用图形元素

我们都知道，图形比文字更易于记忆和了解。最合理的方式是："恰当的图形元素 + 简短的文字"，并整合到一个展示层面上。

这种方式既有利于用户阅读，也可以使多步骤的流程更直观、易懂、易记忆，值得推荐。

另外，我们采用的图形尽量是简单易懂、形象具体的，避免让人产生歧义的图标。否则会误导移动用户，从而损失设计交互体验。

3. 避免与实际 UI 界面混淆

必须使引导提示在外观上与实际界面元素有着明确的区分，否则引导提示就是在干扰实际界面，用户也会感到迷茫，甚至会把教学内容当成功能界面，试着与其交互。

要使提示内容与普通的界面元素区分开来，最简单的方式是使用不同的字体。我们通常可以见到很多手写字体风格的提示，确实可以与实际 UI 当中的文字产生鲜明的对比。

在进行手机移动 APP 应用的引导设计的时候，一个重要的原则就是尽可能保持简短。聚焦于当前界面中最主要的交互任务，以图文并茂的方式提供最易扫描的说明内容，避免一连串的提示。同时，还要确保你的提示内容不会与应用的实际 UI 混淆在一起。

4. 视觉聚焦

在单个引导页中，信息不宜过多，只阐述一个目的，所有元素都围绕这个目的进行展开。视觉聚焦包括两部分，一是文案的处理要注意层次，主标题与副标题要形成对比；二是引导页中的界面、场景、文案具象化元素，要有一个视觉聚焦点，多个视觉元素的排布采用中心扩散的方式，聚焦点的视觉面积最大，同时与扩散的元素拉开对比。这样用户能清晰地看到核心文案信息与文案对应的视觉表现元素，同时结合视线流动的规律，从上到下，从左到右，从大到小，因此可以根据这个视线流的规律来进行引导页的设计，如图 4-80 所示。

图 4-80 视觉聚焦

5. 富于情感化

- 文案具象化：通过具体的元素、场景来表现文案，采用写实、半写实的方式进行表现，有些应用还会配以水彩风格。以天猫为例，它是一款购物应用，在设计上通过商场、店铺的实际场景的具体描绘，渲染轻松、欢快的购物过程，如图 4-81 所示。

图 4-81 文案具象化

- 页面动效、页面间交互方式的差异化：之前对于表现方式的归类已经讲到了动画及页面切换方式，如果增加了页面动效，包括放大、缩小、平移、滚动、弹跳，利用动效使页面的表现形式更加多样化，会让引导页更有趣，用户注意力更为集中。
- 页面间的切换方式：除了传统的卡片左右滑动的方式外，还可以结合线条、箭头等进行引导，通常会配合动效。例如，网易新闻客户端、印象笔记，它们在引导页的设计上采用了线条作为主线贯穿整个引导页面，小圆点显示当前的浏览进度，滑动的过程中有滚动视差的效果，如图 4-82 所示。

图 4–82 趣味引导

6. 与产品基调相一致

引导页在视觉风格与氛围的营造上要与该产品、公司的形象相一致，这样在用户还未使用具体产品前就给产品定下一个对应的基调。产品的特性——消费类、娱乐类、工具类还是其他类，决定了引导页的风格，例如是走轻松娱乐、小清新风格，还是规整、趣味性的风格，在最终的表现形式上也会有完全不同的展现——插图、界面、动画或其他。如淘宝的娱乐、豆瓣的清新文艺、百度的工具、蝉游记的休闲等，通过对比就能发现他们在引导页设计上的差异。

这样一方面有利于产品一脉相承，与产品使用体验相一致，另一方面也会进一步强化公司形象，如图 4–83 所示。

图 4–83 与产品基调相一致

又如网易彩票，引导页的主色选用了与网易自身的红色相一致的红色，在公司产品系统性上保持高度的一致性，如图 4–84 所示。

图 4-84 网易彩票

总之，想做好引导页的设计，要在理解用户对引导页需求的基础上，怀揣热爱产品的情怀，依靠精致的布局、巧妙的构思、贴切的氛围渲染，再加一点点特色。当然这也需要设计师在具体的设计中不断实践，总结出新的观点与方法，探索出别具一格的引导页设计。

4.3.2 界面布局的基本原则

移动 APP 页面布局是在设计 APP 界面的时候，最主要的设计任务。一个 APP 的好与不好，很大部分取决于移动 APP 页面布局的合理性。如图 4-85 所示为 APP 最原始的布局模型。

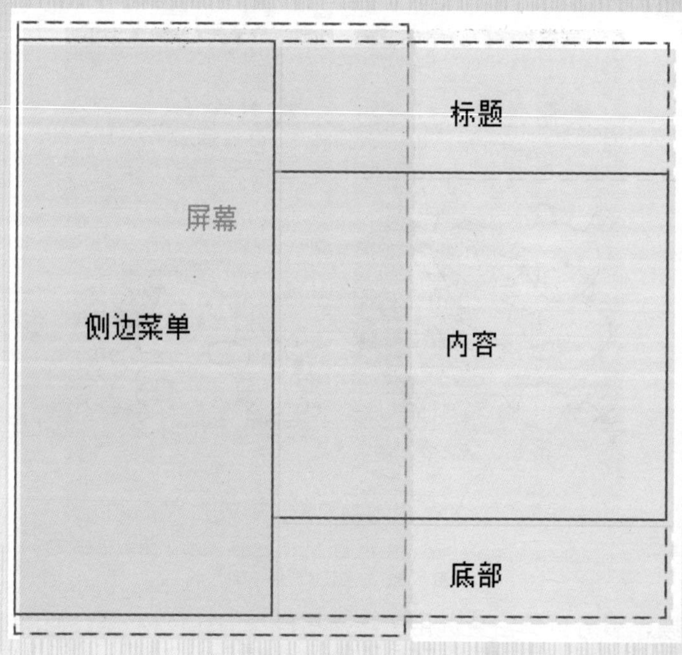

图 4-85 APP 最原始的布局模型

如图 4–86 所示为移动 APP 经典布局界面。

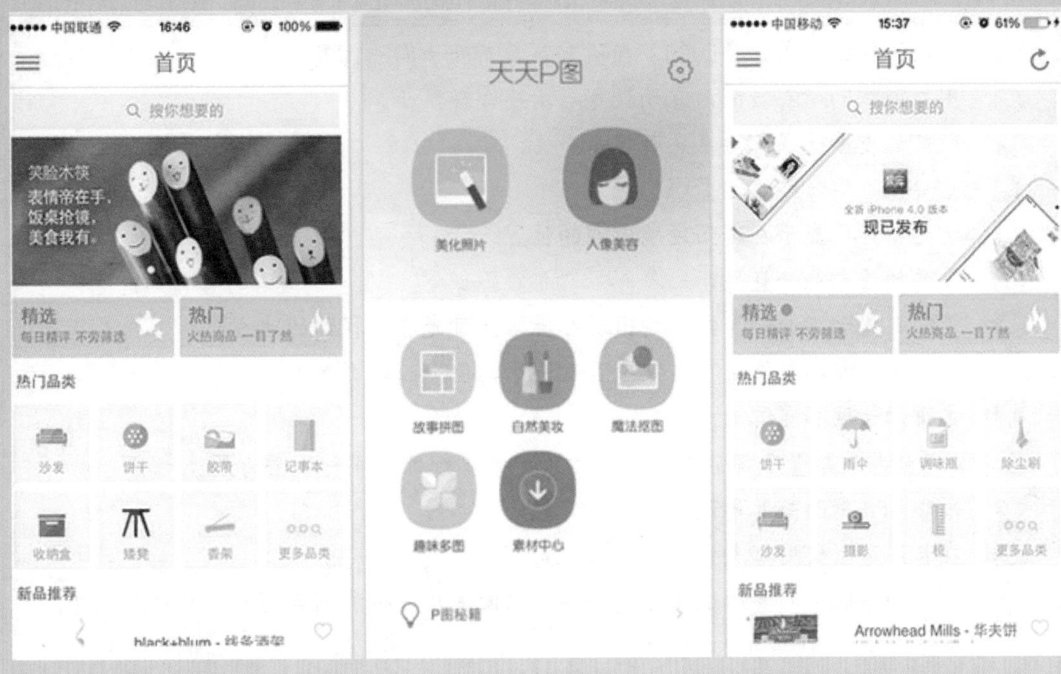

图 4–86 经典布局界面

页面布局，顾名思义就是对页面的文字、图形或表格进行排布、设计，如图 4–87 所示。优秀的布局，需要对页面信息进行完整的考虑，既要考虑用户需求、用户行为，也要考虑信息发布者的目的、目标。

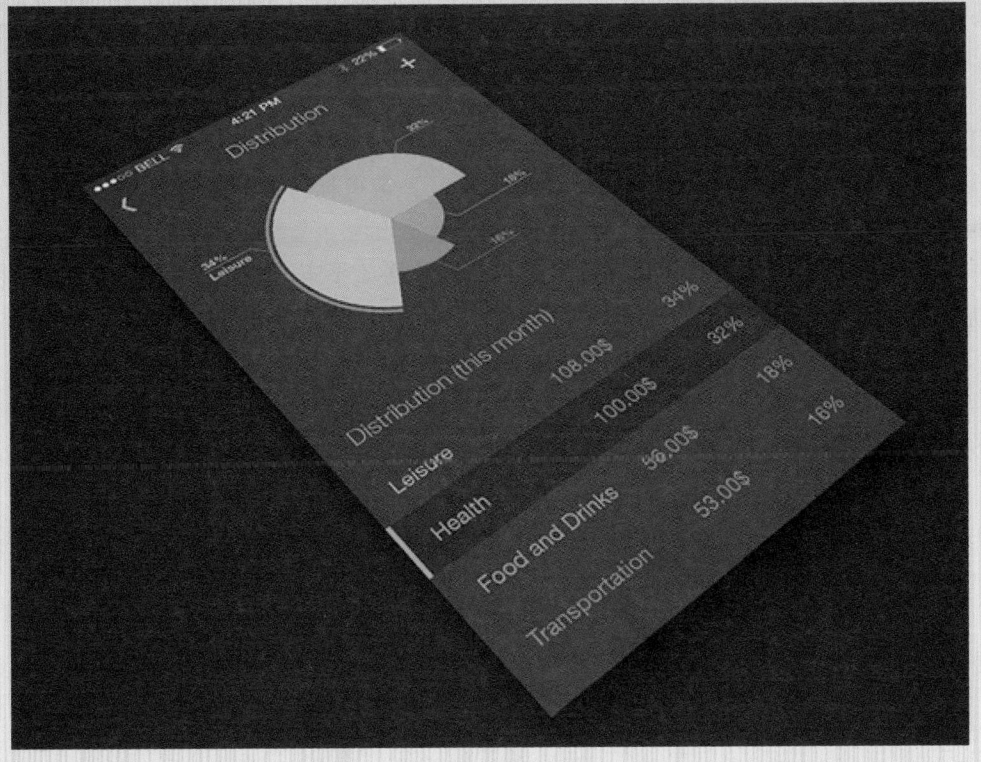

图 4–87 页面布局

对用户行为的迎合和引导，有一些既有原则和方法，具体如下：

- 公司 / 组织的图标（LOGO）在所有页面都处于同一位置。
- 用户所需的所有数据内容均按先后次序合理显示。
- 所有的重要选项都要在主页显示。
- 重要条目要始终显示。
- 重要条目要显示在页面顶端中间的位置。
- 必要的信息要一直显示。
- 消息、提示、通知等信息均出现在屏幕上目光容易找到的地方。
- 确保主页看起来像主页（使主页有别于其他二三级页面）。
- 主页的长度不宜过长。
- APP 的导航尽量采用底部导航的方式，菜单数目以 4 ~ 5 个为最佳。
- 每个 APP 页面长度要适当。
- 在长网页上使用可点击的“内容列表”。
- 专门的导航页面要短小（避免滚屏，以便用户一眼能浏览到所有的导航信息，有全局观）。
- 优先使用分页（而非滚屏）。
- 滚屏不宜太多（最长 4 个整屏）。
- 需要仔细阅读理解文字时，应使用滚屏（而非分页）。
- 为框架提供标题。
- 注意主页中面板的宽度。
- 将一级导航放置在左侧面板。
- 避免水平滚屏。
- 注意文本区域的周围是否有足够的间隔。
- 注意各条目是否合理地分类于各逻辑区，并运用标题将各区域进行清晰划分。

这些 APP 界面布局原则可以保证页面在布局方面最基本的可用性，非常适合 APP 设计新手掌握。

第5章 游戏类APP UI设计

游戏类 APP 在整个 APP 市场中，毋庸置疑是最受欢迎的，不管是来自工作中还是生活中的压力，在游戏过程中都能在一定程度上得以释放，使心情放松。尤其是以“让玩家在休息和闲暇时间玩的游戏”为目的的休闲类游戏，正在迅速占领 APP 市场下载排行榜。

5.1 设计准备与规划

因为要设计的对象是一个整体，所以为了保证设计后期的设计统一性与连贯性，在设计前期要根据设计对象进行一些准备，以及进行大体的风格规划设计。

5.1.1 素材准备

本实例是一款休闲游戏的APP UI设计，因此根据该游戏的特点及消费群体，在设计前，需要在互联网上收集一些卡通形象、可爱的扁平化装饰物等素材作为参考，如图5-1所示，并且在后期的设计中也可以用来丰富游戏APP界面。

图5-1 参考素材

5.1.2 界面布局规划

作为一款休闲游戏的APP系列界面，根据游戏本身的特点，需要设计出一个手机游戏启动界面和3个不同功能的单屏游戏界面。根据游戏APP UI设计规范，在设计前，先对这4个界面进行大致的画面布局与界面分隔，具体如图5-2所示。

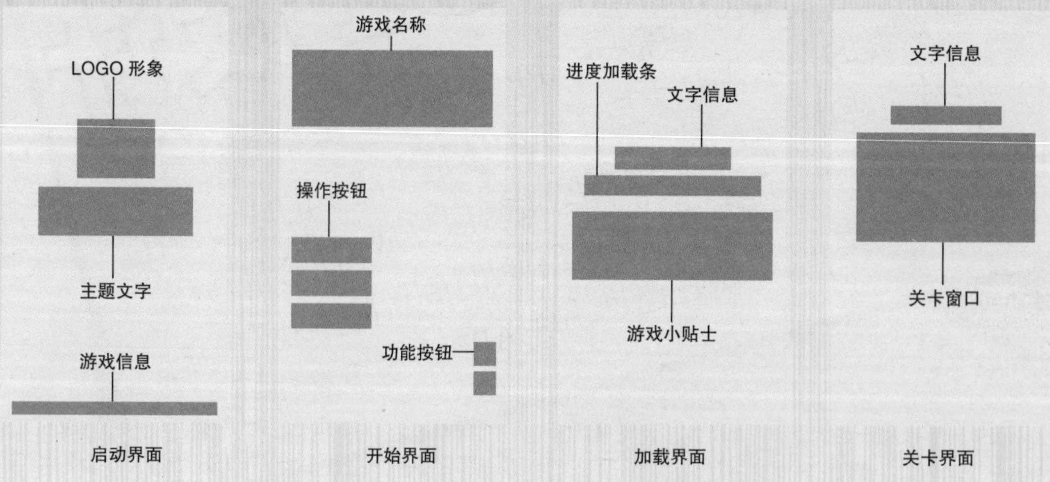

图5-2 界面布局规划

5.1.3 确定风格与配色

本实例是一款休闲游戏，它的很大一部分消费者群体为儿童和女性，因此在主色调的选择上，应该选择一些较为明亮、可爱、活泼等能吸引到消费者的颜色。所以，在本实例的风格与配色上，主要以蓝色和绿色为主，添加清爽的场景底纹，以避免纯色背景形成呆板的感觉，让游戏界面能够更加有趣、丰富，使游戏用户能够在娱乐中心情愉悦。

5.2 界面制作

在做了前期了大量准备工作后，即可开始制作这款休闲游戏的各个界面了。在整个游戏界面的设计中，对这些界面都选取了类似的背景和底纹，统一而简约。实例包括一个启动界面，以及 3 个单屏游戏界面，下面介绍其具体的制作方法。

5.2.1 游戏启动界面

游戏启动界面是用户在打开程序后看到的第一个界面，同时也会给用户留下第一印象，因此这个界面的设计也尤为重要，要设计成简约、明了，能够吸引到用户的界面。

设计思路

本界面首先采用了半透明天空设计，抓住了设计的轻松感，使得界面干净并耐看。然后通过人物形象的设计绘画、游戏主题文字的添加等制造出独特抢眼的感觉，制作流程如图 5-3 所示。

图 5-3 制作流程

制作步骤

知识点	“钢笔工具”、渐变填充、“椭圆工具”、图层样式
光盘路径	第 5 章 \5.2.1 游戏启动界面

01 新建一个 1136×640 像素的空白文档并填充渐变效果，使用“钢笔工具”绘制出云朵的形状，调整“不透明度”为 75%，如图 5-4 所示。

02 选择“钢笔工具”，结合“椭圆工具”，绘制出猴子的面部及耳部，效果如图5-5所示。

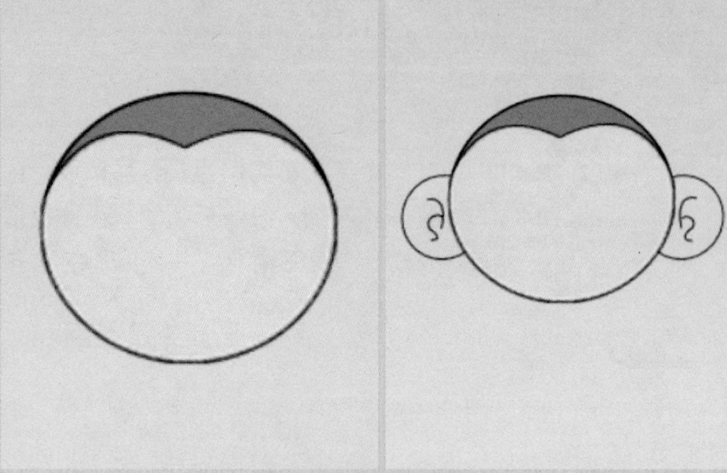

图 5-4 背景以及云朵绘制　　图 5-5 绘制猴子面部及耳部

03 用“自定形状工具”绘制出一个五角星形状，使用“直接选择工具”对其进行变形，然后使用“椭圆工具”和“钢笔工具”分别绘制出猴子的眼睛、头发和嘴巴，如图5-6所示。

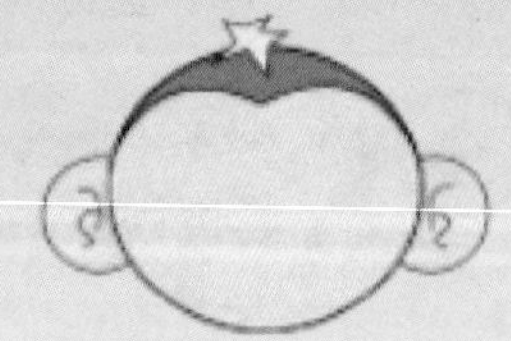

图 5-6 绘制猴子眼睛、头发及嘴巴

04 选择“横排文字工具”输入“MONKEY”，如图5-7所示，并为其添加“斜面和浮雕”和“投影”图层样式，如图5-8所示。

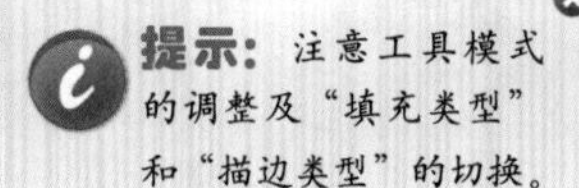

提示：注意工具模式的调整及“填充类型”和“描边类型”的切换。

READ MORE

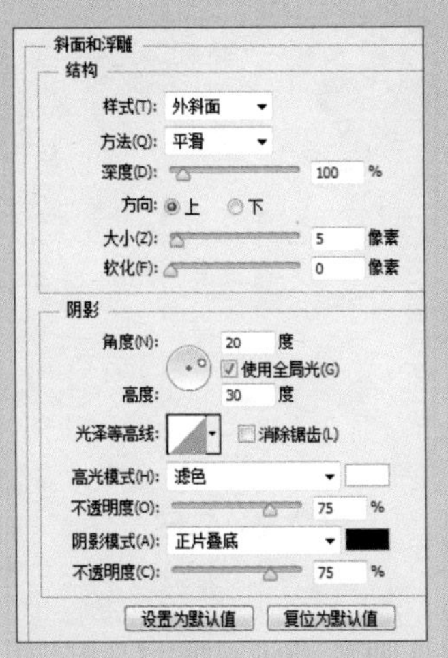

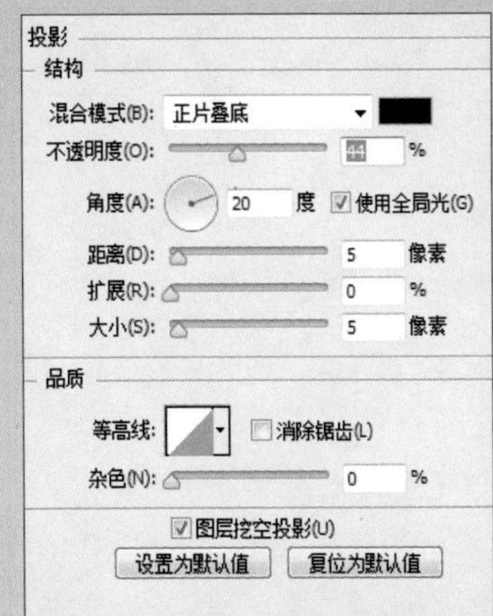

图 5-7 输入文字

图 5-8 添加图层样式

05 添加图层样式后的文字效果如图 5-9 所示。使用“横排文字工具”输入“COMING!”，如图 5-10 所示。

图 5-9 文字效果

图 5-10 输入文字

06 给“COMING!”添加“斜面和浮雕”和“投影”图层样式，如图 5-11 所示。此时的图像效果如图 5-12 所示。

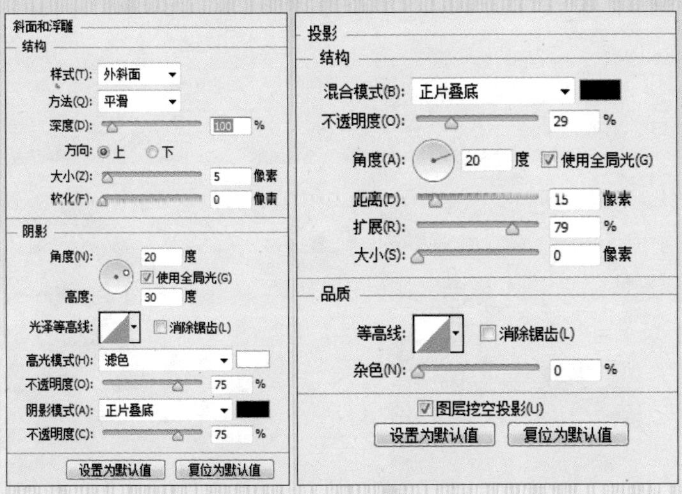

图 5-11 添加图层样式

图 5-12 图像效果

07 最后在界面底部使用“横排文字工具”输入版权信息，最终图像效果如图 5-13 所示。

图 5-13 最终图像效果

5.2.2 游戏开始界面

本界面是游戏的开始界面，主要体现了游戏的整体性与元素化，所以在颜色方面要考虑到整体的主色调，在界面中要设计出游戏中会出现的元素、游戏的人物等并合理分割画面。

设计思路

在启动页面的背景上加上底纹并调整“不透明度”，使用“钢笔工具”绘制使其表现出自由活泼、不生硬的轻松感，其配色也和游戏的整体视觉相结合，增强设计的统一感，最后利用各种图层样式的添加制作指示牌，如图 5-14 所示为制作流程。

图 5-14 制作流程

制作步骤

知识点	"钢笔工具"、剪贴蒙版、文字变形、图层样式
光盘路径	第 5 章 \5.2.2 游戏开始界面

01 新建一个 1136×640 像素的空白文档，并填充渐变效果，如图 5-15 所示。双击"背景"图层，将其转换为"图层 0"，为"图层 0"添加"图案叠加"图层样式，如图 5-16 所示，制作界面底纹背景。

图 5-15 渐变填充

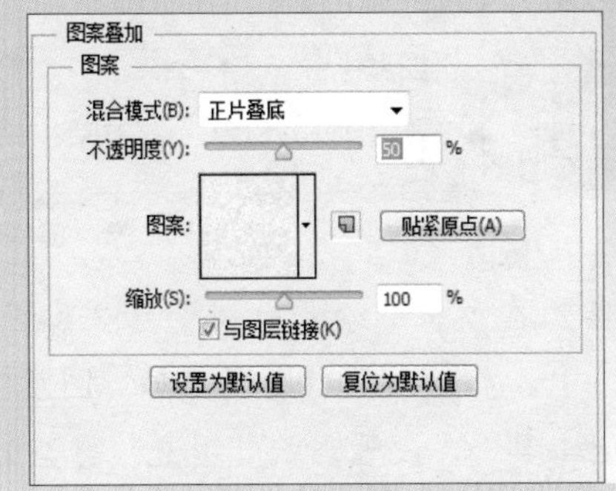

图 5-16 制作界面底纹背景

02 选择"钢笔工具"，设置"模式"为"路径"、"填充"为"渐变"，在画布中绘制出山丘形状，如图 5-17 所示，然后为山丘添加"图案叠加"图层样式，图像效果如图 5-18 所示。

图 5-17 渐变填充

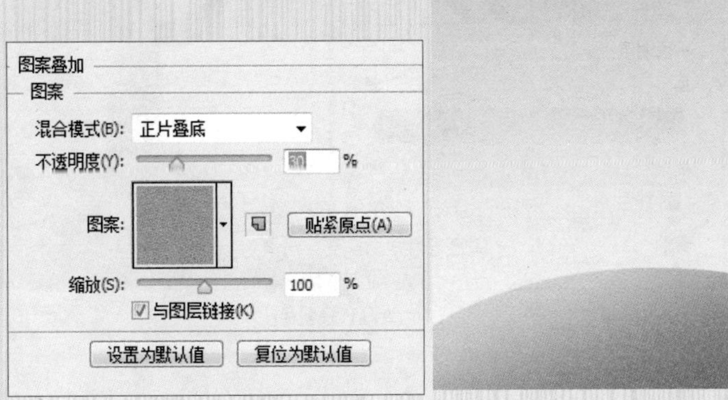

图 5-18 添加图层样式和图像效果

03 打开“马路石子.png”素材文件，在画布中调整石子大小及位置，如图5-19所示。

04 继续使用“钢笔工具”，设置形状“填充”类型为“渐变”，沿着“马路石子”的形状绘制出马路，如图5-20所示。

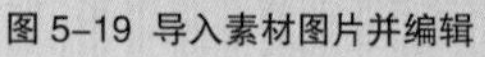

图5-19 导入素材图片并编辑

图5-20 路面的绘制

05 使用“钢笔工具”在画布中绘制出树干，以及树枝的形状（设置形状“填充”类型为“渐变”），然后设置“图案叠加”图层样式，如图5-21所示。

06 接着使用“椭圆工具”，设置形状“填充”类型为“渐变”，画出多个“树球”部分代表树叶，并建组为“树球”，如图5-22所示。

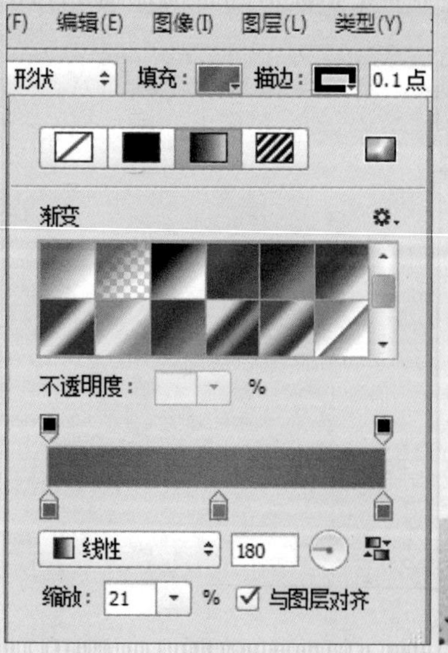

图5-21 绘制树枝

图5-22 绘制“树球”

07 将“树球”中的形状进行“栅格化”图层，并在“画笔预设”管理器中选择合适的笔画，调整参数，给“树球”增添效果，如图 5-23 所示。

08 将所有树球和树枝建组并将组命名为“树 1”，按 Ctrl+J 组合键复制组，移动并调整大小，之后修改树干颜色，得到另外两棵树，同时按照绘制山丘的方法绘制出另外两个山丘，如图 5-24 所示。

图 5-23 增添效果

图 5-24 复制图层

09 选择“自定形状工具”，设置“形状”为“花 1”，在“树 1”图层上拖出花朵形状，设置颜色，打开“图层样式”对话框，设置“投影”图层样式，如图 5-25 所示。单击该图层，按 Ctrl+J 组合键复制图层，修改颜色并移动至合适的位置，如图 5-26 所示。按 Shift 键，将所有花朵形状建组，并将组命名为“花朵”。

10 设置“钢笔工具”的模式为“形状”，并设置颜色和描边，在画布中，绘制出单支香蕉的形状，依次按 Ctrl+J 及 Ctrl+T 组合键复制、移动并调整香蕉的位置和大小，绘制出香蕉的整个形状，如图 5-27 所示。

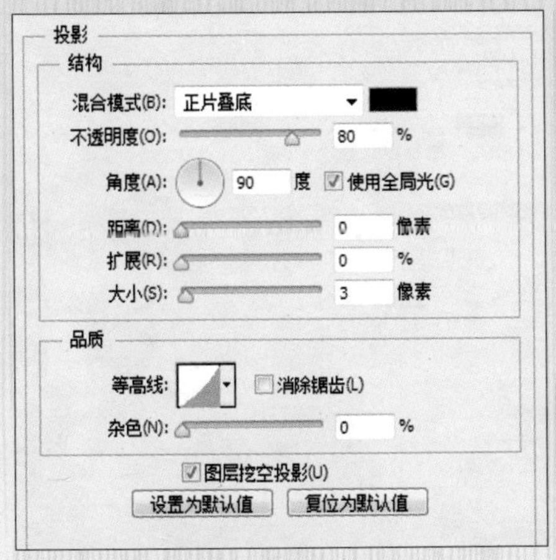

图 5-25 设置“投影”图层样式

图 5-26 复制并修改

图 5-27 香蕉的绘制

11 使用“矩形工具”，在设置“路径操作”下拉列表中选择“合并形状”选项，绘制出房屋的窗户，结合“钢笔工具”绘制房屋的屋顶与大门形状、房顶瓦片的形状，完成房屋的绘制，其他房屋也以同样的方法绘制出来，如图 5-28 所示。

12 单击“钢笔工具”，选择工具模式为“形状”，在画布中合适的位置依次绘制出栅栏的形状，如图 5-29 所示。

图 5-28 绘制房屋

图 5-29 绘制栅栏

13 使用“圆角矩形工具”绘制出形状后用“直接选择工具”进行调整，绘制出蘑菇的根茎。

14 使用“多边形工具”，在选项栏中设置“边数”为 3，选中“平滑拐角”复选框，如图 5-30 所示。

15 绘制出蘑菇盖，为其添加“投影”图层样式，如图 5-31 所示。最后使用“椭圆工具”并使用剪贴蒙版绘制蘑菇盖纹理，复制出另外一个蘑菇并移动调整其位置，如图 5-32 所示。

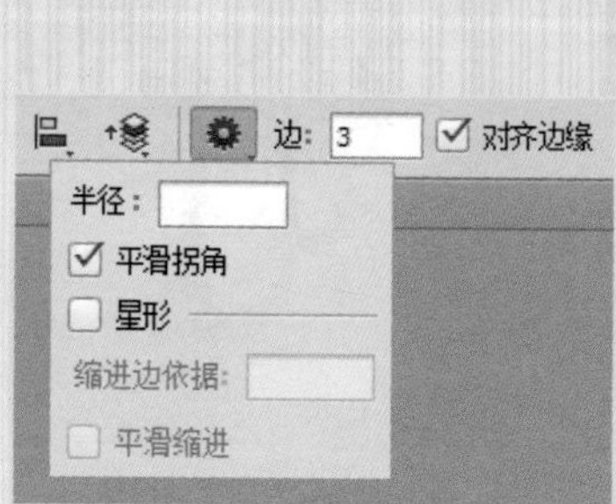

图 5-30 设置参数

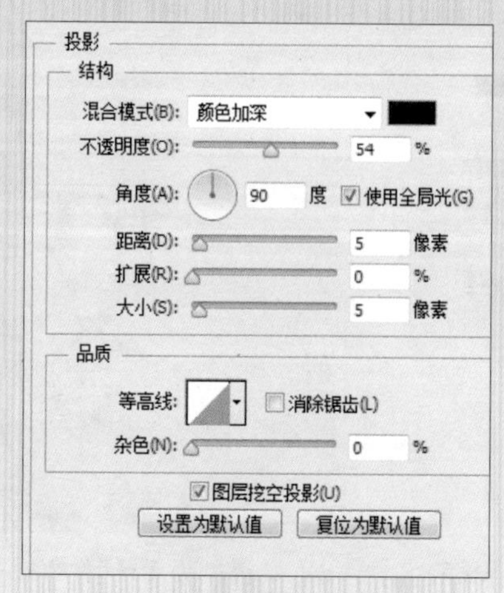

图 5-31 添加“投影”图层样式

图 5-32 绘制蘑菇

16 使用“钢笔工具”在画布中绘制出指示牌木桩的轮廓，继续使用“钢笔工具”，设置相同的“填充”颜色，改变图层的“不透明度”，分别为65%和35%，绘制出木桩的阴影面，如图5-33所示。

图5-33 绘制木桩

17 使用“钢笔工具”绘制出指示牌的底板，命名为“底色1”，如图5-34所示。添加“投影”图层样式，参数设置如图5-35所示。

图5-34 绘制指示牌底板

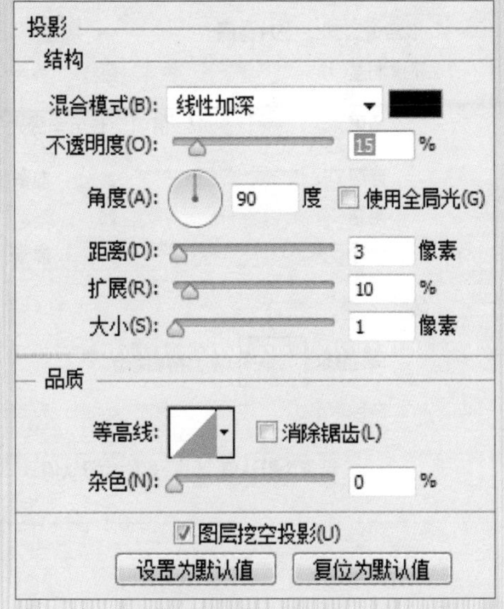

图5-35 添加图层样式

18 添加完图层样式后的图像效果如图 5-36 所示。复制图层“底色 1”并调整大小和修改颜色，命名为“底色 2”，再删除“投影”样式，此时如图 5-37 所示。

图 5-36 图像效果

图 5-37 复制编辑图层

19 给“底色 2”添加“内阴影”和“渐变叠加”图层样式，如图 5-38 所示。

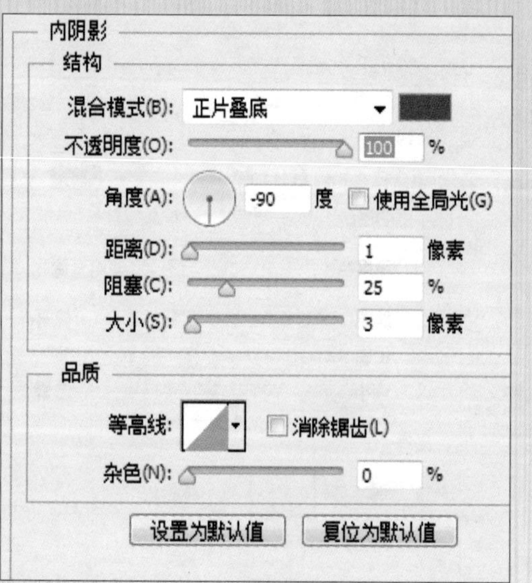

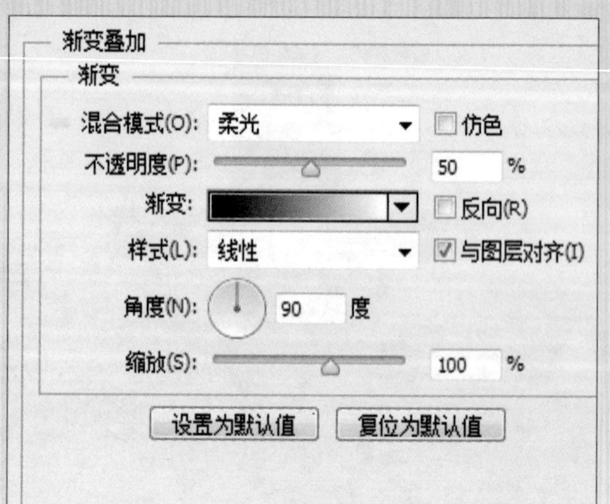

图 5-38 添加图层样式

20 继续添加“投影”图层样式，如图 5-39 所示。完成后单击“确定”按钮，确定后的图像效果如图 5-40 所示。

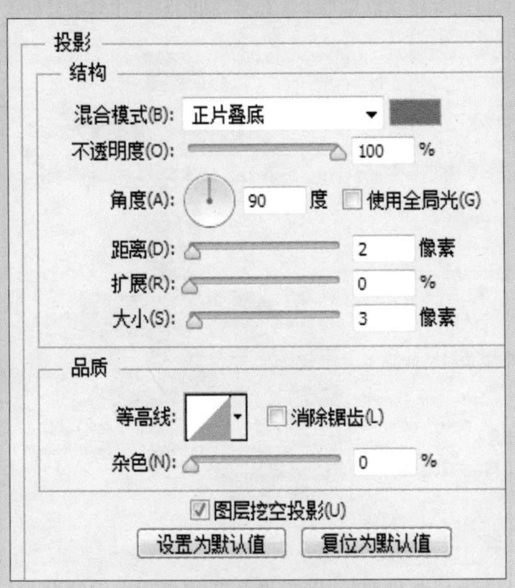

图 5-39 添加图层样式

图 5-40 图像效果

21 使用“自定形状工具”，在选项栏选择“形状”为“五角星”，在“底色 2”上绘制出多个形状，命名为“底纹 1”并创建剪贴蒙版，如图 5-41 所示。

22 在“底纹 1”的基础上使用“钢笔工具”并结合剪贴蒙版，依次绘制出指示牌的高光、亮部及暗部，如图 5-42 所示。

图 5-41 绘制底纹

图 5-42 绘制亮暗部

23 使用“横排文字工具”，在指示牌上添加文字信息，如图 5-43 所示。为其添加“投影”图层样式，此时的文字效果如图 5-44 所示。

图 5-43 添加文字信息

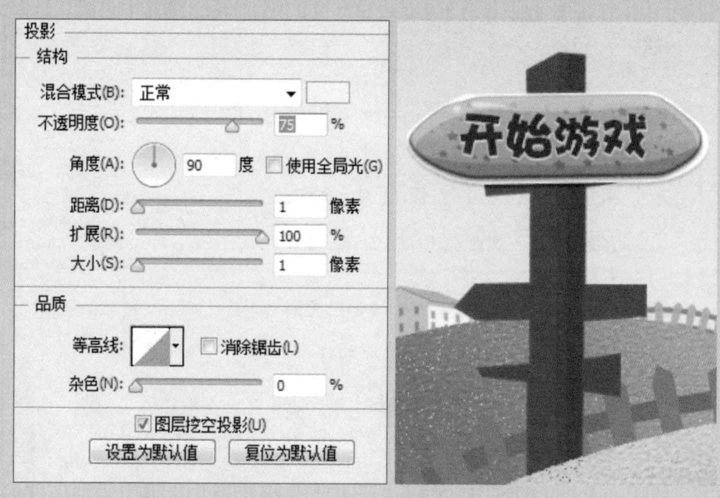

图 5-44 文字效果

24 将图层“底色 1”至图层“开始游戏”建组，将组命名为“1”，如图 5-45 所示。按照“1”的绘制方法，绘制出另外两个指示牌，打开“小黄鸡.ai”素材文件，将其拖到当前图像文件中，调整大小及位置，如图 5-46 所示。

图 5-45 图层建组

图 5-46 绘制指示牌，丰富界面

25 使用“钢笔工具”结合“自定形状工具”，绘制出小猴子的形态，并调整其位置及大小，如图 5-47 所示。

26 将制作的游戏启动界面文档中的云朵元素复制到本文档中，调整其“不透明度”为 100%。单击“椭圆工具”，设置颜色，绘制出云朵的眼睛及腮红，继续使用“钢笔工具”绘制出云朵的嘴巴，如图 5-48 所示。

图 5-47 绘制小猴子

图 5-48 绘制云朵

27 依照绘制指示牌的方法和步骤，绘制出“帮助”和“商店”按钮图标，如图 5-49 所示。

图 5-49 绘制按钮图标

28 使用“横排文字工具”，在画布中输入标题文字，如图 5-50 所示。单击“创建文字变形”按钮，变形文字，如图 5-51 所示。

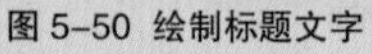
图 5-50 绘制标题文字

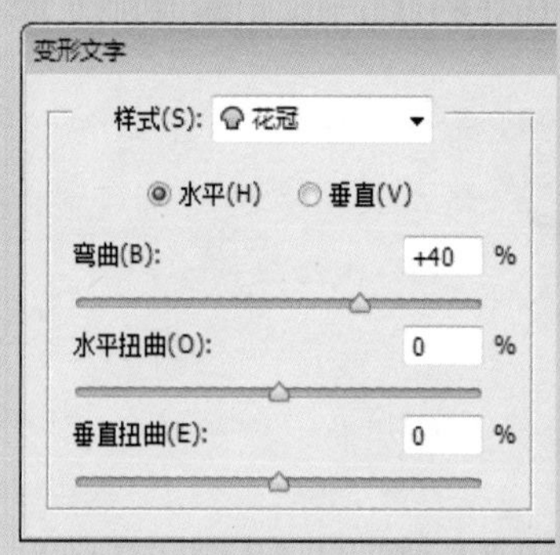

图 5-51 变形文字

29 给标题文字图层添加“描边”和“内阴影”图层样式并调整参数值，此时的图像效果如图 5-52 所示。

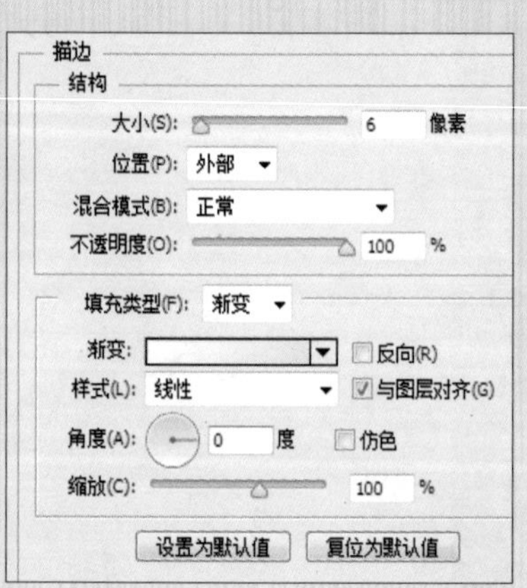

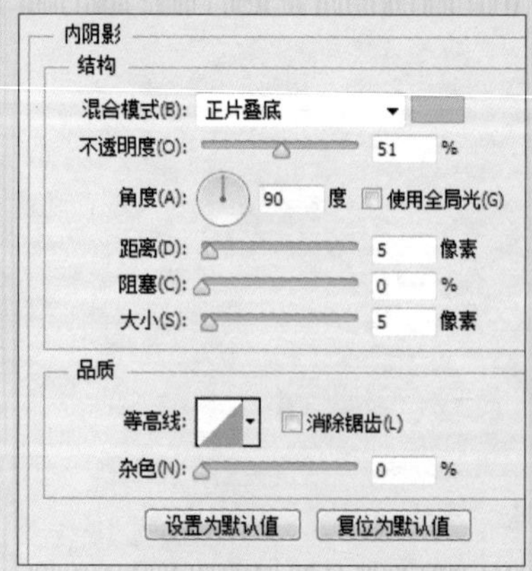

图 5-52 添加图层样式

30 给标题文字图层添加“渐变叠加”和“投影”图层样式并调整参数值，此时的图像效果如图 5-53 所示。

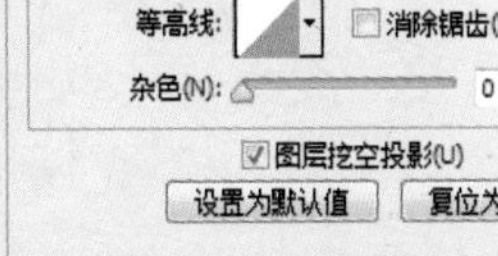

图 5-53 添加图层样式

31 最后将之前绘制的“蘑菇”图层复制一个，并放置到合适位置，最终的图像效果如图 5-54 所示。

图 5-54 最终图像效果

5.2.3 游戏加载界面

在游戏过程中，游戏加载界面毋庸置疑是必须存在并设计的。当进入游戏加载界面时，短暂的等待中所看到的漂亮的界面设计是否能吸引到你，以及所看到的信息是否对你有帮助，这些都是在设计此界面时应该考虑到的问题。

设计思路

提取之前设计的游戏开始界面文档中的部分元素作为此界面的底纹背景，这样不仅可以增加设计的连贯性，而且还可以使得画面不单调；接着通过“钢笔工具”绘制出加载进度条的细节部分，添加文字信息后进行细节调整；最后使用“圆角矩形工具”绘制出游戏的提示框，增加与用户的交互性，其制作流程如图 5-55 所示。

图 5-55 制作流程

制作步骤

知识点	“钢笔工具”“圆角矩形工具”、图层样式
光盘路径	第 2 章 \2.1.1 简单形状 \1. 椭圆

01 新建一个 1136×640 像素的空白文档，将制作的游戏开始界面文档中的部分元素复制到本文档中，调整其“不透明度”：“树”为 50%、“山”为 55%、“马路”为 65%、“云朵”和“背景”为 75%，制作成新的背景，如图 5-56 所示。

02 使用“钢笔工具”绘制出加载进度条的底框，接着添加“内阴影”图层样式并设置相关参数，如图 5-57 所示。

图 5-56 界面背景

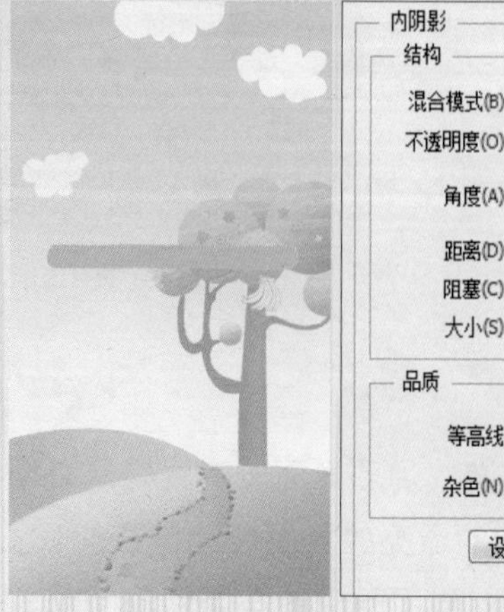

内阴影
结构
混合模式(B): 正常
不透明度(O): 100 %
角度(A): -90 度 使用全局光(G)
距离(D): 1 像素
阻塞(C): 25 %
大小(S): 3 像素
品质
等高线: 消除锯齿(L)
杂色(N): 0 %
设置为默认值 复位为默认值

图 5-57 绘制加载进度条底框

03 接着给游戏加载进度条的底框添加“渐变叠加”图层样式并设置相关参数，此时图像效果如图 5-58 所示。复制加载进度条并调整大小，绘制出进度条的凹槽，如图 5-59 所示。

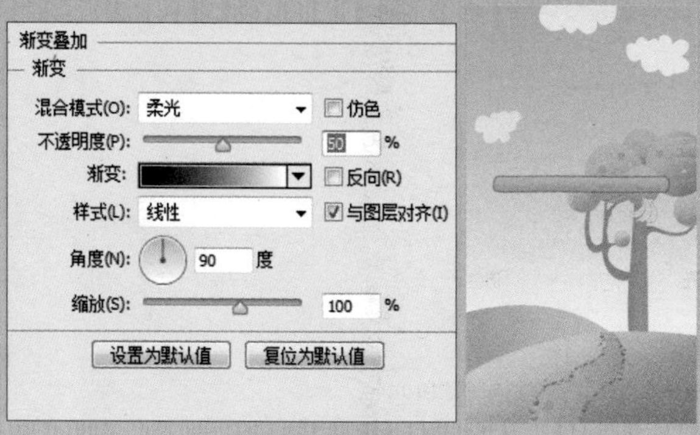

图 5-58 添加图层样式

图 5-59 绘制加载进度条凹槽

04 给其凹槽添加“内阴影”和“渐变叠加”图层样式，此时的图像效果如图 5-60 所示。

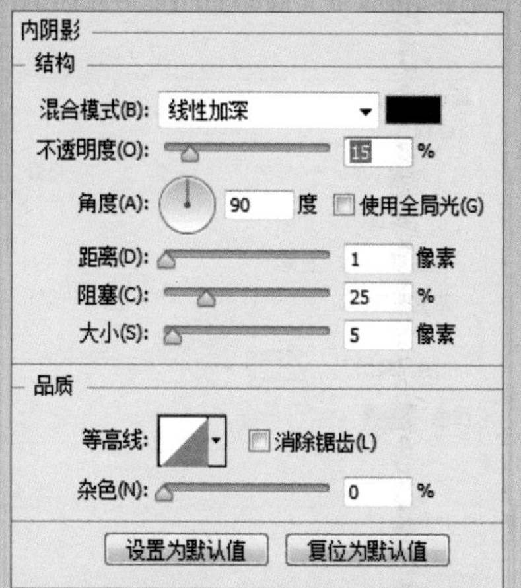

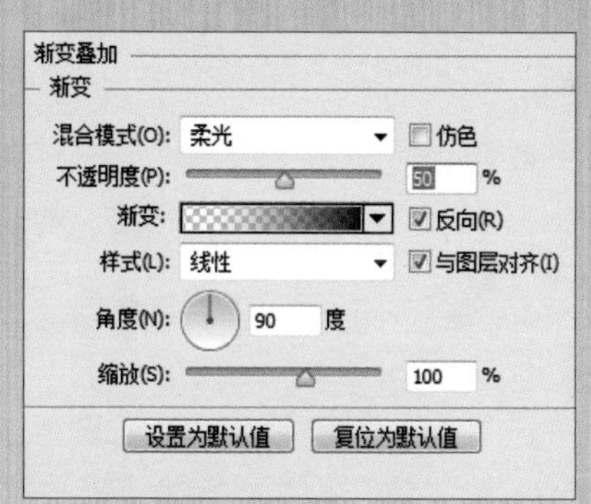

图 5-60 添加图层样式及图像效果

05 使用“钢笔工具”绘制出进度显示条，如图 5-61 所示。添加“斜面和浮雕”及“内阴影”图层样式并设置其参数，如图 5-62 所示。

图 5-61 绘制进度显示条

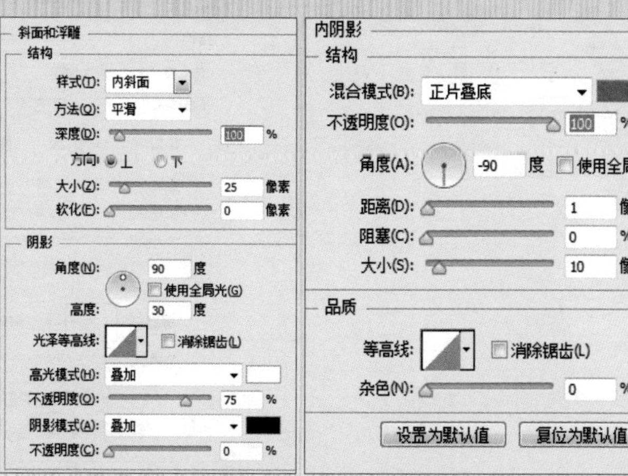

图 5-62 添加并调整图层样式

06 继续添加“内发光”和“渐变叠加”图层样式，此时的效果如图 5-63 所示。

图 5-63 添加图层样式及图像效果

07 使用“横排文字工具”输入文字信息，为其添加“描边”图层样式，如图 5-64 所示。

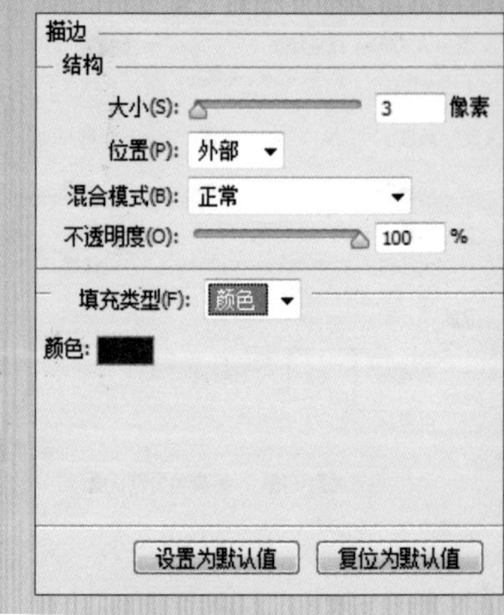

图 5-64 输入文字并添加图层样式

08 接着添加“投影”图层样式，此时的图像效果如图 5-65 所示。

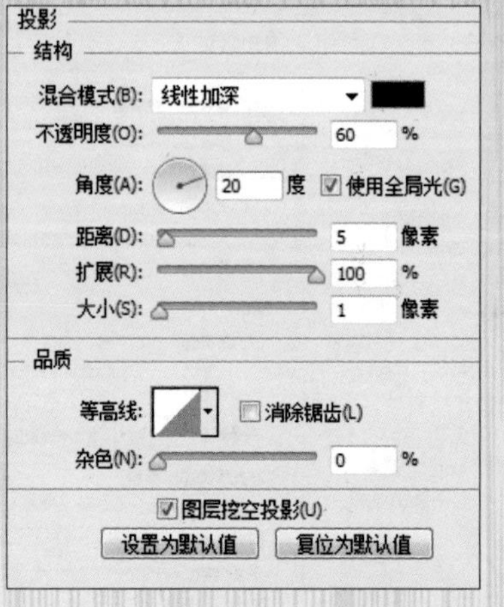

图 5-65 添加图层样式及图像效果

09 使用“圆角矩形工具”绘制出提示框并设置“不透明度”为 50%，如图 5-66 所示。复制“正在载入”文字图层，移动到框中后修改文字信息并调整字体的大小，如图 5-67 所示。

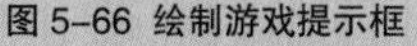
图 5-66 绘制游戏提示框

图 5-67 编辑文字信息

5.2.4 游戏关卡界面

在现阶段的市场中，游戏的设计可谓是日新月异，只有不断地改进才能在市场中脱颖而出。对于游戏关卡的设计在现阶段大概分为两种：全屏场景关卡设计和指向型关卡框，本实例将会制作一个指向型关卡框界面。

设计思路

仍然是提取之前设计的游戏开始界面中的部分元素作为此界面的底纹背景；接着通过“钢笔工具”和“椭圆工具”结合剪贴蒙版绘制出关卡框及标题栏，丰富细节，使界面看起来可爱、生动；最后绘制游戏的人物形象并将其放入到界面中来增加画面的趣味，制作流程如图 5-68 所示。

图 5-68 制作流程

制作步骤

知识点	“钢笔工具”“圆角矩形工具”、图层样式
光盘路径	第 5 章 \5.2.4 游戏关卡界面

01 新建一个 1136×640 像素的空白文档，将制作的游戏加载界面文档中的部分元素复制到本文档中，制作成新的背景，如图 5-69 所示。使用“圆角矩形工具”绘制底框并添加“内阴影“图层样式，如图 5-70 所示。

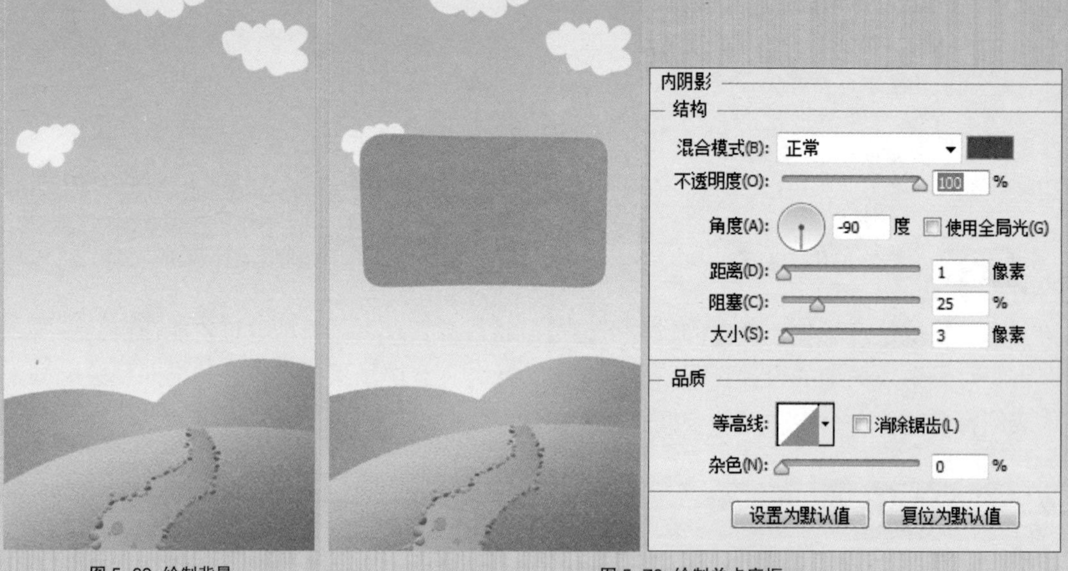

图 5-69 绘制背景　　图 5-70 绘制关卡底框

02 接着给底框添加“内发光”图层样式，此时的图像效果如图 5-71 所示。

内发光
结构
混合模式(B): 叠加
不透明度(O): 75 %
杂色(N): 0 %
图素
方法(Q): 柔和
源: 居中(E) 边缘(G)
阻塞(C): 0 %
大小(S): 7 像素
品质
等高线: 消除锯齿(L)
范围(R): 50 %
抖动(J): 0 %
设置为默认值 复位为默认值

图 5-71 添加图层样式及图像效果

03 继续使用“钢笔工具”绘制出关卡框面板，给其添加“内阴影”图层样式，如图 5-72 所示。

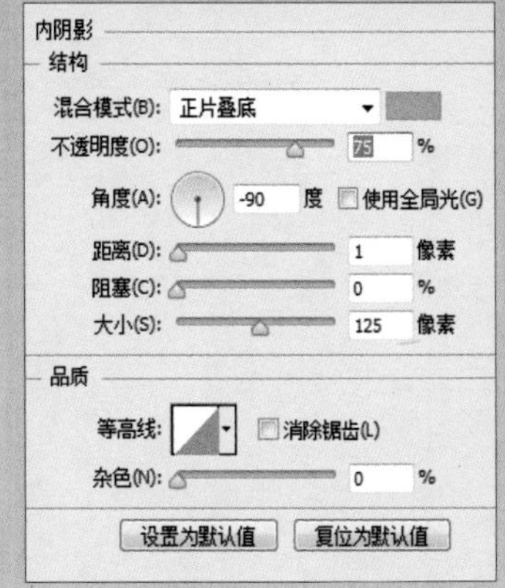

图 5-72 绘制关卡框及添加图层样式

04 接着在上一基础上给关卡框面板添加“投影”图层样式，并调整其参数值，此时的图像效果如图 5-73 所示。

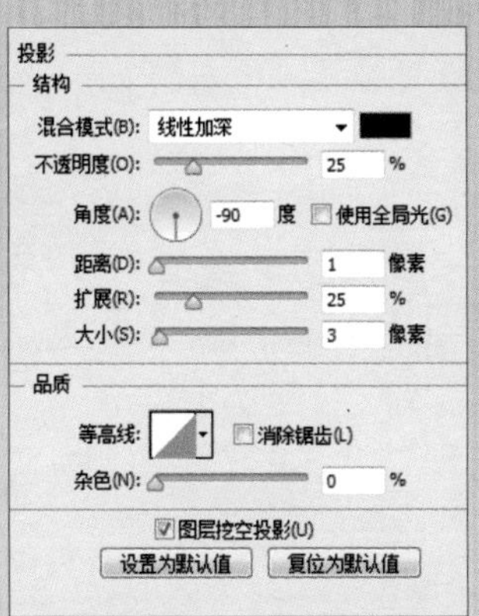

图 5-73 添加图层样式及图像效果

05 使用“圆角矩形工具”绘制并调整出关卡 1 的底框，然后添加“投影”图层样式，此时的图像效果如图 5-74 所示。

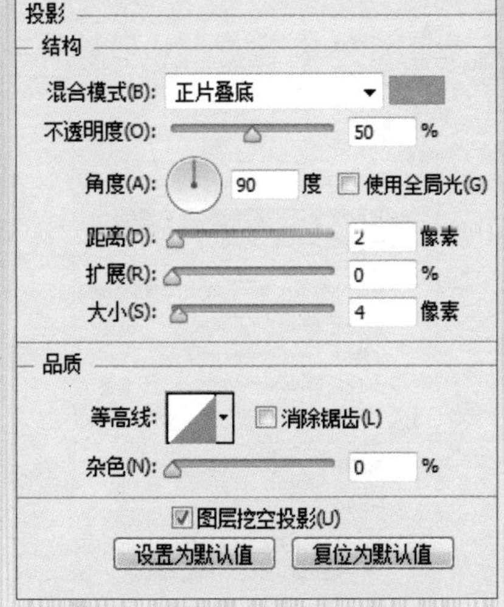

图 5-74 绘制关卡 1 底框及添加图层样式

06 接着使用“圆角矩形工具”绘制出关卡 1 的面板并添加“内阴影”图层样式，如图 5-75 所示。

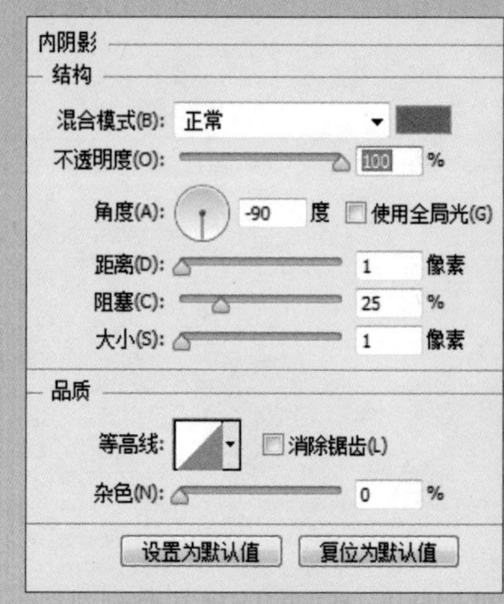

图 5-75 绘制关卡 1 的面板及添加图层样式

07 继续添加“渐变叠加”和“投影”图层样式，此时的图像效果如图 5-76 所示。

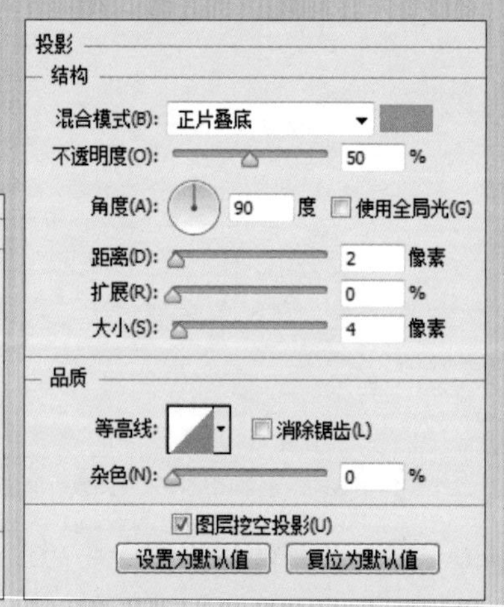

图 5-76 添加图层样式及图像效果

08 使用“横排文字工具”添加数字“1”，同时添加“投影”图层样式，如图 5-77 所示。

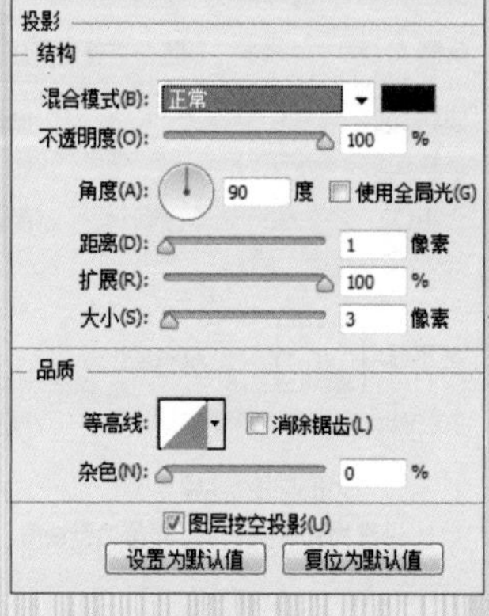

图 5-77 添加数字 1 及图层样式

09 选择“多边形工具”，在选项栏中设置各项参数，绘制出形状，命名为“星星 1”，此时的图像效果如图 5-78 所示。

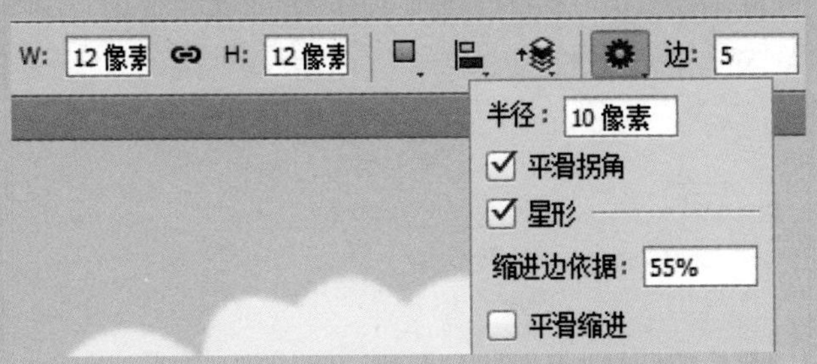

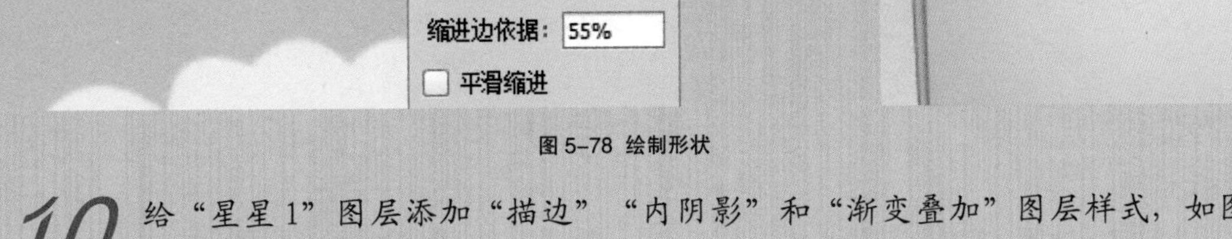

图 5-78 绘制形状

10 给“星星 1”图层添加“描边”“内阴影”和“渐变叠加”图层样式，如图 5-79 所示。

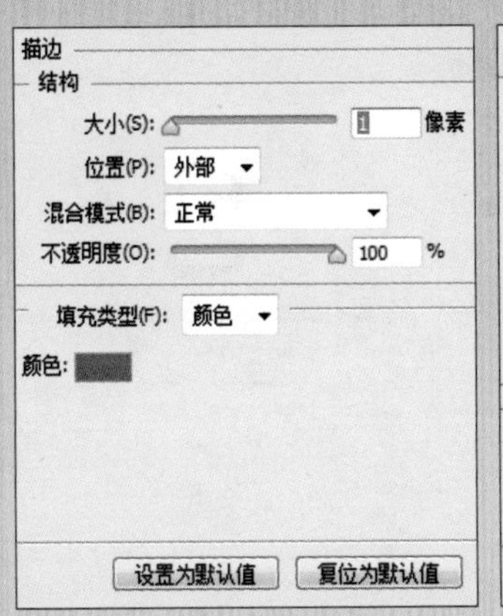

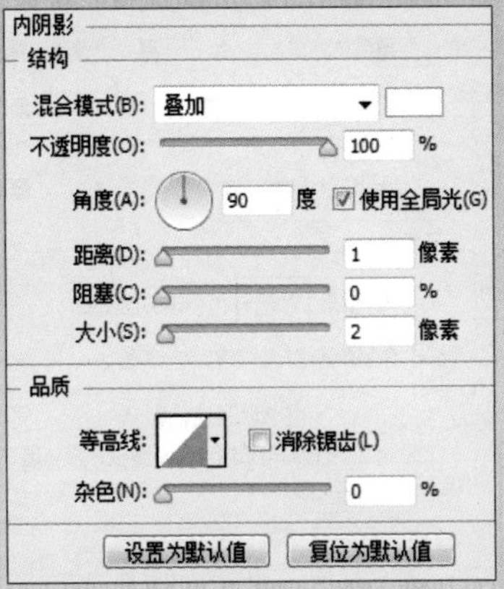

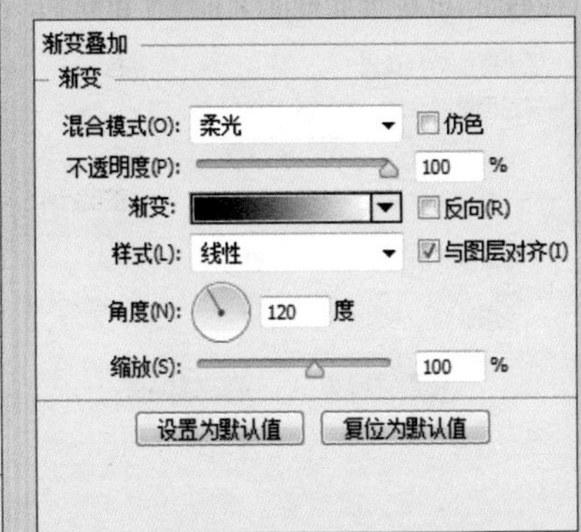

图 5-79 添加图层样式

11 继续添加图层样式并设置相关参数，完成后复制图层，移动并调整其位置，此时的图像效果如图 5-80 所示。

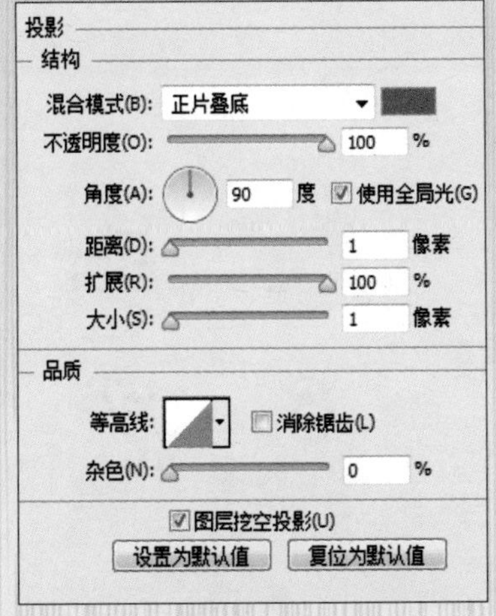

图 5-80 添加图层样式并复制图层

12 像绘制“星星 1”一样，同样使用“多边形工具”绘制形状，如图 5-81 所示。

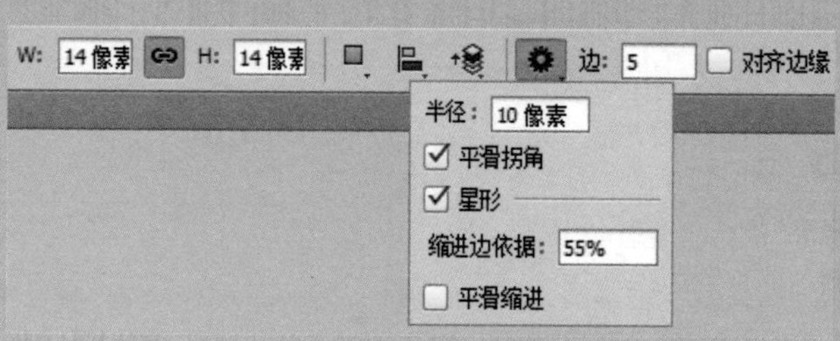

图 5-81 绘制形状

13 给其添加“渐变叠加”和“投影”图层样式，效果如图 5-82 所示。

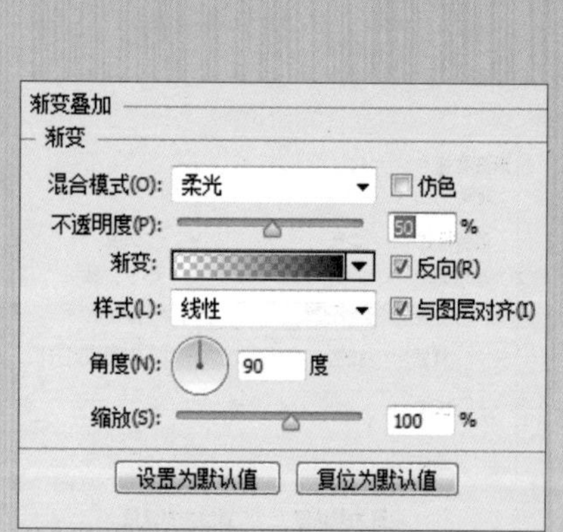

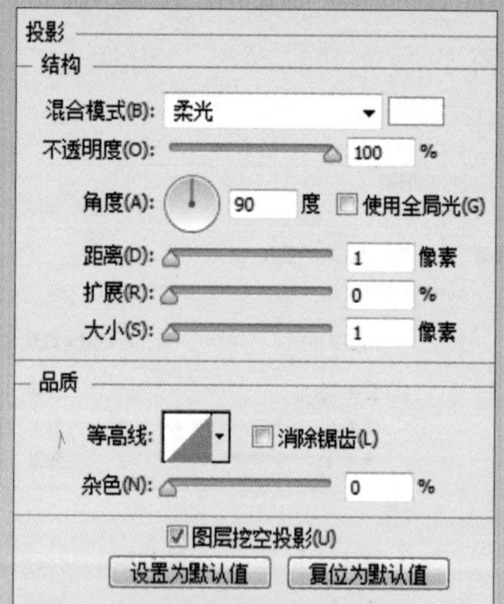

图 5-82 添加图层样式及图像效果

14 为从绘制圆角矩形开始到上一步的图层，创建组，并将其命名为“1”，复制出多个图层组“1”并移动位置，之后调整亮暗星星的排列，如图 5-83 所示。

15 复制图层组“1”，并重命名为“7”，将文字信息改为“7”。文字下方的星星都设置成暗色星星，如图 5-84 所示。

图 5-83 图像效果

图 5-84 改变星星为暗色

16 新建图层，并在“创建新的填充或调整图层”下拉列表中选择“色相 / 饱和度”选项，在“色相 / 饱和度”的“属性”面板中，将“饱和度”调整到最小，同时在“色阶”的“属性”面板中对参数进行调整，此时的图像效果如图 5-85 所示。

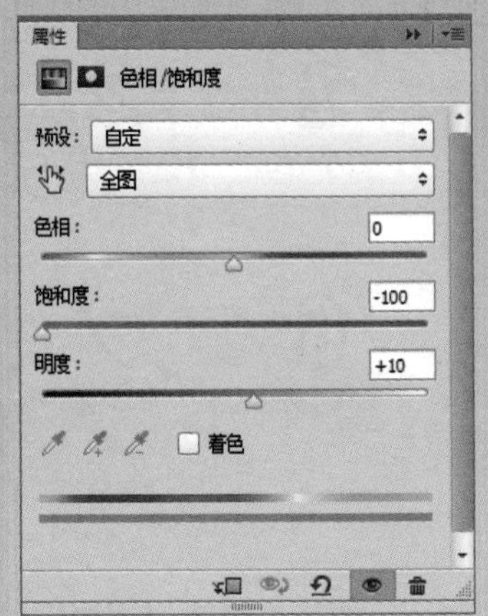

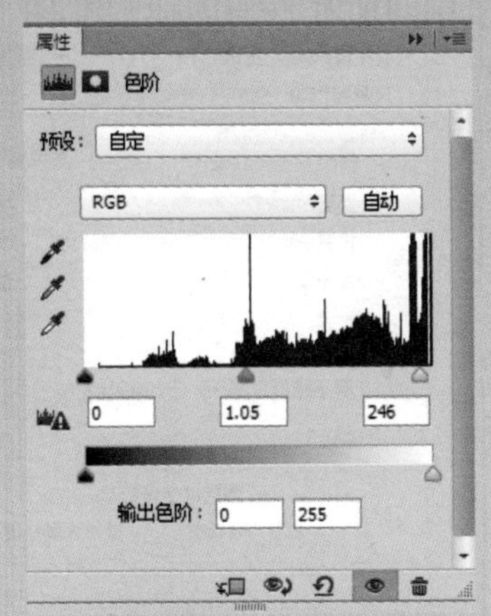

图 5-85 调整“色相 / 饱和度”“色阶”及图像效果

17 使用“钢笔工具”绘制形状，并添加“投影”图层样式，如图 5-86 所示。

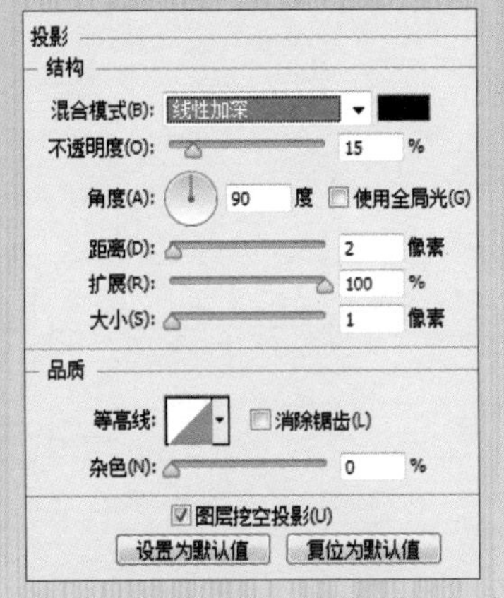

图 5-86 绘制形状并添加图层样式

18 使用“钢笔工具”绘制出锁把，并添加“投影”图层样式，如图 5-87 所示。接着使用“钢笔工具”绘制出锁身，此时效果如图 5-88 所示。

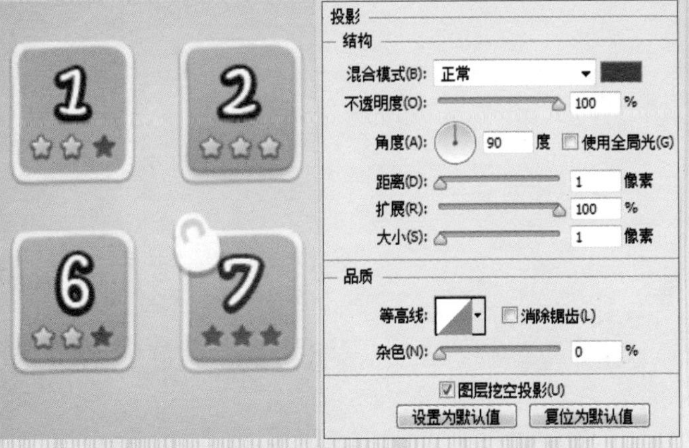

图 5-87 添加图层样式

图 5-88 绘制形状

19 给图层添加“渐变叠加”“投影”图层样式，此时的图像效果如图 5-89 所示。

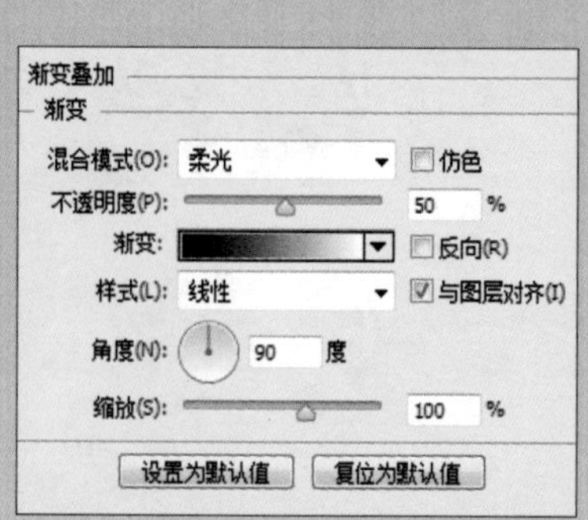

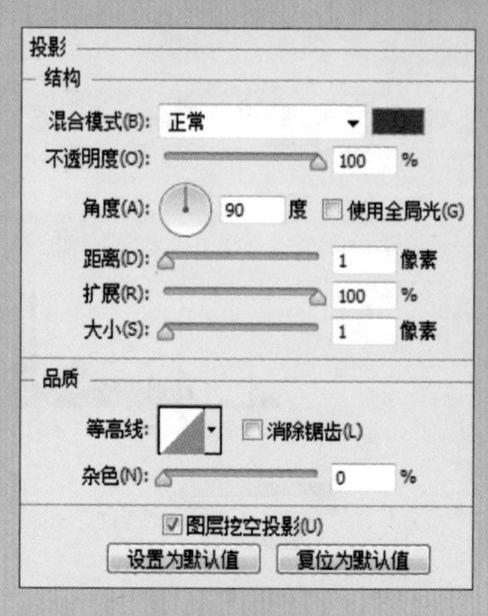

图 5-89 图像效果

20 使用“钢笔工具”结合剪贴蒙版绘制出锁身的亮暗部及高光，继续使用“钢笔工具”绘制出钥匙孔，并添加“投影”图层样式以增强立体感，此时的图像效果如图 5-90 所示。

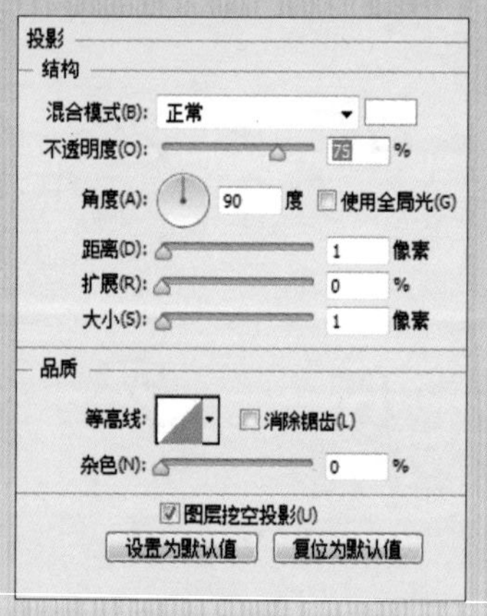

图 5-90 图像效果

21 将图层组“7”复制多个并调整位置和文字信息。此时，图像的效果如图 5-91 所示。使用“钢笔工具”绘制出“游戏关卡”标题栏的形状，如图 5-92 所示。

图 5-91 图像效果

图 5-92 绘制标题栏

22 给形状添加图层样式，如图 5-93 所示。

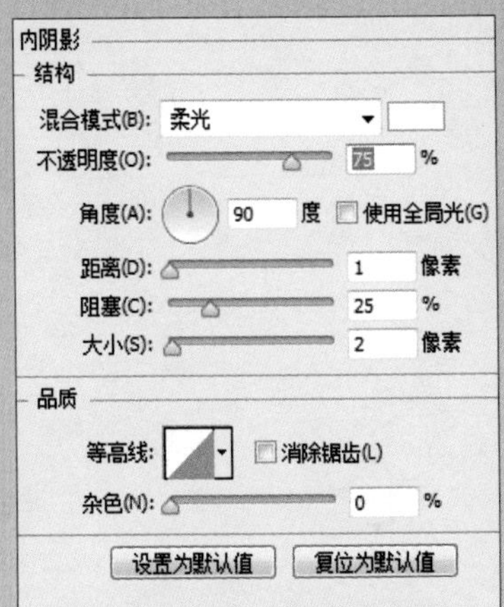

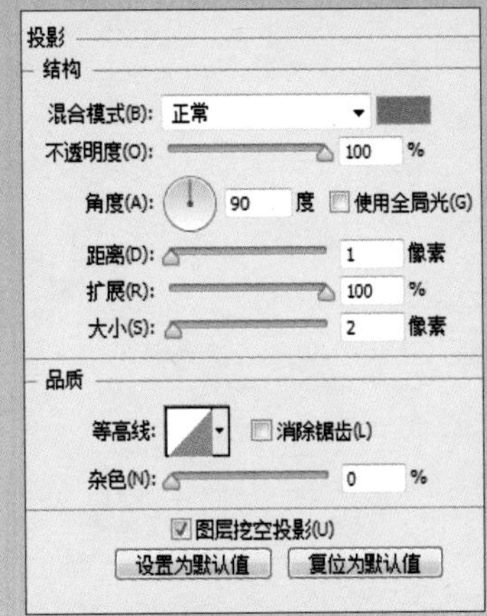

图 5-93 添加图层样式

23 添加图层样式后的标题栏效果如图 5-94 所示。

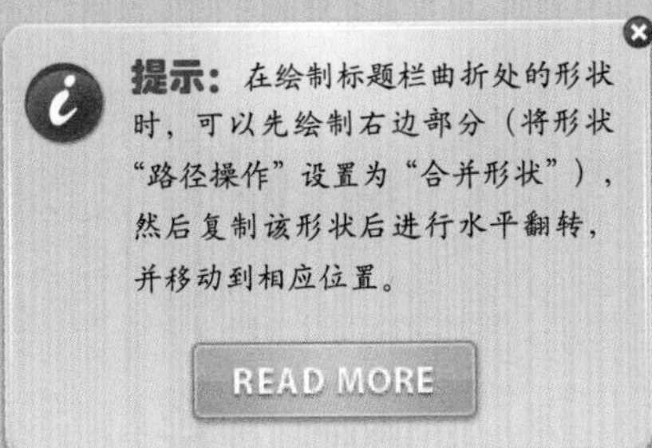

图 5-94 标题栏效果

24 使用“钢笔工具”绘制出标题栏的阴影，将图层的“混合模式”设置为“线性加深”、“填充”为 10%，如图 5-95 所示。

25 使用“钢笔工具”绘制出标题栏的曲折处，并创建剪贴蒙版，效果如图 5-96 所示。

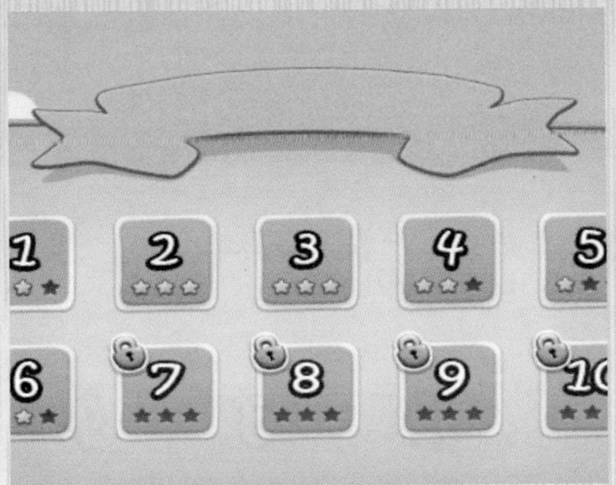

图 5-95 绘制标题栏阴影

图 5-96 图像效果

26 使用“钢笔工具”，设置颜色后绘制出标题栏曲折处的阴影部分，效果如图 5-97 所示。

图 5-97 绘制曲折处阴影

27 给这个图层添加“渐变叠加”图层样式，此时的图像效果如图 5-98 所示。

渐变叠加
渐变
混合模式(O): 正常 仿色
不透明度(P): 100 %
渐变: 反向(R)
样式(L): 线性 与图层对齐(I)
角度(N): -15 度
缩放(S): 100 %
设置为默认值 复位为默认值

图 5-98 添加图层样式及图像效果

28 将上一图层进行水平翻转后移动到相应的位置，效果如图 5-99 所示。使用“横排文字工具”输入文字信息，如图 5-100 所示。

图 5-99 水平翻转并移动

图 5-100 输入文字信息

29 给“游戏关卡”文字创建文字变形，此时的文字效果如图 5-101 所示。

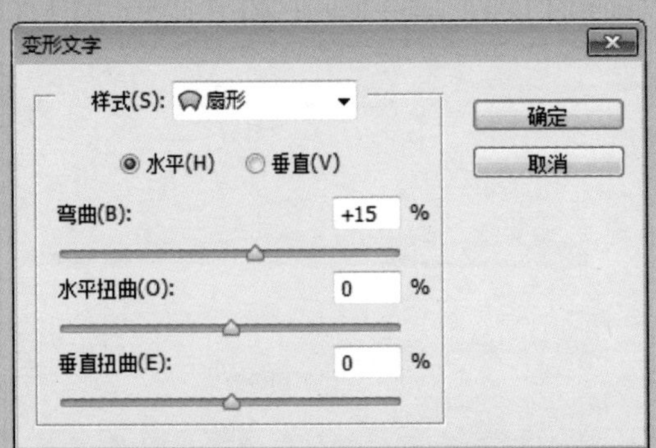

图 5-101 “变形文字”对话框及文字效果

30 给文字图层添加“投影”图层样式，此时的图像效果如图 5-102 所示。

投影
结构
混合模式(B): 正常
不透明度(O): 100 %
角度(A): 90 度 使用全局光(G)
距离(D): 1 像素
扩展(R): 100 %
大小(S): 3 像素
品质
等高线: 消除锯齿(L)
杂色(N): 0 %
图层挖空投影(U)
设置为默认值 复位为默认值

图 5-102 添加图层样式及图像效果

31 使用“椭圆工具”，绘制出一个正圆，添加“斜面和浮雕”“描边”图层样式，如图 5-103 所示。

斜面和浮雕
结构
样式(T): 内斜面
方法(Q): 平滑
深度(D): 100 %
方向: 上 下
大小(Z): 0 像素
软化(F): 1 像素
阴影
角度(N): 90 度
使用全局光(G)
高度: 30 度
光泽等高线: 消除锯齿(L)
高光模式(H): 滤色
不透明度(O): 0 %
阴影模式(A): 线性加深
不透明度(C): 15 %
设置为默认值 复位为默认值

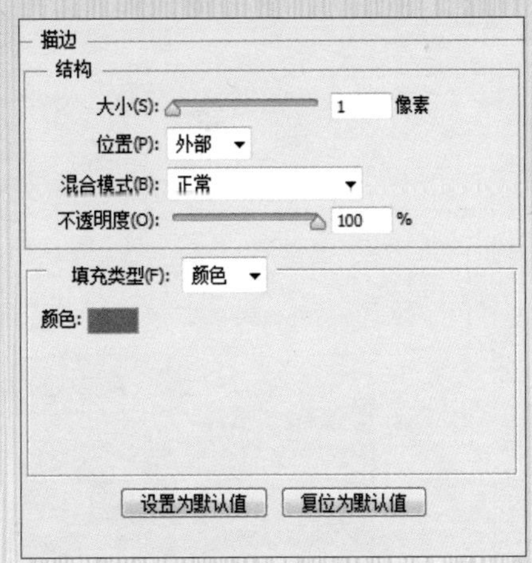

图 5-103 添加图层样式

32 添加图层样式后的图像效果如图 5-104 所示。

图 5-104 图像效果

33 复制上一个正圆，清除图层样式后，调整形状颜色并添加“渐变叠加”图层样式，此时的图像效果如图 5-105 所示。

图 5-105 添加图层样式及图像效果

34 按照之前“游戏开始界面”中绘制按钮的方法绘制出“关闭”“返回”和“上一页”等按钮，如图 5-106 所示。

35 复制“游戏开始界面”文档中的“小猴子”图层，并在此基础上使用“钢笔工具”稍作修改，绘制出本文档中小猴子的形象。至此，本实例制作完成，效果如图 5-107 所示。

图 5-106 绘制按钮

图 5-107 图像效果

5.3. 设计师心得

5.3.1 游戏类 APP UI 设计如何吸引用户

无论是涉及哪一方领域的设计，在其设计过程中都要留意设计对象所面向的消费群体，在 APP UI 设计原则的基础上，根据设计对象本身的特点，坚持“以人为本”才能设计出优秀的作品来吸引用户，因此要特别地重视用户的体验过程。

而在这个过程中，界面所带来的视觉冲击力至少要占 70% 的比例，首先要对颜色进行合理搭配，要能把握住用户的心理。例如，休闲类游戏与策略类游戏在颜色搭配上就有很大的差异，对于两者的玩家对象，前者大多是儿童、青少年和女性，而后者则大多数为男性，因此在颜色方面，前者就应以可爱、粉嫩、活泼等明朗的颜色为主要色块，后者应以沉稳、神秘的冷色调为主，如图 5-108 所示。

图 5-108 不同类型游戏配色的差异

从另一个方面来讲，能打动用户的一个重要因素是界面中对细节的处理，也就是在设计的过程中，完成整体设计后，能够起到画龙点睛作用的小点缀，它不仅能够增加画面的层次感，而且还能提升用户玩耍的乐趣。不过在这里一定要谨慎，因为一不小心，就会变得多此一举，甚至是适得其反，破坏整个设计。

这些细节不仅可以从大小及精致度上进行区分，有意识地在形态及颜色上进行改变也是设计中经常用到的，如图 5-109 所示。

图 5-109 不同界面的细节处理

游戏类 APP 设计，还要考虑到设计的目的是可以让用户在娱乐的过程中放松心情，减少压力。因此在设计的同时，要将游戏形象及其表情、游戏的声音等相结合，来达到用户能够享受游戏的体验过程，如图 5-110 所示。当然最重要的一点是游戏后期的程序设计能够有意思，让用户有好感，才能在这个竞争激烈的 APP 市场中立于不败之地。

图 5-110 不同游戏界面的画面效果

5.3.2 游戏中的那些按钮

在玩游戏的过程中，总会看到那些各式各样的按钮，这些按钮，没有一个是随意搁置，没有功能性的。由于移动端的尺寸限制，和 PC 端上的游戏相比，画面的尺寸有限制性，在有限的画面中设计出既丰富细致又清楚明了的界面，在 APP 设计过程中需要进行仔细的思量与反复的修改才能保证设计更加优秀。

游戏中的按钮一般分为以下几种：

- “进入”按钮：也就是“开始游戏”按钮，一般出现在启动界面的开始界面，主要是引导用户进入游戏的主页面。在设计时，要在不破坏界面美观性的前提下，尽可能地把按钮放大，这样才会凸显出来，如图 5-111 所示。

图 5-111 进入按钮

- “返回”按钮：出现在除了启动界面及开始界面以外的界面上，是游戏中不可缺少的按钮。主要位于画面中的四角区域，相似的按钮主要有“关闭”按钮、“菜单”按钮及“设置”按钮，如图 5-112 所示。

图 5-112 “返回”“关闭”等按钮

- “关卡”按钮：出现在关卡界面，主要是作为玩家用户的游戏指南，同时“关卡”按钮的设计需要进行多方位的思考，由于游戏的长远性发展的特征，因此要做到“关卡”按钮无论是在颜色上还是在形状上，都能广泛地应用于各个场景或背景中。两者相结合，既和谐，又丰富，如图 5-113 所示。

图 5-113 各种“关卡”按钮

“设置”按钮：一般出现在开始界面、关卡界面及游戏界面中，主要以展开按钮的形式出现，其中包含“声音”按钮，以及“声效”按钮，如图 5-114 所示。

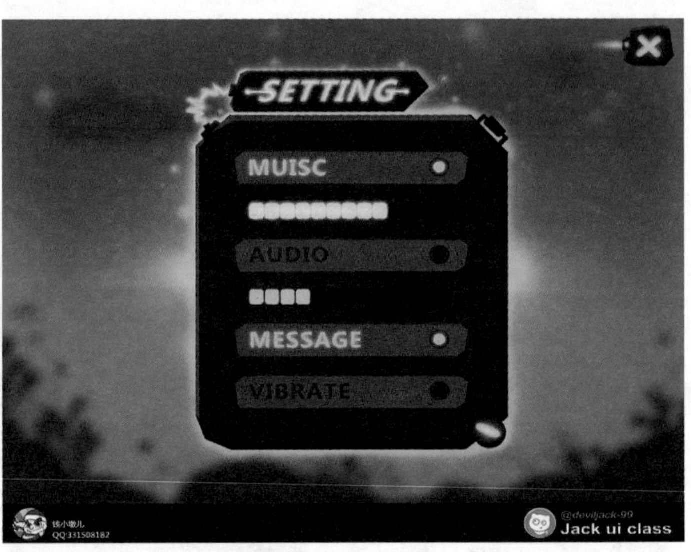

图 5-114 各种“设置”按钮

第6章

音乐类APP UI设计

相信在很多人的手机中都有一款音乐类应用，音乐已经是大部分人生活中必不可少的一部分，随时随地享受音乐是大家共有的诉求。优秀的音乐 APP 界面设计是视觉 + 听觉的双重享受。

本章将介绍音乐类 APP UI 的设计，在进行 APP 界面的制作之前需要进行准备与规划工作，包括素材准备、界面布局规划、确定风格与配色。

6.1 设计准备与规划

在进行 APP 界面的制作之前需要进行准备与规划工作，包括素材准备、界面布局规划、确定风格与配色。

6.1.1 素材准备

准备素材是 APP UI 设计的重要一步，APP UI 设计师平常可以收集相关的 APP 进行参考借鉴，从优秀的界面中获取灵感，然后提炼总结出自己的设计方案。如图 6-1 所示为收集的音乐类 APP。

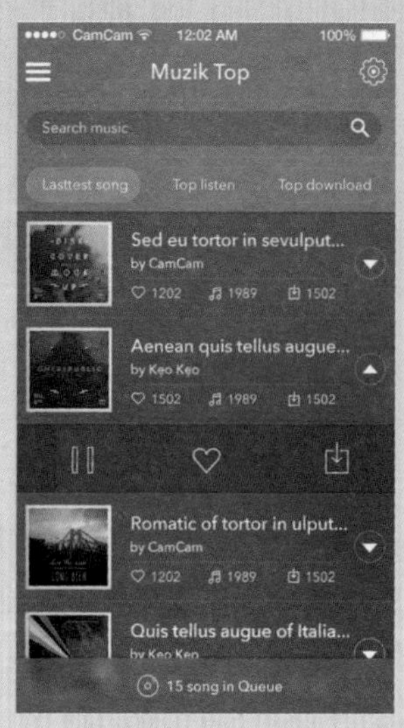

图 6-1 参考素材

本章绘制的音乐类 APP 界面需要的素材包括歌手照片、用户头像等素材，如图 6-2 所示。

图 6-2 照片素材

6.1.2 界面布局规划

一款音乐 APP 根据用户的诉求，应该具备音乐播放功能、音乐列表等基本内容。除此之外，还应该有设置界面、登录、注册界面等方便用户使用的界面。本章挑选出 3 个界面进行制作讲解，分别为音乐播放界面、本地音乐列表界面和用户注册界面。首先对 3 个界面的布局进行规划，确定大致版式，方便后面具体内容的添加，如图 6-3 所示。

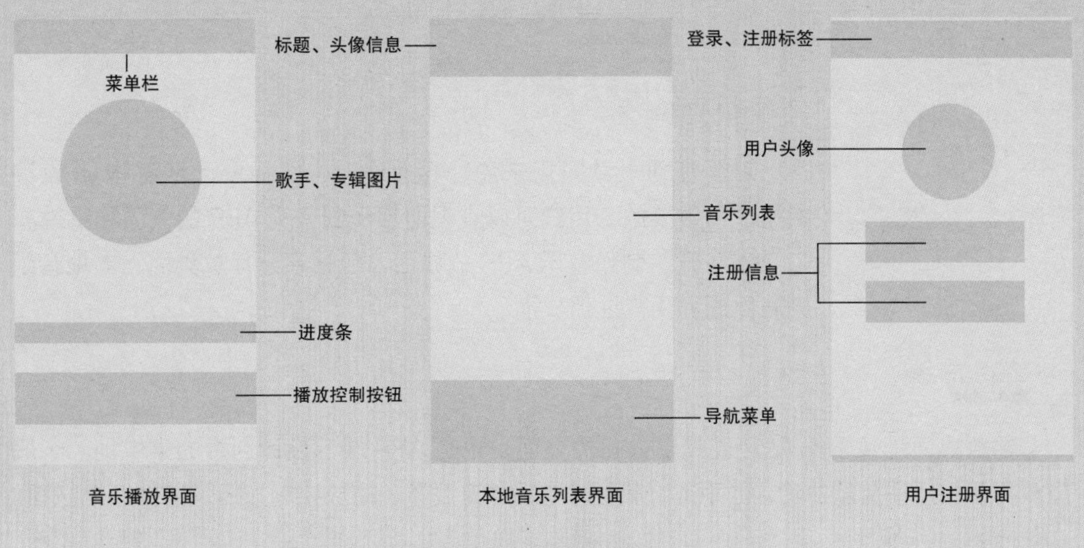

图 6-3 界面布局规划

6.1.3 确定风格与配色

本实例将要制作的音乐类 APP UI 为扁平化风格，界面风格简洁、清新。天蓝色给人一种干净、平和、舒适的感觉，如图 6-4 所示。蓝色常与黄色系、红色系进行搭配，如图 6-5 所示。天蓝色能舒缓压力，用于音乐界面中十分恰当。本实例定位使用人群为年轻时尚一族，也采用受大多数男女所喜爱的天蓝色作为主色调，降低蓝色的饱和度，获得更好的视觉感受。使用对比色系粉色为点睛色、黄色为辅助色，再以白色与灰色为调和色，把握颜色的比例，能使界面给人干净、舒适的感觉。调整主色调的色彩，可以获得更多蓝色，如图 6-6 所示。

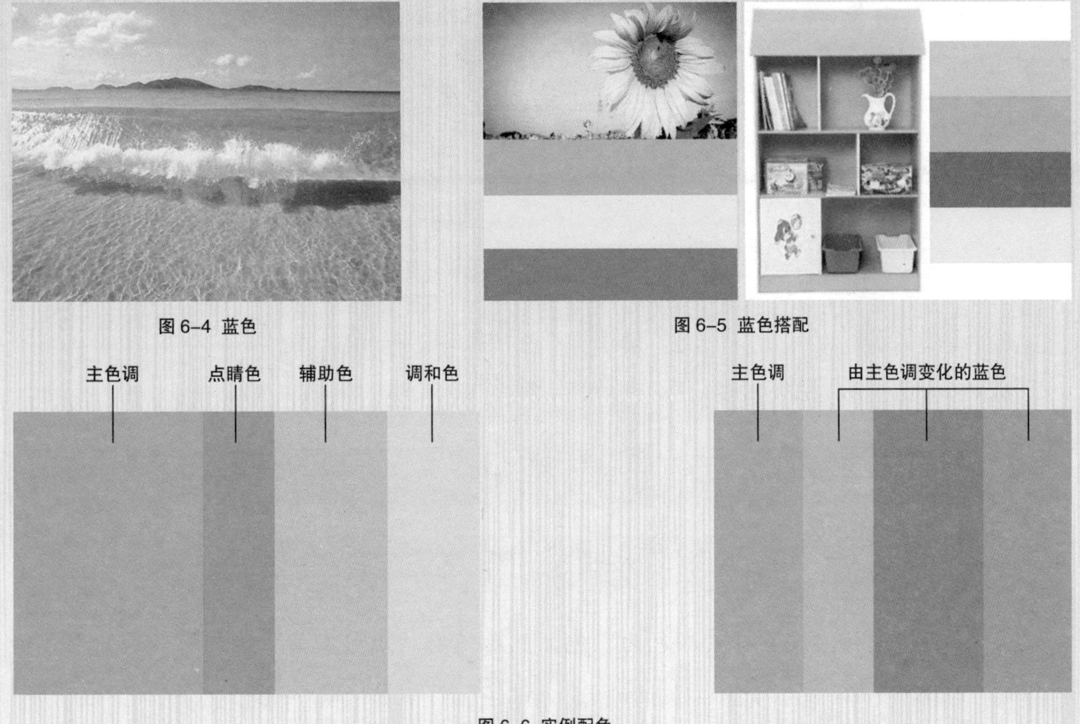

图 6-4 蓝色

图 6-5 蓝色搭配

图 6-6 实例配色

6.2 界面制作

对于任何一款应用来说，界面设计、图标设计至整体 UI 设计都是非常重要的，用户可以直观地感受到整个 APP 的气质和特性。

本节开始制作音乐 APP 的界面，包括音乐播放界面、本地音乐列表界面和用户注册界面。

6.2.1 音乐播放界面

播放界面是音乐类 APP 最具个性化的页面，也是 APP 展示设计创意的集中地。一般播放界面包括播放歌曲名、歌手或专辑图片、播放进度条、播放控制按钮及其他菜单按钮。

设计思路

本节要制作的是音乐播放界面，主要表现简洁风格，通过精简界面内容，并对重要信息进行放大或通过颜色处理来表现主次。歌手 / 专辑图占界面很大的空间，十分抢眼；播放进度条以简单的矩形条显示，不加任何装饰，仅通过粉色的滑块来突出显示当前播放进度；主要操作按钮以横条的形式铺在页面下方，设置背景为白色，对比鲜明；对其他信息进行弱化处理。如图 6-7 所示为制作流程。

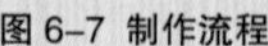

图 6-7 制作流程

制作步骤

知识点	图层混合模式、剪贴蒙版、“描边”图层样式
光盘路径	第 6 章 \6.2.1 音乐播放界面

01 新建文档，设置背景颜色为蓝色，然后使用“矩形工具”绘制深蓝色矩形，如图 6-8 所示。

02 使用“矩形工具”绘制矩形，设置图层的“混合模式”为“叠加”、“不透明度”参数为20%，如图6-9所示。

03 使用“椭圆工具”绘制正圆，添加素材图片并创建剪贴蒙版，并将两个图层向下移动一层，如图6-10所示。

图6-8 绘制矩形

图6-9 绘制矩形

图6-10 添加素材

04 双击椭圆图层，打开“图层样式”对话框，为图层添加“描边”图层样式，如图6-11所示。

05 单击“确定”按钮关闭对话框，确定后的图像效果如图6-12所示。在上方绘制图标并输入标题文字，如图6-13所示。

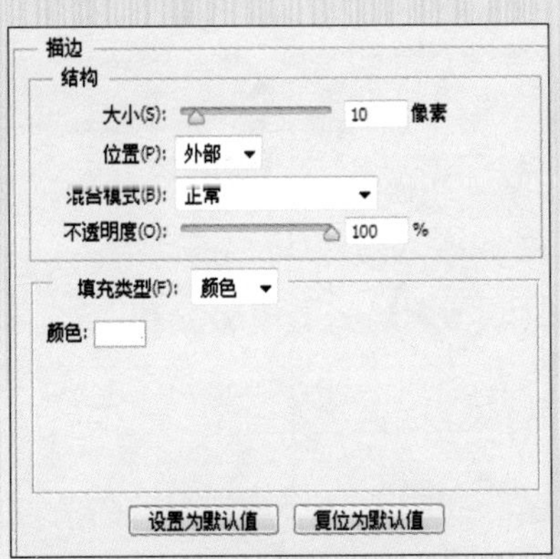

图6-11 添加“描边”图层样式

图6-12 图像效果

图6-13 绘制图标并输入文字

06 绘制矩形，并在左右两侧输入文字，作为播放进度条，如图 6-14 所示。绘制白色矩形作为按钮组的背景，然后绘制播放控制按钮，如图 6-15 所示。在最下方绘制 3 个图标，即完成了播放界面的绘制，如图 6-16 所示。

图 6-14 绘制播放进度条

图 6-15 绘制播放控制按钮

图 6-16 完成绘制

6.2.2 本地音乐列表界面

音乐列表界面一般使用横条排列结构，简单清楚。通常还会添加一些相关的按钮，包括播放控制、社交分享等。

设计思路

本实例制作的音乐列表界面使用传统的列表结构。列表以白灰色相间来区分。中间展开的歌曲菜单使用黄色以在列表中突出显示。列表前使用统一的图标，对当前播放歌曲和选中歌曲的图标进行修改，便于使用者区分。底部导航为 3 个菜单，为体现其重要性，菜单图标与文字都相对较大。选中的菜单为蓝色，其他为灰色，整个界面色调看起来很舒服，整体性较强。如图 6-17 所示为本实例的制作流程。

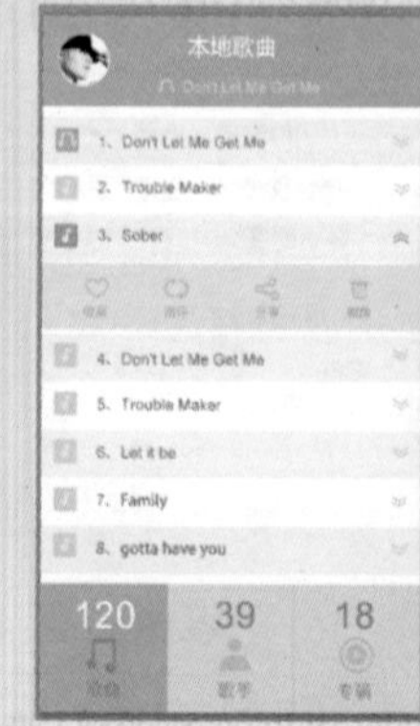

图 6-17 制作流程

制作步骤

知识点	图层样式、路径操作、复制与排列
光盘路径	第 6 章 \6.2.2 本地音乐列表界面

01 新建空白文档，在上方和下方各绘制一个矩形，如图 6-18 所示。使用“椭圆工具”绘制正圆，并将素材拖入文档，创建剪贴蒙版，如图 6-19 所示。选择椭圆图层，双击打开“图层样式”对话框，设置“描边”图层样式，如图 6-20 所示。

图 6-18 绘制矩形

图 6-19 绘制圆并添加素材

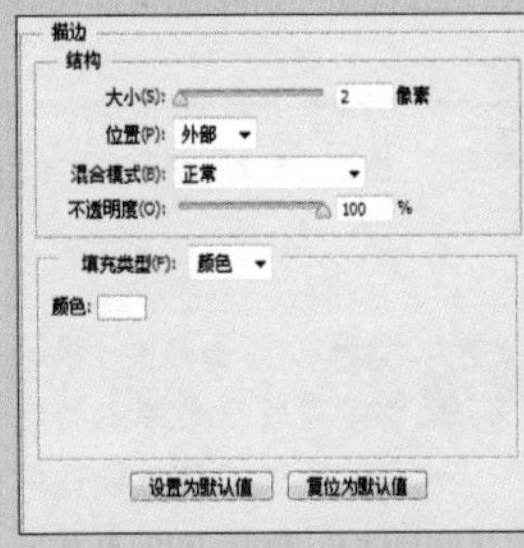

图 6-20 设置“描边”图层样式

02 单击“确定”按钮关闭对话框，图像效果如图 6-21 所示。

图 6-21 图像效果

03 使用“横排文字工具”输入文字，如图 6-22 所示。

图 6-22 输入文字

04 使用“圆角矩形工具”绘制两个圆角矩形，设置上面一个圆角矩形的“路径操作”为“减去顶层形状”，然后使用“椭圆工具”再次绘制两个圆角矩形，如图 6-23 所示。

05 设置图形和文字图层的“不透明度”参数均为 60%，效果如图 6-24 所示。

图 6-23 绘制形状

图 6-24 设置“不透明度”后的效果

图 6-25 绘制矩形

06 使用“矩形工具”绘制矩形，设置填充颜色为蓝色，如图 6-25 所示。使用绘图工具绘制图标，如图 6-26 所示。

图 6-26 绘制图标

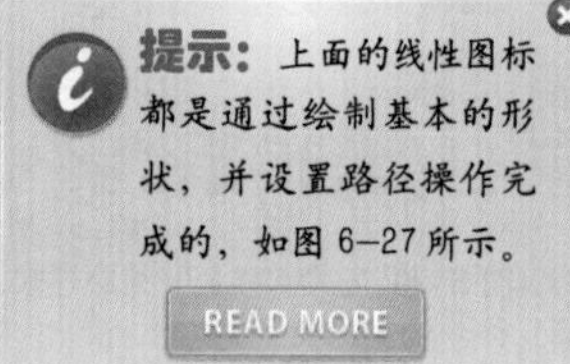

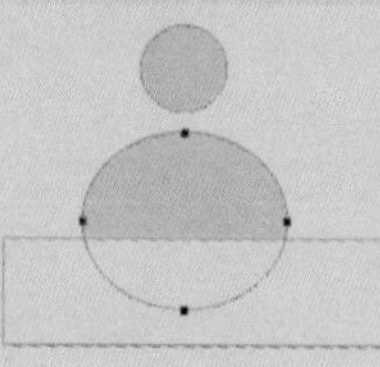

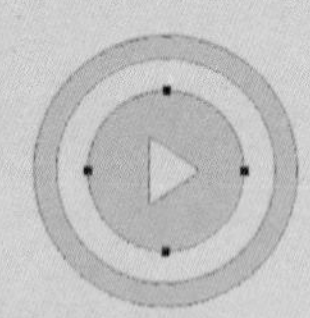

图 6-27 路径操作结果

07 使用“横排文字工具”输入文字，如图 6-28 所示。使用“矩形工具”绘制矩形，复制多个矩形并进行排列，如图 6-29 所示。使用“横排文字工具”输入文字，如图 6-30 所示。

图 6-28 输入文字

图 6-29 绘制矩形并复制

图 6-30 输入文字

08 使用“圆角矩形工具”绘制圆角矩形，并绘制耳机形状，如图 6-31 所示。

09 复制圆角矩形，修改颜色，绘制音乐符号形状，如图 6-32 所示。

图 6-31 绘制图形

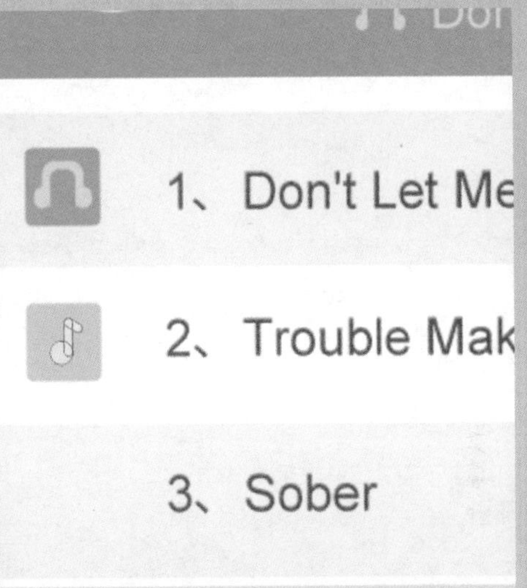

图 6-32 绘制图形

10 复制多个音乐符号形状和圆角矩形的组合，并调整位置，如图 6-33 所示。在右侧绘制向下的箭头图标，如图 6-34 所示。复制图标，并修改颜色与方向，如图 6-35 所示。

图 6-33 复制图形并调整位置

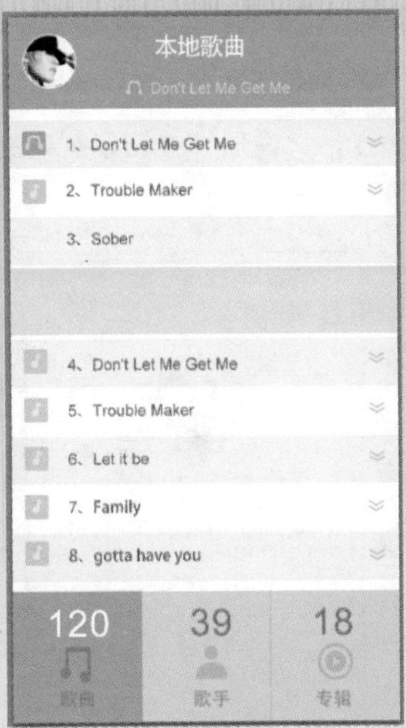

图 6-34 绘制箭头

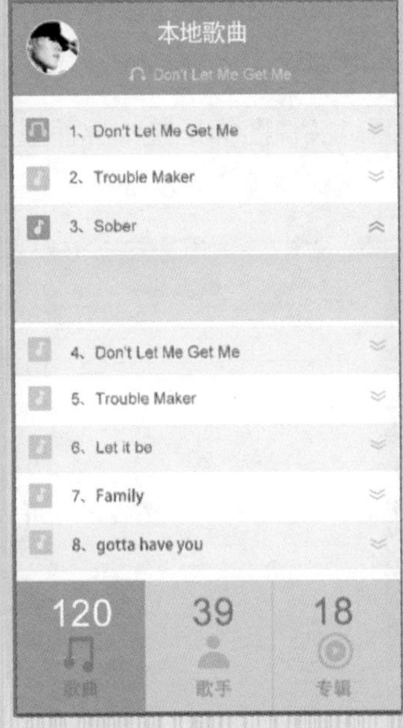

图 6-35 复制图标并修改颜色与方向

11 使用绘图工具绘制图标，如图 6-36 所示，完成界面的制作，如图 6-37 所示为完成效果。

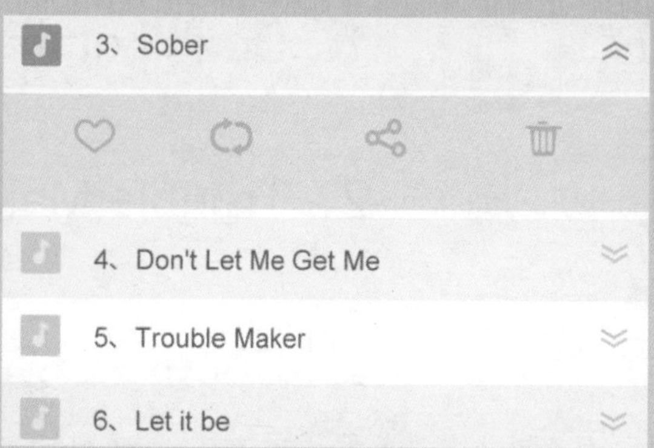

图 6-36 绘制图标

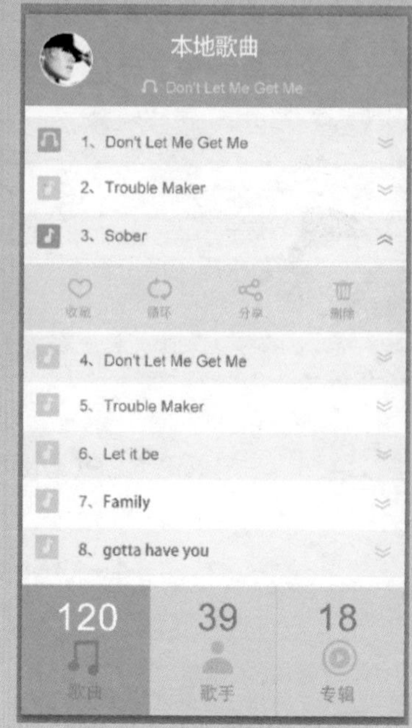

图 6-37 完成的效果

6.2.3 用户注册界面

用户登录与注册界面在前面已经介绍过，通常两个界面的内容都不会很多，一般为头像、用户名、密码、注册按钮等。

设计思路

本实例制作的是注册界面，界面布局十分简洁，简单的文字 + 图标就表达了界面的主题。头像图标是整个界面中的亮点，“注册”按钮以鲜明的黄色作为吸引点击的手法，制作流程如图 6-38 所示。

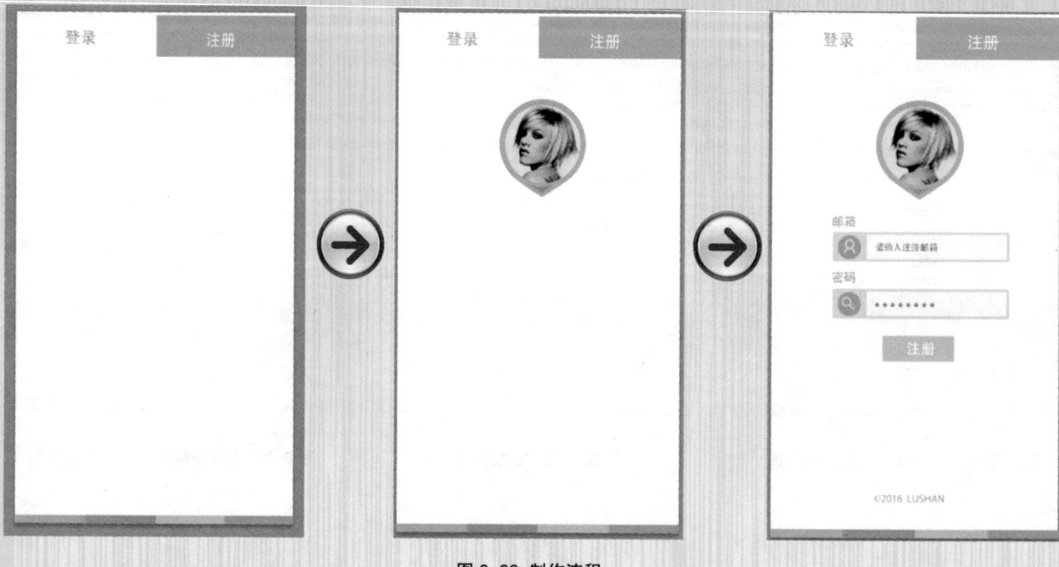

图 6-38 制作流程

制作步骤

知识点	多种绘图工具、剪贴蒙版
光盘路径	第 6 章\6.2.3 用户注册界面

01 新建文档，在文档上方使用“矩形工具”绘制矩形，使用“横排文字工具”输入文字，如图 6-39 所示。在下方绘制矩形，并复制 3 个，然后修改颜色，如图 6-40 所示。

图 6-39 绘制矩形并输入文字

图 6-40 绘制矩形并复制

02 使用绘图工具绘制图形，使用“椭圆工具”绘制正圆，如图 6-41 所示。

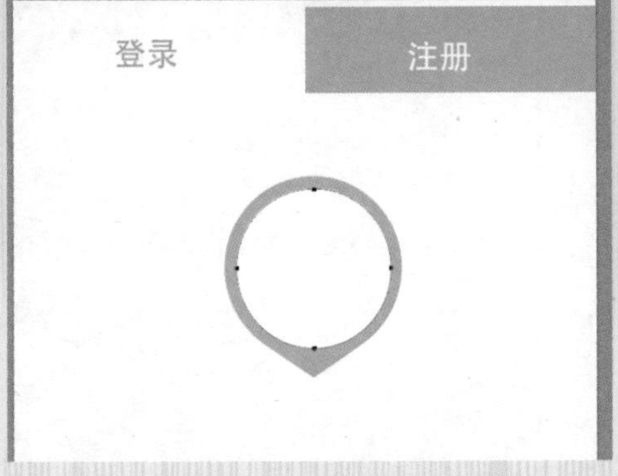

图 6-41 绘制图形

03 添加素材图片，并创建剪贴蒙版，如图 6-42 所示。

图 6-42 添加素材

04 使用绘图工具绘制图形，如图 6-43 所示。

图 6-43 绘制图形

05 使用“圆角矩形工具”绘制圆角矩形，如图 6-44 所示。

图 6-44 绘制圆角矩形

06 使用“圆角矩形工具”绘制圆角矩形，使用“椭圆工具”绘制正圆，如图 6-45 所示。使用绘图工具绘制图标，如图 6-46 所示。

图 6-45 绘制圆角矩形与正圆

图 6-46 绘制图标

07 使用“横排文字工具”输入文字，如图 6-47 所示。继续绘制圆角矩形，并输入文字，完成注册界面的绘制，如图 6-48 所示。

图 6-47 输入文字

图 6-48 完成绘制

6.3.1 Android 界面的点九切图

设计师经常会做一个俗称“点九”的切图，什么是“点九”呢？“点九”是 Android 平台处理图片的一种特殊形式，由于文件的扩展名为“.9.png”，所以被称为“点九”。“点九”也是在 Android 平台多种分辨率需适配的需求下，发展出来的一种独特的技术。它可以将图片横向和纵向随意进行拉伸，而保留像素精细度、渐变质感和圆角的原大小，实现多分辨率下的完美显示效果，同时减少不必要的图片资源，可谓切图利器。

相当于把一张 PNG 图分成了 9 个部分（九宫格），分别为 4 个角、4 条边，以及一个中间区域，如图 6-49 所示。4 个角是不做拉伸的，所以还能一直保持圆角的清晰状态，而两条水平边和垂直边分别只做水平和垂直拉伸，所以不会出现边被拉粗的情况，只有中间用黑线指定的区域做拉伸，结果是图片不会走样。

智能手机中有自动横屏的功能，同一幅界面会随着手机（或平板电脑）中方向传感器的参数不同而改变显示的方向，在界面改变方向后，界面上的图形会因为长宽的变化而产生拉伸，造成图形的失真变形。

图 6-49 分成了 9 个部分

Android 平台有多种不同的分辨率，很多控件的切图文件在被放大拉伸后，边角会模糊失真。在 Android 平台下使用点九切图技术，可以将图片同时进行横向和纵向拉伸，以实现在多分辨率下的完美显示效果。

如图 6-50 所示，普通拉伸和点九拉伸效果对比很明显，使用点九切图后，仍能保留图像的渐变质感和圆角的精细度。

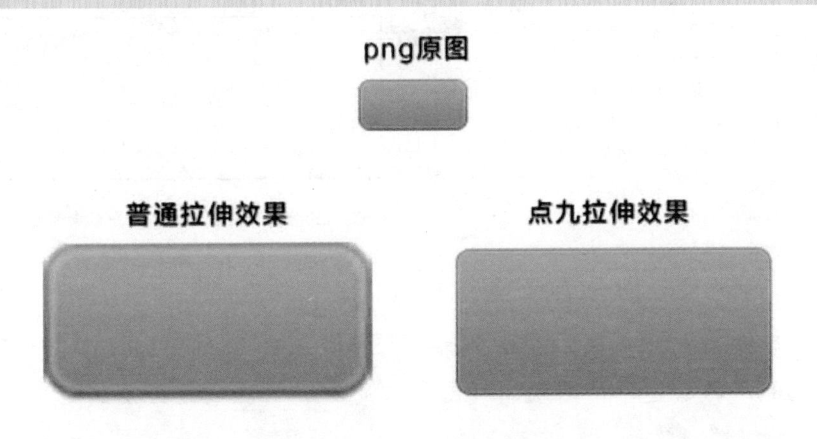

图 6-50 拉伸对比

了解了点九切图的原理，下面来学习点九切图的绘制方法。

01 打开绘制好的图形，使用“裁剪工具”沿着图片边缘裁剪，如图 6-51 所示。执行“图像”|“画布大小”命令，如图 6-52 所示。

图 6-51 裁剪后

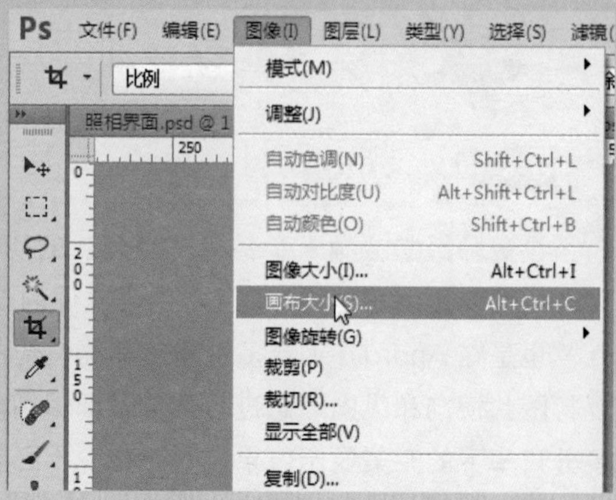

图 6-52 执行“图像”|“画布大小”命令

02 弹出对话框，将宽度和高度均增加 2 像素，如图 6-53 所示。确定后效果如图 6-54 所示。

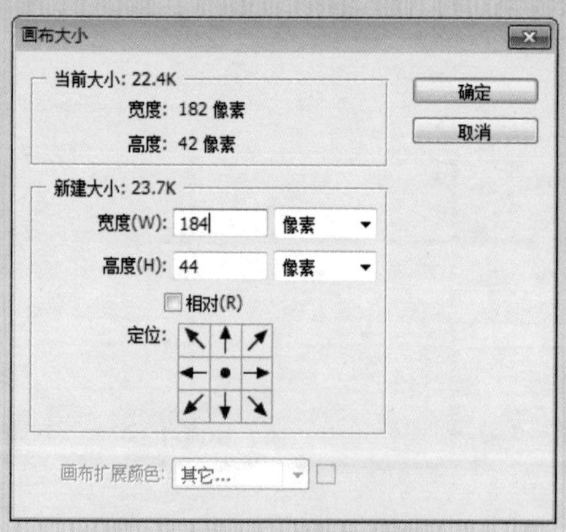

图 6-53 修改画布大小

图 6-54 确定后效果

03 查看图中的可拉伸区域，即不包括圆角、光泽等特殊区域的区域，如图 6-55 所示。

提示： 如果不能确定某一区域是不是可拉伸区域，可以在绘制之前将图片该部分拉伸一下试试，如果图片出现了失真的变化，该区域就是不可拉伸区域。

READ MORE

图 6-55 可拉伸区域

04 设置前景色为黑色，选择“画笔工具”后设置画笔大小为 1 像素，硬度为 100%，再新建一个图层，对图片四周的透明区域进行绘制填充，如图 6-56 所示。

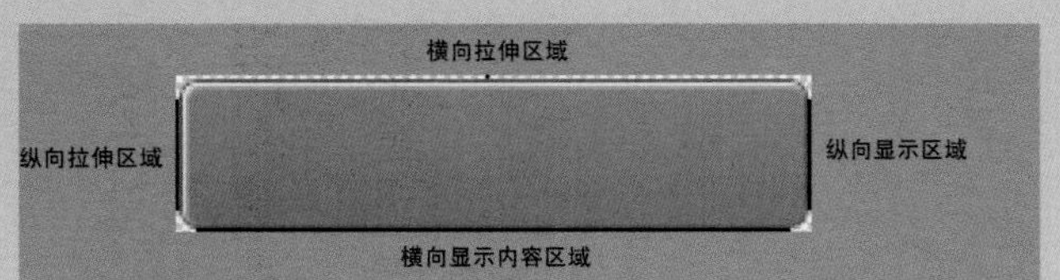

图 6–56 绘制效果

> **提示：** 上部为横向可拉伸区域，左侧为纵向可拉伸区域，这两个部分按照可拉伸区域的特点确定黑色条纹的长短，下方为横向内容区域，右侧为纵向内容区域，内容区域是指如果这个按钮是个窗口，右下两区域延伸成为的长方形就是可以显示内容的区域。
>
> READ MORE

> **提示：** 手绘的黑线拉伸区颜色必须是 #000000、透明度为 100%，并且图像四边不能出现半透明像素。否则图片不会通过 Android 系统编译，导致程序报错。
>
> READ MORE

05 执行“文件”|“存储为 Web 所用格式”命令，在打开的对话框中设置优化格式为“png-24”，如图 6–57 所示。

06 单击“存储”按钮，在打开的对话框中设置文件名称，其扩展名为 .9.png，如图 6–58 所示，最后单击“保存”按钮即完成了点九的绘制。

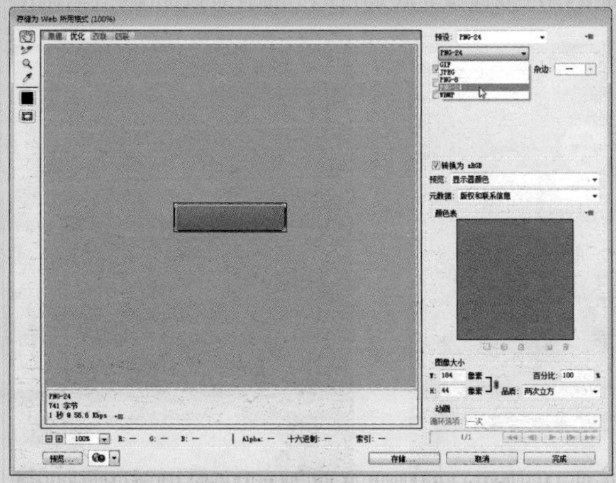

图 6–57 设置优化格式

图 6–58 修改文件名称

6.3.2 常见的 APP 登录界面分析

下面介绍常见 APP 登录界面。

1. 模糊背景

模糊背景的运用可以更好地衬托颜色，不仅让整个网站显得更加人性化，并且在很大程度上烘托出网站所要表现的氛围，为整个视觉提供更好的体验。如图 6–59 所示的登录界面，在模糊的背景上面用极简的图标与细线来设计，背景图的色调与按钮的颜色很有心地挑选了同一色系，让界面融洽地结合成一个整体。

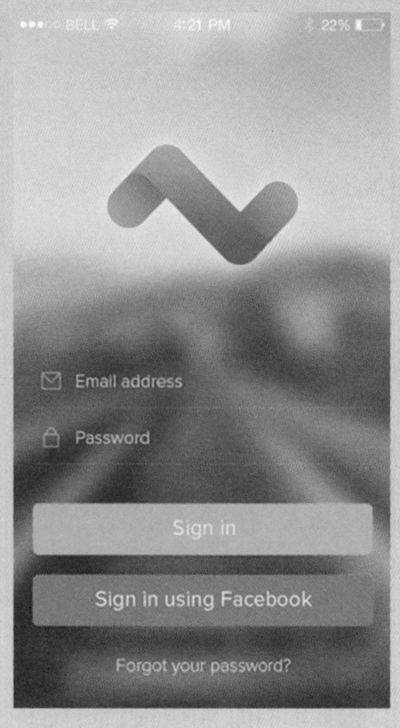

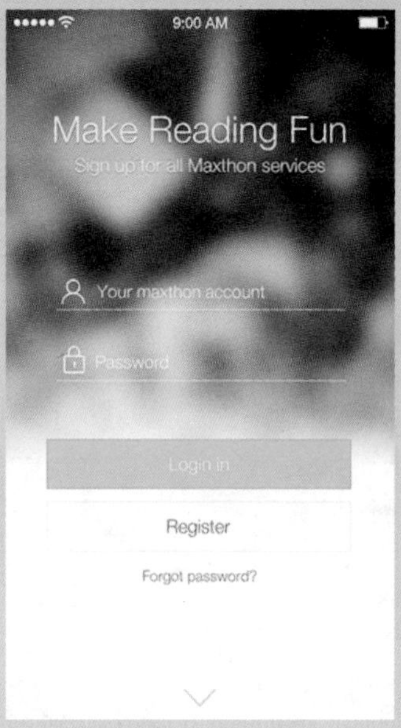

图 6-59 模糊背景

2. 暗色调背景

如图 6-60 所示，当我们一眼看到实例时，明亮的输入框吸引了所有用户的注意力。暗调处理过的背景图使登录的表单成了页面的视觉中心，没有任何东西可以分散用户的注意力。这不仅是优质的感官体验，更是舒适的用户体验。

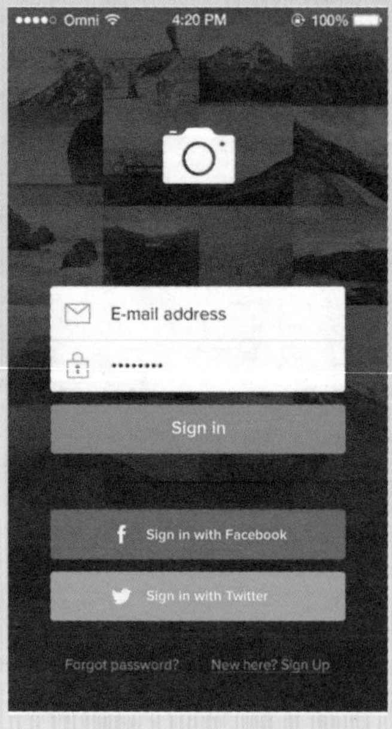

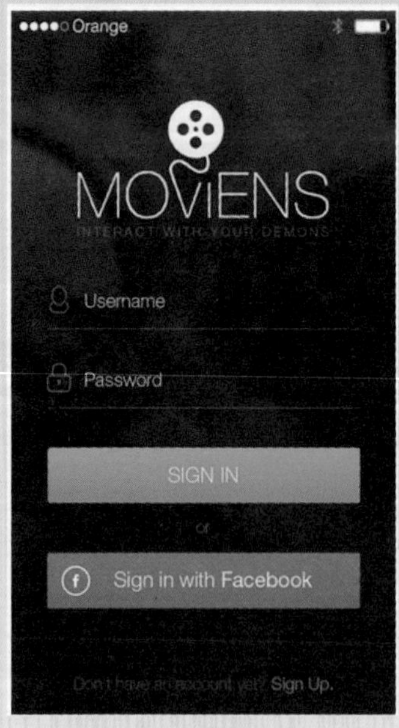

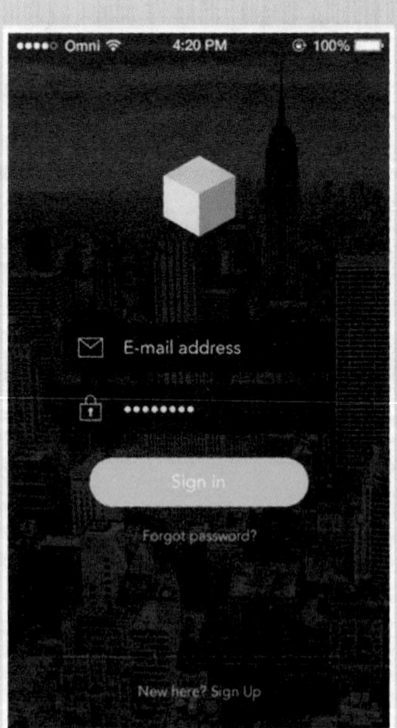

图 6-60 暗色调背景

3. 扁平化的纯色背景

扁平化的纯色背景在 APP 登录界面中的应用十分多。基本样式也许显得单调无聊，但是如果在色彩上精心搭配，扁平化的登录界面将变得活泼俏皮起来，如图 6-61 所示。

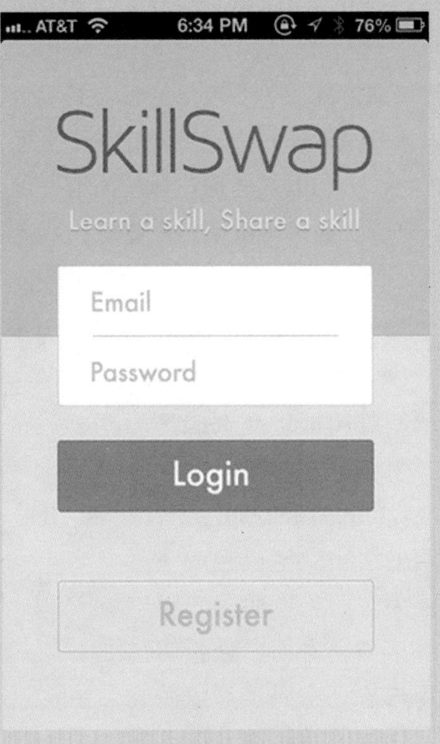

图 6-61 扁平化的纯色背景

4. 清晰的视觉纵线

人的浏览视线一般呈“L”形，意指从上到下，从左至右。而设计登录界面很注重对用户的引导作用，当一个界面没有过多的强调元素时，那么界面的视觉浏览顺序符合“L”形规律就基本符合用户的心理预期。那么，用户就不用过多思考和寻找，能简单高效地执行完表单项的填写和提交，如图 6-62 所示。

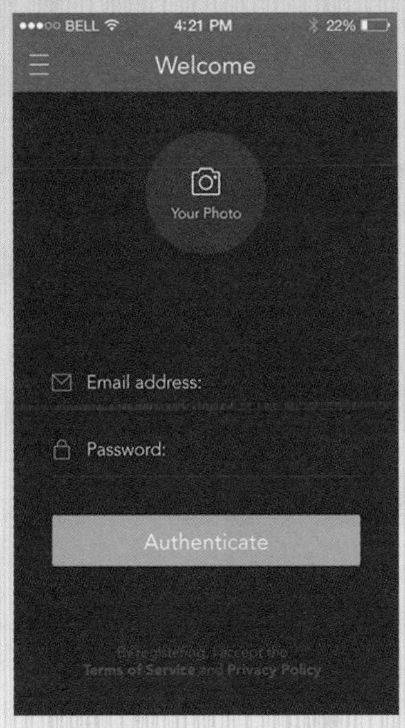

图 6-62 清晰的视觉纵线

5. 注重用户体验设计

登录和注册表单的使用率非常高，一个表单的设计其实也不是简单的事情，用户体验是必须要考虑的事情。有的喜欢把注册和登录都放在一个页面，有的喜欢用 AJAX 无刷新效果来展示，花样很多，总之，一切以最佳用户体验为出发点。设计永无止境！哪怕是一个注册表单，也值得再细心研究。如果不重视用户体验，就会导致网站流失大量用户。

⊕ 减少用户输入。

一般说来，注册表中每增加一个字段，注册率就会相应地下降。

用户在注册时被要求填写邮箱地址两次或重复输入密码是非常麻烦的，特别是在手机上。其实用户一般都会使用自己的常用邮箱和密码注册，所以不那么容易忘记。采用输入一次密码完成注册更符合人们的期望，但是为了防止密码输入和用户的预期密码不同，可以采用允许用户查看明文密码的方式。假设哪天用户忘记密码了可以通过邮箱找回，若多此一举让用户填写两次反而更容易导致用户流失，如图 6–63 所示。

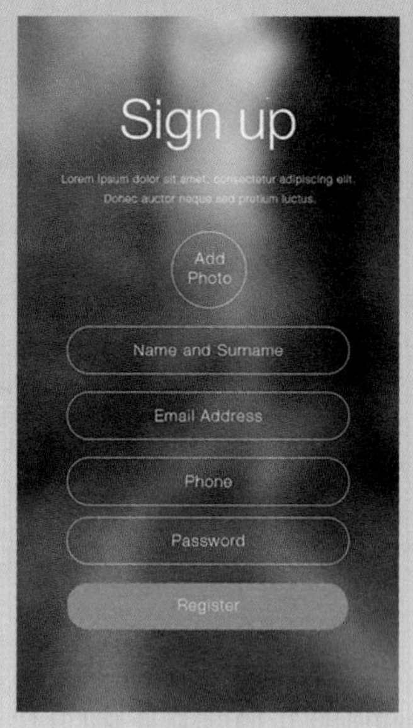

图 6–63 减少用户输入

⊕ 信息化注册提示。

为终端用户提供有效的信息提示是用户体验设计中的最好方式，尤其是在用户注册填写信息具有多个输入域，而在需要填写的字段互相之间可能会产生歧义的时候，这些消息提示可以减少用户的思考和猜测时间。提示信息的展现形式有多种，可以在页面的顶部闪烁小便签，或是让隐藏起来的消息以气泡框的形跳出。

设计表现赋予注册表单以特质，而界面设计正是用户所感受到的体验。更多的提示可以防止用户因为输入错误而需要进行再次输入，如图 6–64 所示。

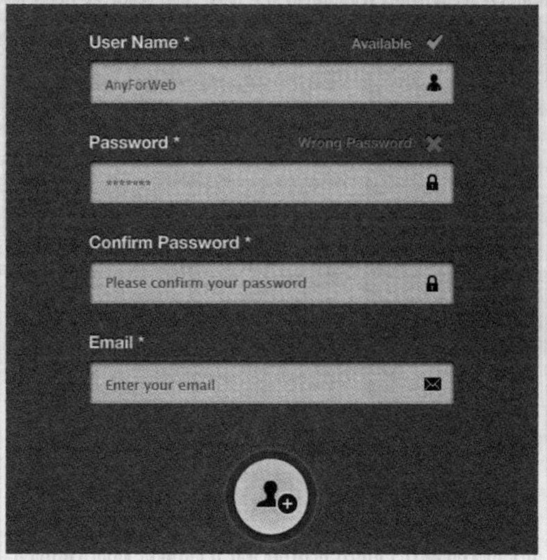

图 6–64 信息化注册提示

第7章

社交类 APP UI 设计

社交类 APP 是指具有社交功能的 APP，一般具有在线聊天、好友动态互动等内容，几乎是每个智能手机用户必装的软件，本章将介绍社交类 APP 设计，一共包括 4 个界面。

7.1 设计准备与规划

在进行 APP 界面的制作之前需要进行准备与规划工作，包括素材准备、界面布局规划、确定风格与配色。

7.1.1 素材准备

在设计之前可以参考同类 APP，在已有的社交 APP 中最火爆、下载最多的是腾讯旗下的 QQ 和微信。不论是哪个社交 APP，必定会有交友功能，每个好友都有不同的头像，因此需要准备的素材之一为头像素材，如图 7–1 所示。

图 7–1 头像素材

另外，好友发表的图文动态需要准备图片素材，然后是用户头像素材，如图 7–2 所示。

图 7–2 素材

7.1.2 界面布局规划

一款社交类 APP 最基本也是最主要的是具备即时聊天功能，除此之外，还包括好友动态界面、用户登录界面等。本实例主要设计的是登录界面、聊天界面、个人中心界面和侧边菜单界面。首先对 4 个界面的布局进行规划，确定大致版式，方便后面具体内容的添加，如图 7–3 所示。

状态栏、标题栏
状态栏、标题栏
用户头像
聊天界面
登录信息
登录按钮
输入框
注册界面
聊天界面

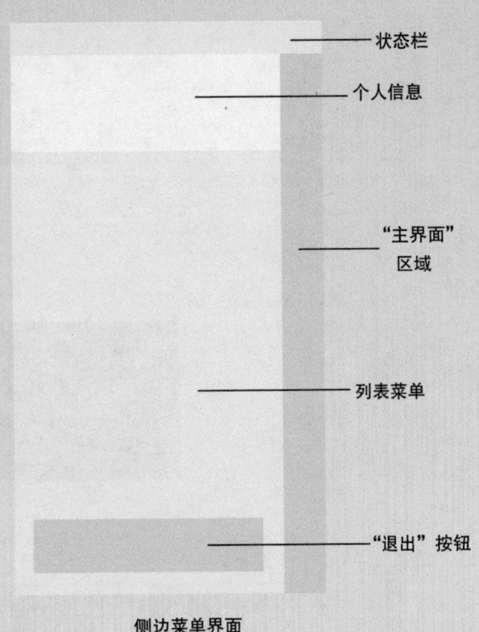

图 7-3 界面布局规划

7.1.3 确定风格与配色

本实例的社交 APP 风格定位为小清晰。选用的主色调为紫色。紫色是一个鲜活且有趣的颜色，如图 7-4 所示。在很多 APP 中都会见到紫色的应用，这里可以借鉴它们的配色，如图 7-5 所示。本实例用薰衣草紫作为主色调，搭配白色和灰色进行调和，正好符合小清新的定位；然后使用不同明暗的灰色区分来主次，如图 7-6 所示。

图 7-4 紫色

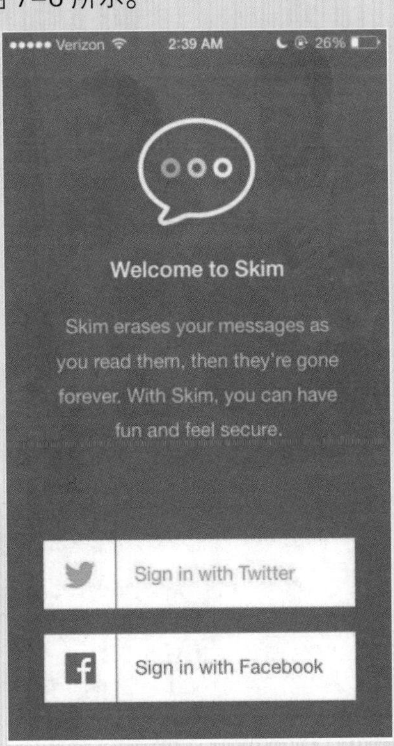

图 7-5 应用紫色的 APP

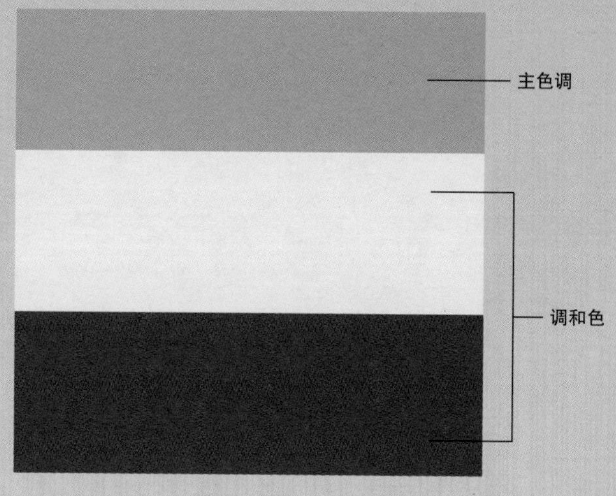

图 7-6 配色

7.2 界面制作

下面开始社交 APP 的界面制作，包括注册界面、聊天界面、好友动态界面和侧边菜单界面。

7.2.1 注册界面

注册界面主张简单明了，主次使人一目了然，能使用户快速完成注册。

设计思路

本实例制作的注册界面主要采用紫色和灰色搭配。注册信息区使用矩形进行分隔，清晰明了；注册按钮位于底部，使用了紫色，从灰色背景中突出。大尺寸设计可以方便用户点击，制作流程如图 7-7 所示。

图 7-7 制作流程

制作步骤

知识点	新建参考线、剪贴蒙版、“椭圆工具”“圆角矩形工具”
光盘路径	第7章\7.2.1 注册界面

01 新建文档，尺寸为640×1136像素，为画布填充灰色。使用“矩形工具”绘制矩形，如图7-8所示。

02 执行“视图”|“新建参考线”命令，弹出对话框，选择“水平”单选按钮，设置“位置”参数为40像素，如图7-9所示。

03 单击“确定”按钮。在参考线上方绘制状态栏中的图形，并输入文字，如图7-10所示。

图7-8 绘制矩形

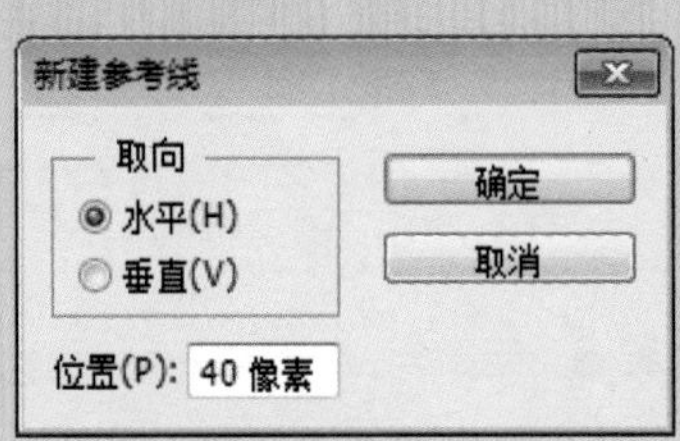

图7-9 “新建参考线”对话框

图7-10 绘制图形并输入文字

04 继续绘制图形并输入文字，如图7-11所示。使用“椭圆工具”绘制椭圆，然后使用“钢笔工具”绘制图形，并创建剪贴蒙版，图像效果如图7-12所示。

05 使用“圆角矩形工具”绘制圆角矩形，复制多个并进行对齐与垂直居中排列，如图7-13所示。

图7-11 绘制图形并输入文字

图7-12 图像效果

图7-13 绘制圆角矩形并复制多个

06 使用“横排文字工具”输入文字，如图 7-14 所示。使用“圆角矩形工具”在下方绘制圆角矩形，然后输入文字，完成注册界面的制作，如图 7-15 所示。

图 7-14 输入文字

图 7-15 完成制作

7.2.2 聊天界面

聊天界面是最重要的界面，既要与众不同，又不能过于花哨，否则不利于用户体验。

设计思路

本实例制作的聊天界面依旧使用列表的形式来显示聊天信息，对消息的时间进行分割，使得信息一目了然。图标使用简单的线性图标，整个界面简洁明了，制作流程如图 7-16 所示。

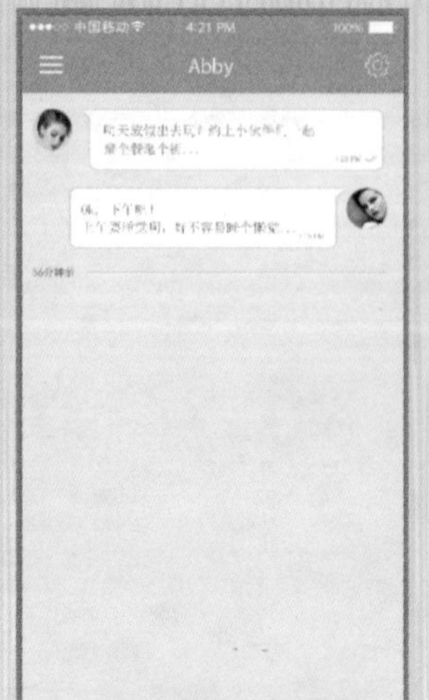

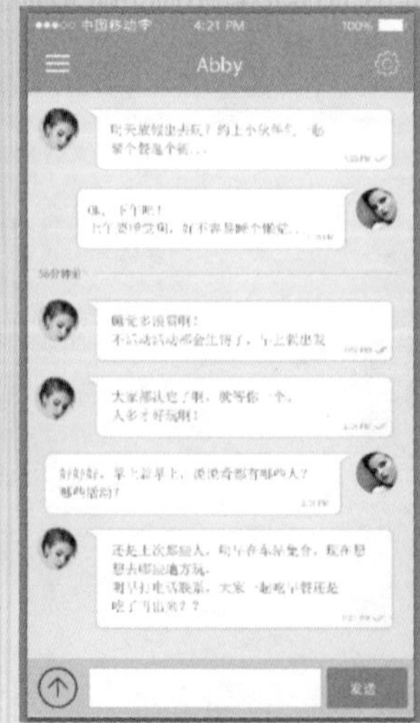

图 7-16 制作流程

制作步骤

知识点	“椭圆工具”、剪贴蒙版、图层样式
光盘路径	第7章\7.2.2 聊天界面

01 新建空白文档，将“登录界面”文档中的多个图层拖入当前文档，如图7-17所示。

02 使用绘图工具绘制图形，并输入文字，如图7-18所示。使用“椭圆工具”绘制正圆，添加素材并创建剪贴蒙版，图像效果如图7-19所示。

图7-17 拖入“登录界面”文档中的图层

图7-18 绘制图形并输入文字

图7-19 图像效果

03 使用“圆角矩形工具”绘制圆角矩形，使用“自定形状工具”绘制三角形，如图7-20所示。

04 双击图层，打开“图层样式”对话框，设置“投影”图层样式，如图7-21所示。

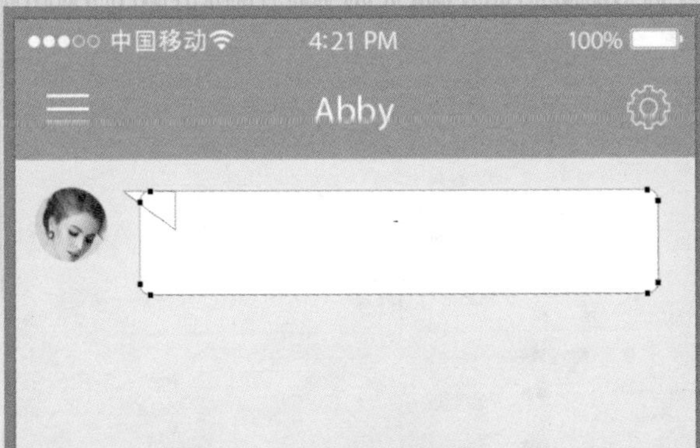

图7-20 绘制图形

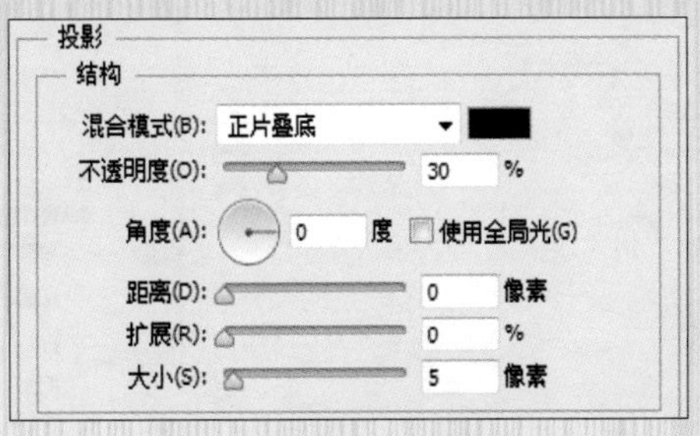

图7-21 设置“投影”图层样式

05 单击“确定”按钮关闭对话框，此时的图像效果如图 7-22 所示。

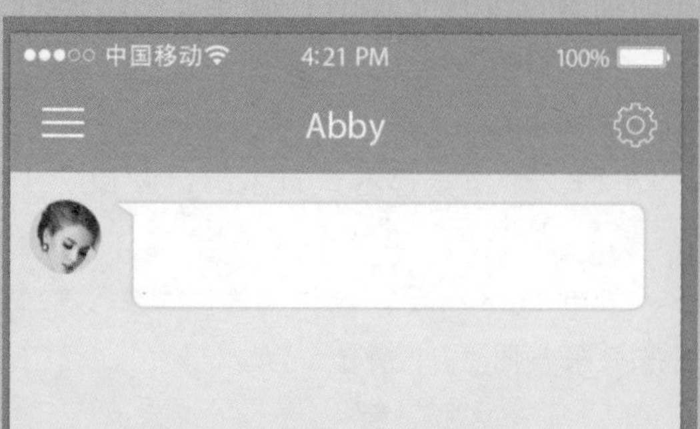

图 7-22 图像效果

06 使用“横排文字工具”输入文字，如图 7-23 所示。

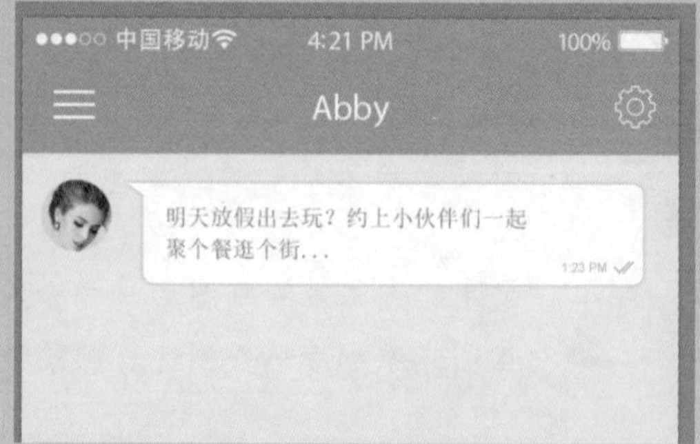

图 7-23 输入文字

07 复制图层，对图形进行水平翻转，并替换素材图，修改文字，如图 7-24 所示。使用“横排文字工具”输入文字，并使用“直线工具”绘制线条。为线条图层添加“投影”图层样式，如图 7-25 所示。添加后的效果如图 7-26 所示。

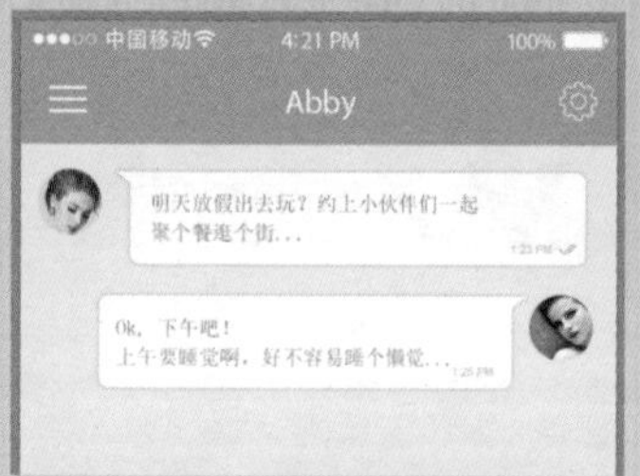

图 7-24 复制并修改

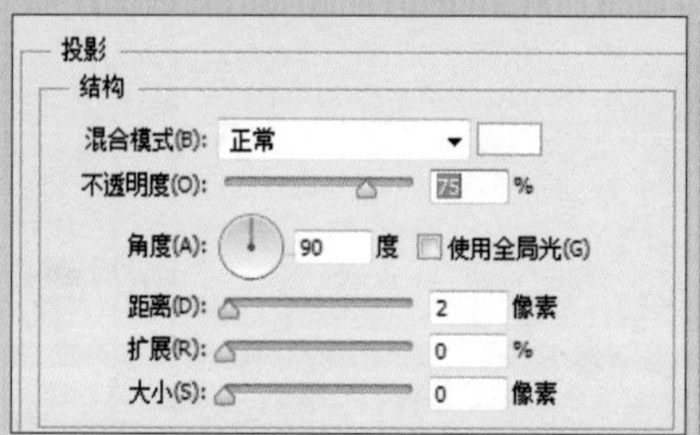

图 7-25 添加“投影”图层样式

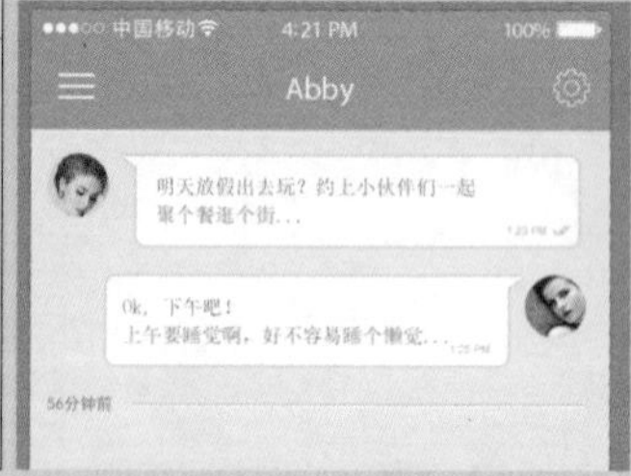

图 7-26 添加后的效果

08 用同样的方法，复制并修改图形，效果如图 7-27 所示。使用“矩形工具”绘制矩形，并为图层添加“投影”图层样式，如图 7-28 所示。确定操作后的图像效果如图 7-29 所示。

图 7-27 复制并修改图形

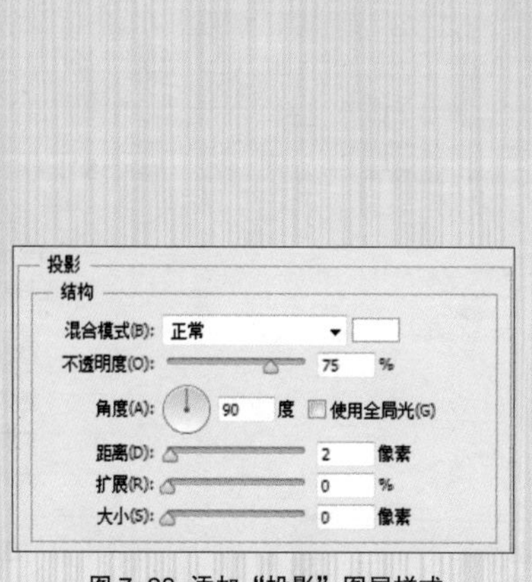

图 7-28 添加“投影”图层样式

图 7-29 图像效果

09 使用“矩形工具”绘制矩形并使用绘图工具绘制其他图形，如图 7-30 所示。

10 使用“横排文字工具”输入文字，完成制作，如图 7-31 所示。

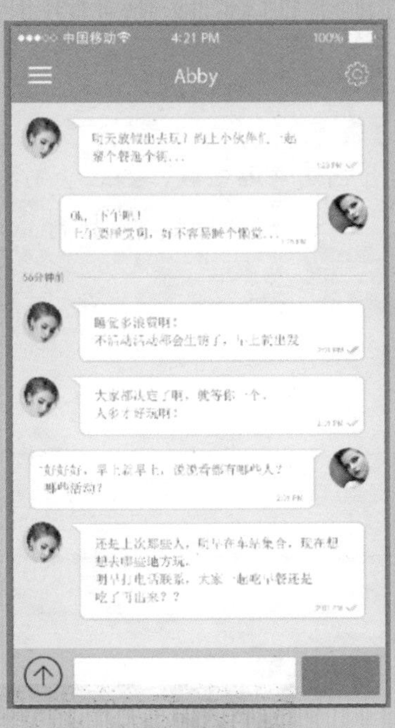

图 7-30 绘制图形

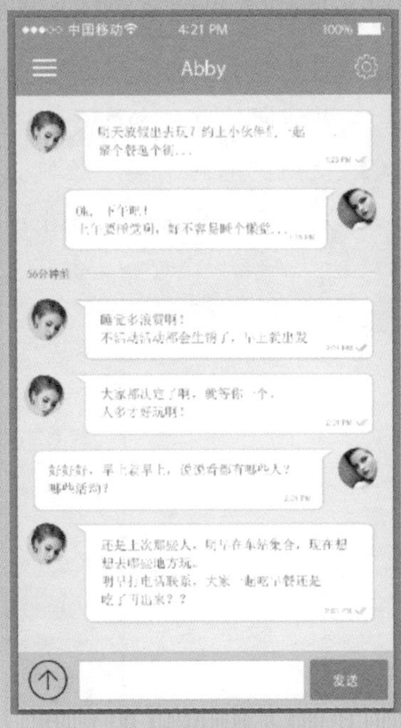

图 7-31 完成制作

7.2.3 好友动态界面

好友动态界面是指显示好友发布动态的界面，包括文字动态和图片动态。

设计思路

本实例制作的是好友动态界面，以列表形式展示动态。除了好友信息与发布时间外，每个动态下添加两个图标：“点赞”和“评论”，以方便互动，制作流程如图 7-32 所示。

图 7-32 制作流程

制作步骤

知识点	剪贴蒙版、图层填充、图层样式
光盘路径	第 7 章 \7.2.3 好友动态界面

01 将“聊天界面”另存为“好友动态界面”。删除除状态栏、标题栏外的所有图层，并进行修改，如图 7-33 所示。

02 使用“椭圆工具”绘制正圆，添加头像素材并创建剪贴蒙版，然后绘制图标输入文字，图像效果如图 7-34 所示。使用“矩形工具”绘制矩形，如图 7-35 所示。

图 7-33 修改效果

图 7-34 图像效果

图 7-35 绘制矩形

03 添加素材图片并创建剪贴蒙版。使用“矩形工具”再次绘制矩形，并创建剪贴蒙版，图像效果如图 7-36 所示。

04 设置图层“填充”为 0%，为图层添加“渐变叠加”图层样式，如图 7-37 所示。

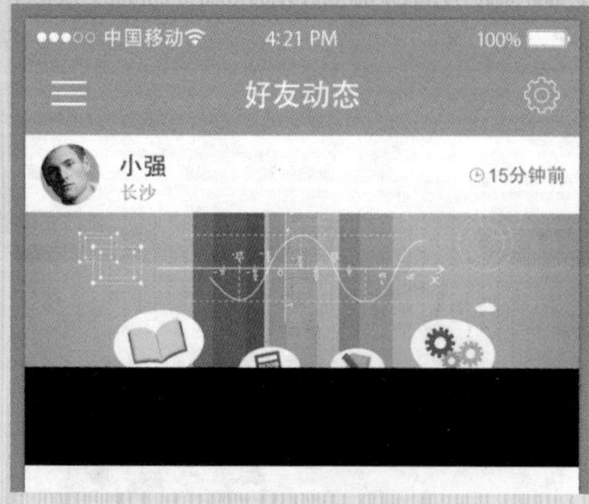

图 7-36 图像效果

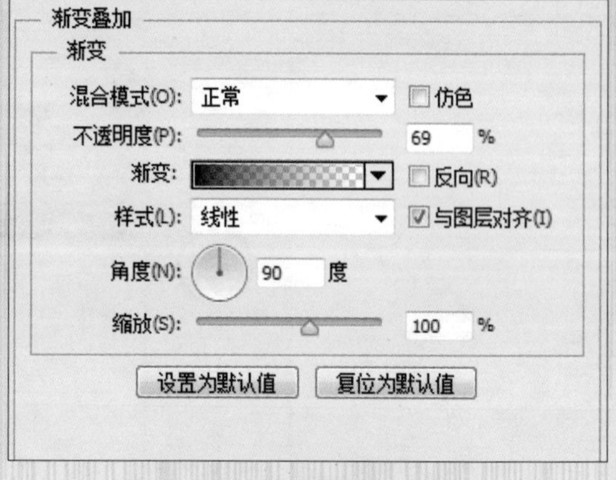

图 7-37 添加“渐变叠加”图层样式

05 单击“确定”按钮后使用“横排文字工具”输入文字，如图 7-38 所示。

图 7-38 输入文字

06 使用绘图工具绘制图形，然后输入文字，如图 7-39 所示。

图 7-39 绘制图形并输入文字

07 将多个图层选中，单击鼠标右键，选择“从图层建立组”命令。然后复制组，并进行修改，完成制作，如图 7-40 所示。

图 7-40 完成制作

7.2.4 侧边菜单界面

侧边菜单是通过点击左上角或右上角的图标展开的菜单界面。

设计思路

本实例制作的侧边菜单界面使用主色紫色和暗色进行搭配，这种搭配是非常高档的，并且很受大众的喜欢。暗色背景为头像的放大模糊效果，这样设计色彩柔和，左侧的菜单界面使用暗色后，更加凸显白色的文字信息，便于阅读。制作流程如图 7-41 所示。

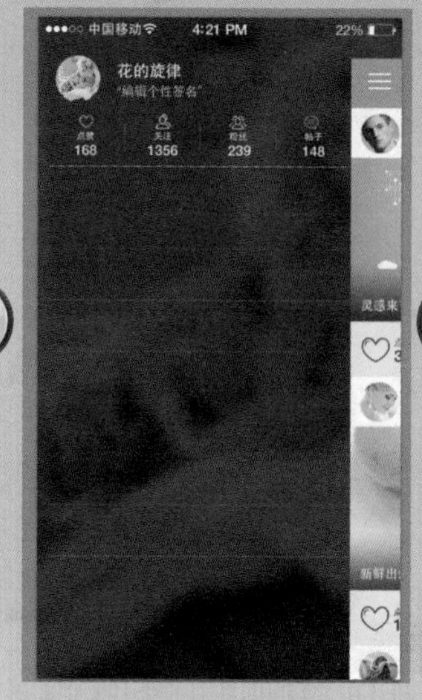

图 7-41 制作流程

制作步骤

知识点	"高斯模糊"滤镜、图层样式
光盘路径	第 7 章 \7.2.4 侧边菜单界面

01 新建文档，拖入素材图作为背景，如图 7-42 所示。执行"滤镜" | "模糊" | "高斯模糊"命令，在弹出的对话框中设置"半径"参数，如图 7-43 所示。为图层添加"颜色叠加"图层样式，如图 7-44 所示。

图 7-42 拖入素材

图 7-43 设置"半径"参数

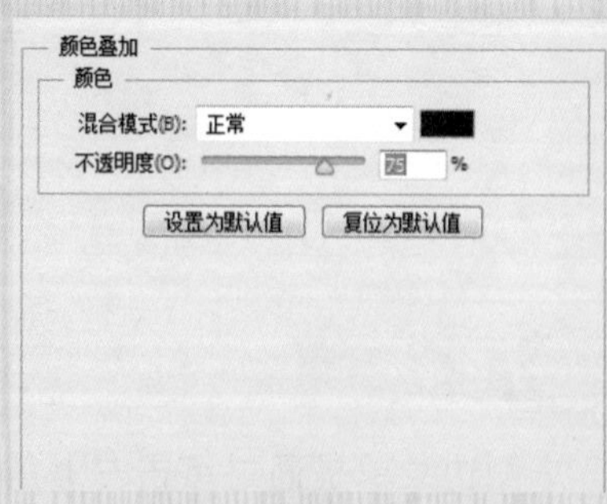

图 7-44 添加"颜色叠加"图层样式

02 单击"确定"按钮后的图像效果如图 7-45 所示。在状态栏中绘制图形并输入文字，如图 7-46 所示。

03 将"好友动态界面 .psd"打开，盖印所有图层，将盖印的图层拖入本文档中，并创建智能对象，调整大小，图像效果如图 7-47 所示。

图 7-45 图像效果

图 7-46 绘制图形并输入文字

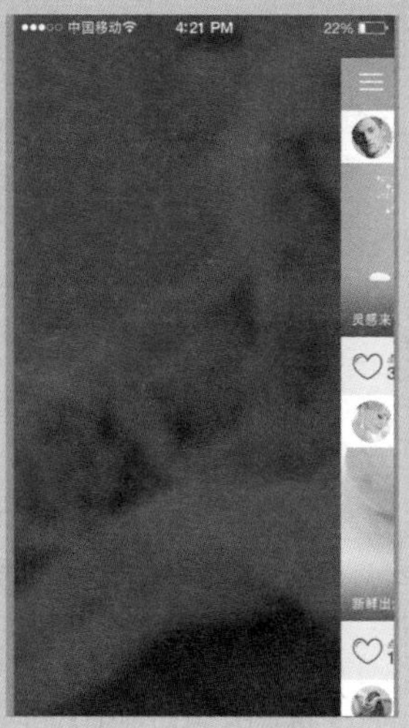

图 7-47 图像效果

04 使用“椭圆工具”绘制正圆，添加素材并创建剪贴蒙版。使用“横排文字工具”输入文字，图像效果如图 7-48 所示。继续绘制图形，并输入文字，如图 7-49 所示。

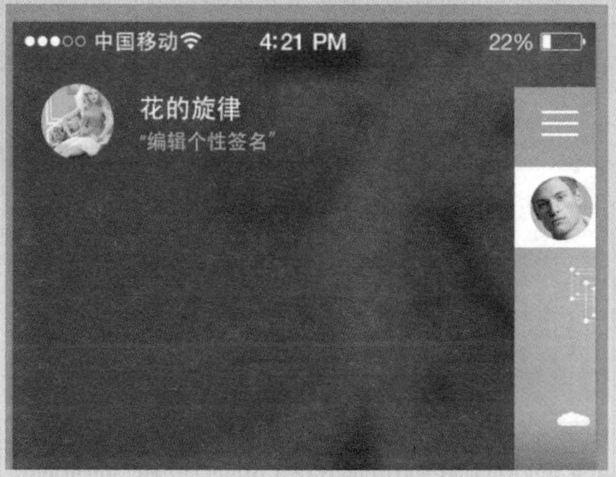

图 7-48 图像效果

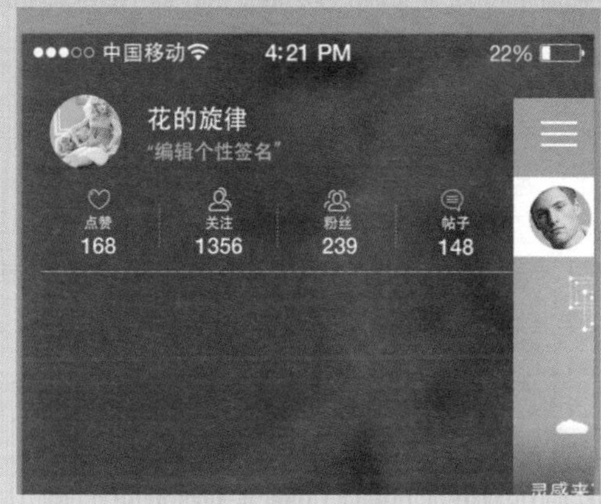

图 7-49 绘制图形并输入文字

05 使用“直线工具”绘制线条，如图 7-50 所示。使用“横排文字工具”输入文字，如图 7-51 所示。使用“圆角矩形工具”绘制圆角矩形，并输入文字，完成制作，如图 7-52 所示。

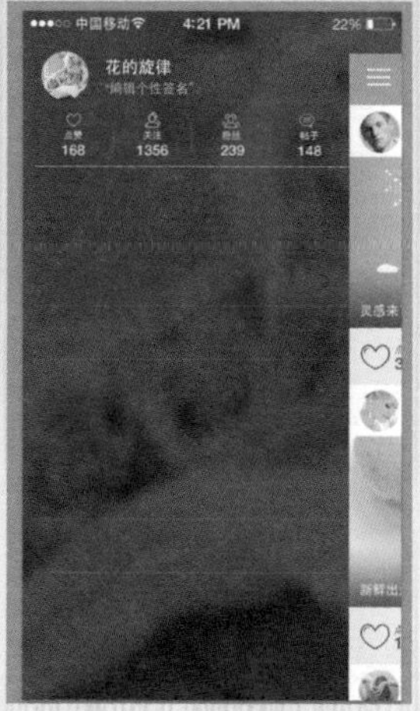

图 7-50 绘制线条

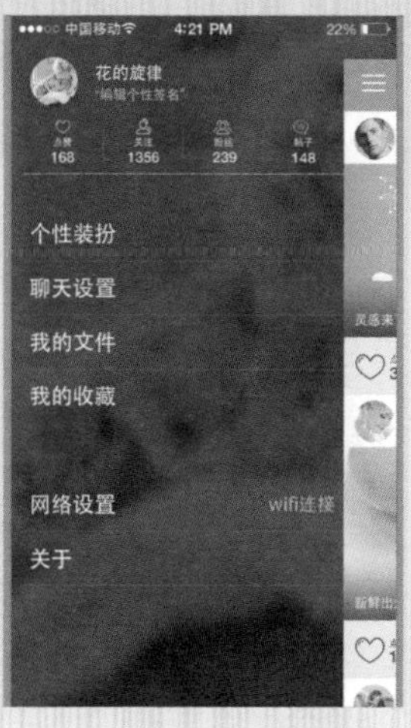

图 7-51 输入文字

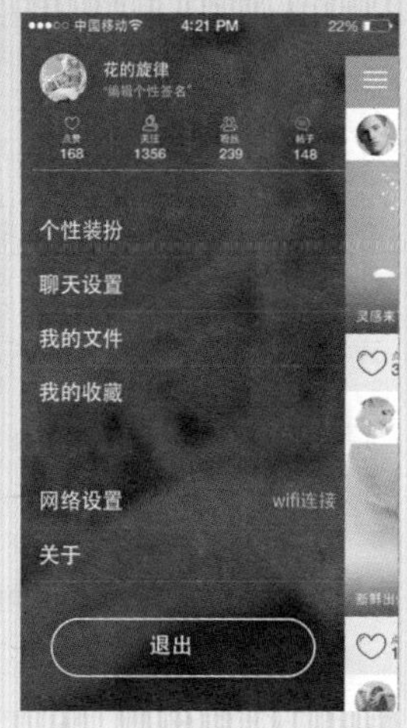

图 7-52 完成制作

7.3. 设计师心得

7.3.1 APP UI 设计中需要注意的问题

下面从用户的角度来介绍 APP UI 设计中需要注意的问题。

1. APP UI 关注用户的操作习惯

APP UI 关注的不单单是界面上要设计得多美观的问题，还要关注用户的操作习惯问题，如图 7-53 所示。例如，大多数用户拿手机的时候是单手操作还是双手操作？当进行单手操作的时候是习惯用左手还是右手？点击按钮的时候是用左手还是右手？考虑到这些有利于避免用户用手指操作时触摸到在 APP 上出现的触摸盲点。此外，用户的操作习惯还决定着 APP 的界面和按钮分布，只有符合用户操作习惯的界面才能给用户更好的体验。

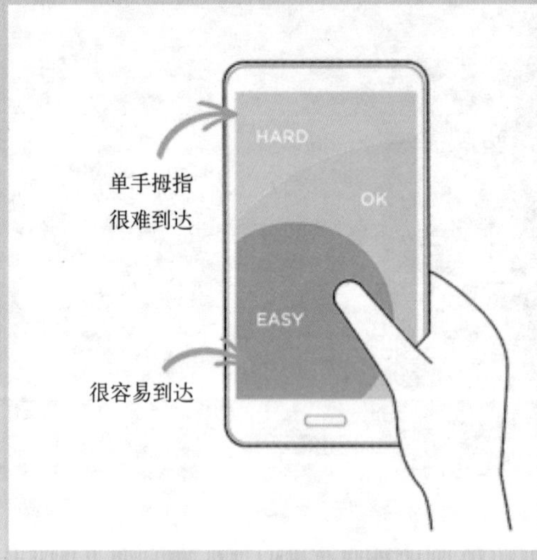

图 7-53 APP UI 关注用户的操作习惯

2. 要充分考虑 APP 的使用环境

每款 APP 都有自己的用户定位，用户定位往往决定了用户的使用环境。包括这款 APP 的用户使用时间、地点、环境等。如果用户在使用这款 APP 的时候大多数是在比较嘈杂的环境中，那么 APP 在功能上就应该帮助用户克服这个问题。比如，使用公交查询软件，一般都是在公交站或者马路旁边等车的时候打开，这个时候就不应该在 APP 中使用类似语言输入进行查询的功能，否则会给用户的语言输入带来误差。如果 APP 是一款用户一般是在拥挤的环境下进行操作的软件，那么 APP 就应该避免用户过多地打字，而可以使用其他输入方式来代替文字输入。

3. 尽量减少 APP 的访问级别

在移动终端上，如果有太多的访问级别会使用户失去耐心，最终可能放弃产品的使用。如果 APP 的访问级别过深，可以考虑使用扁平化的层级结构，例如使用选项卡之类的方式来减少访问级别，以及使用弹出菜单的方式来让用户访问更深级别的内容，如图 7-54 所示。

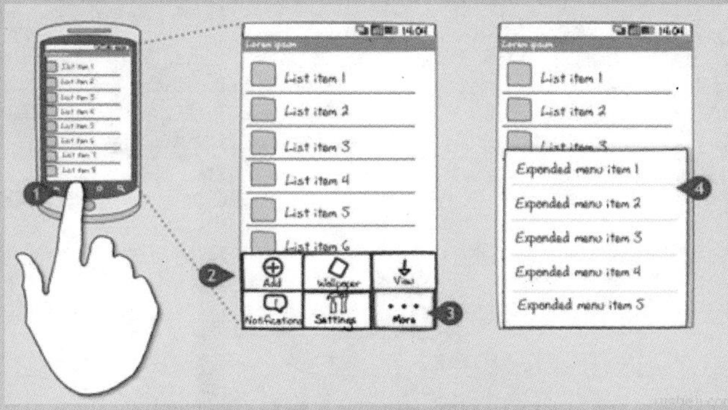

图 7-54 使用菜单来访问更深级别的内容

4. APP 功能设计要分清主次

APP 设计同样也可以采用管理学上的二八定律，也就是将主流用户最重要、最常用的 20% 的功能进行直接展示，而将其他 80% 的功能适当隐藏，可以把不常用的功能设置为更深的级别。

5. 尊重用户的劳动成果，自动保存离线内容

微信发送的消息在该应用离线的情况下会显示感叹号保存在客户端，网络连接后只要点击重新发送即可，不需要重新输入信息，如图 7-55 所示。新浪微博在网络信号差或者中断的情况下进行评论或者转发，相应的信息内容也会自动保存在微博的草稿箱，上网后操作一下即可。APP 具备这种功能的优点在于，如果没有保存用户花了心思创作出来的文字，那么一旦应用处于离线的状态内容就会丢失，用户又需要再次输入，既浪费时间，又浪费用户的劳动成果。

图 7-55 微信的消息发送失败

6. 尽可能地减少用户输入，必要的时候应给出相关提示

APP 是运行在移动终端上面的，用户的操作会受到屏幕尺寸大小的限制，并不能像在 PC 端一样流畅地进行打字。所以，APP 在相关的功能上应该尽可能地减少用户的文字输入，如图 7-56 所示是使用百度地图时，选择初始地理位置时给出的相关提示效果。

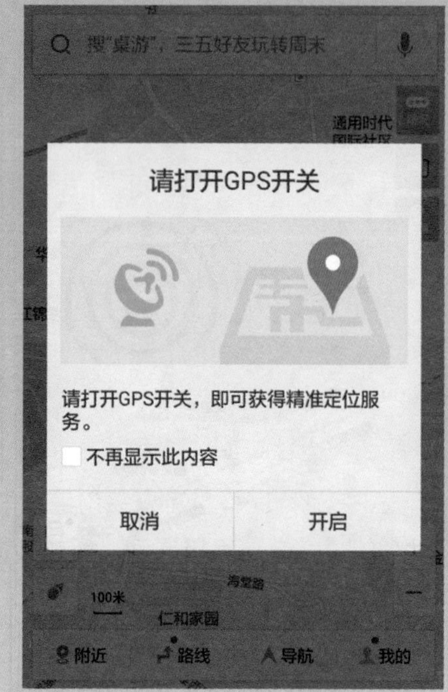

图 7-56 相关提示

7.3.2 平面设计师如何转为 APP UI 设计师

随着移动互联网产业的高速发展，APP UI 设计师也成为人才市场上十分紧俏的职业。很多相关行业的设计师也都纷纷转行，下面介绍平面设计师如何转为 APP UI 设计师。

1. 软件的熟练运用

由于平面设计师平时做广告、海报、宣传册等类型的东西比较多，所以 Illustrator 软件运用得应该是相当的熟练的。而在进行 APP UI 设计的时候可以使用 Illustrator 来做矢量的图标，因为 APP 图标的设计尺寸比较多，所以使用 Illustrator 做矢量的图标十分方便后期的运用。

进行 APP 界面设计的时候，运用最多的是 Photoshop，包括设计 APP 元素、界面效果图及切片等。

2. 相关理论的学习

首先需要了解 APP 涉及的平台有 Android、iOS、iPad 等。明确各个平台的尺寸大小。然后是 APP 界面元素、界面的布局、配色等理论。

3. 模仿优秀产品界面

学习理论知识后，就需要进入到APP UI设计的状态中，初期可以进行优秀作品的临摹，逐渐了解与熟悉相关的操作。对 APP 的启动界面、主界面、列表界面、设置界面、注册登录界面等进行一一的模仿练习，从而加深对 APP 设计的理解。

4. 在练习中掌握 APP UI 的精髓

试着设计出自己的 APP 界面，从用户角度、体验角度进行设计，慢慢掌握 APP UI 的精髓，设计出优秀的 APP。

第8章
购物理财类
APP UI设计
如今，随着移动设备的不断发展，移动网购的增长速度远超其他渠道。购物理财类 APP 的下载与点击量十分火爆。本章将介绍的是购物类 APP 的 UI 设计制作。

8.1 设计准备与规划

在开始制作一款 APP 前需要很长一段时间的准备工作，包括收集素材，从素材中找寻灵感；对界面进行布局规划；根据 APP 风格选择相应的配色。一切准备就绪后，才能在制作中得心应手。

8.1.1 素材准备

购物类 APP 比较有代表性的有淘宝、天猫、唯品会、京东等。这些代表性的 APP 可以给设计师带来灵感，如图 8–1 所示。

图 8–1 参考 APP

本实例是购物类 APP，除了基本的头像素材外，还需要准备海报、商品等素材，如图 8–2 所示。

图 8–2 准备素材

8.1.2 界面布局规划

购物类 APP 主界面是最重要的界面，界面中通常会包括广告信息、促销信息，以及菜单与导航等。本实例设计的购物 APP 对 3 个界面进行制作讲解，分别为购物主界面、个人中心界面和侧边菜单界面。首先对 3 个界面的布局进行规划，确定大致版式，方便后面具体内容的添加，如图 8–3 所示。

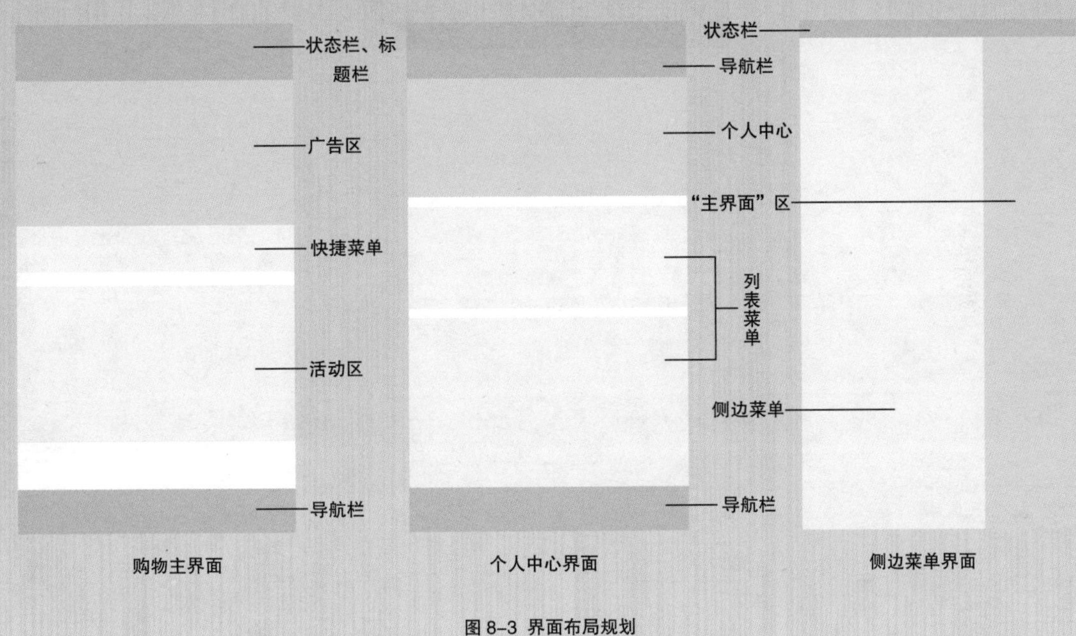

图 8–3 界面布局规划

8.1.3 确定风格与配色

橙色是暖色系中最温暖的色彩，橙色会给人带来兴奋感，在购物类 APP 中使用橙色可以吸引冲动型买家。橙色与浅绿色和浅蓝色相配，可以构成最响亮、最欢乐的色彩，如图 8–4 所示。

本实例主界面使用橙色作为主色调，与红色搭配；个人中心界面使用橙色和浅蓝色搭配；侧边菜单界面使用深灰色，如图 8–5 所示。

图 8–4 橙色与蓝色搭配

图 8-5 本实例配色

8.2 界面制作

确定了界面的布局与配色，下面开始购物 APP 的界面制作。

8.2.1 购物主界面

购物主界面是购物类 APP 能否留住用户的关键界面，由于购物类界面需要罗列的信息比较多，既要丰富、吸引人，又要整洁、有次序。如果主界面杂乱，往往会带来糟糕的用户体验。

设计思路

在制作本实例的购物主界面时，首先将界面进行划分，状态栏与标题栏、内容区、底部导航栏，然后对这些区域进行内容绘制，制作流程如图 8-6 所示。

图 8-6 制作流程

制作步骤

知识点	图层样式、"矩形工具""椭圆工具""直线工具"等
光盘路径	第 8 章 \8.2.1 购物主界面

01 新建文档，文档尺寸为 640×1136 像素，如图 8-7 所示。设置前景色为 #f1f2f4，按 Alt+Delete 组合键为画布填充前景色，如图 8-8 所示。

02 使用"矩形工具"绘制两个矩形，分别为顶部的状态栏 + 标题栏区域、底部的导航栏区域，如图 8-9 所示。

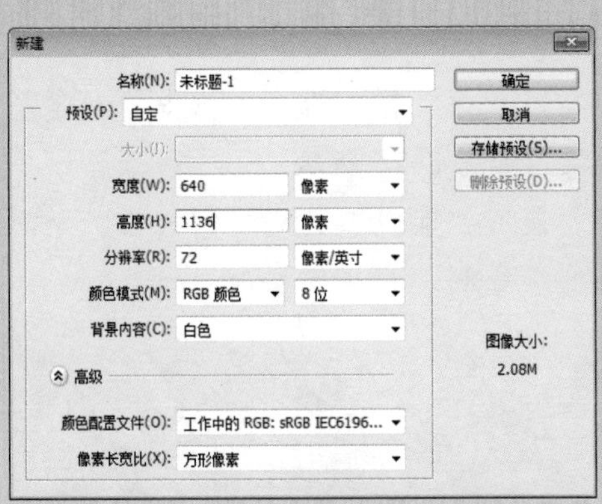

图 8-7 新建文档

图 8-8 填充画布

图 8-9 绘制矩形

03 使用"矩形工具"绘制矩形，作为海报区域，如图 8-10 所示。继续使用"矩形工具"绘制矩形，设置填充颜色为白色、描边颜色为 #dcdcdc、描边宽度为 1 点，如图 8-11 所示。绘制状态栏中的图形，并输入文字，如图 8-12 所示。

图 8-10 绘制矩形

图 8-11 绘制矩形

图 8-12 绘制图形并输入文字

04 使用“横排文字工具”输入标题，并在左右两侧绘制图形，图像效果如图 8-13 所示。

05 使用“椭圆工具”绘制填充色为红色的正圆，并为图层添加“投影”图层样式，如图 8-14 所示。单击“确定”按钮后的图像效果如图 8-15 所示。

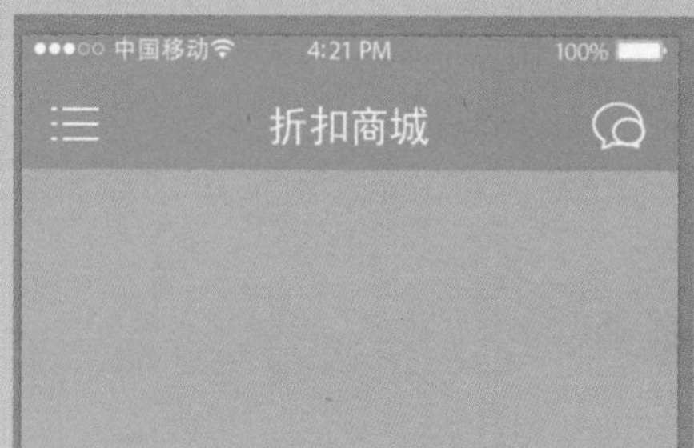

图 8-13 图像效果

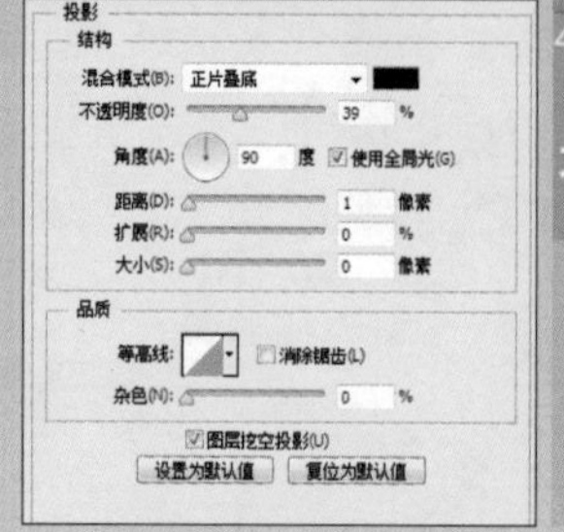

图 8-14 添加“投影”图层样式

图 8-15 图像效果

图 8-16 添加素材

06 打开海报素材，将其拖入文档中，创建剪贴蒙版，如图 8-16 所示。

07 在下方使用“直线工具”绘制线段，分割矩形，如图 8-17 所示。

图 8-17 绘制线段

08 使用绘图工具绘制图形并使用“横排文字工具”输入文字，如图 8-18 所示。

09 同理，使用“直线工具”绘制线段，如图 8-19 所示。

图 8-18 绘制图形并输入文字

图 8-19 绘制线段

10 使用横排文字输入文字，并绘制图形，如图 8-20 所示。添加素材图片，并绘制圆角矩形，然后输入文字，图像效果如图 8-21 所示。

图 8-20 输入文字并绘制图形

图 8-21 图像效果

11 使用“直线工具”绘制线段，并使用“横排文字工具”输入文字，如图 8-22 所示。在底部绘制图形并输入文字，作为导航菜单，完成效果如图 8-23 所示。

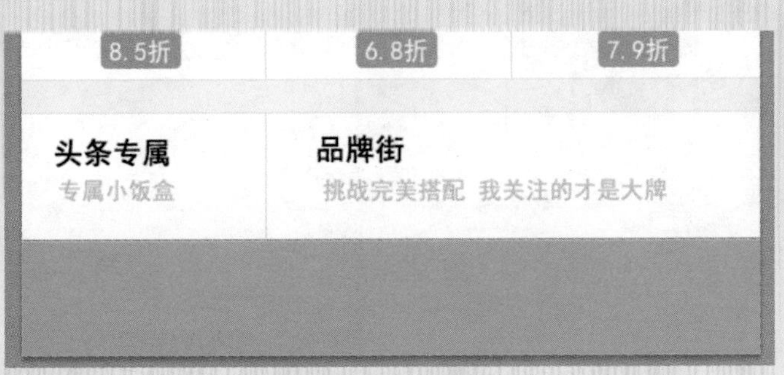

图 8-22 绘制线段并输入文字

图 8-23 完成效果

8.2.2 个人中心界面

个人中心界面包括个人信息、订单、账户、卡券等内容。

设计思路

本实例制作的是个人中心界面。使用列表将重要内容主次分明地排列，个人信息区底部使用可以替换的背景图，丰富界面，制作流程如图 8-24 所示。

图 8-24 制作流程

制作步骤

知识点	"矩形工具""椭圆工具"、图层不透明度、图层样式
光盘路径	第 8 章 \8.2.2 个人中心界面

01 将主界面另存为"个人中心界面"，并删除多个图层，只保留顶部和底部的区域。对标题栏中的文字进行修改，并删除左侧的图标，重新绘制新的图标。将底部导航栏中的图标和文字颜色进行修改，修改后的效果如图 8-25 所示。

02 使用"矩形工具"绘制多个矩形，确定不同的区域，如图 8-26 所示。使用"直线工具"绘制线条分割区域，并绘制箭头，如图 8-27 所示。

图 8-25 修改后效果

图 8-26 绘制矩形

图 8-27 绘制线条和箭头

03 使用“横排文字工具”输入文字，如图 8-28 所示。

图 8-28 输入文字

04 绘制图标并输入文字，如图 8-29 所示。

图 8-29 绘制图标并输入文字

05 添加素材图片，并创建剪贴蒙版，如图 8-30 所示。在图片上绘制矩形，设置图层的“不透明度”为 30%，如图 8-31 所示。

图 8-30 添加素材图片

图 8-31 绘制矩形并调整“不透明度”

06 使用“椭圆工具”绘制正圆，并添加素材，创建剪贴蒙版，如图 8-32 所示。选择椭圆图层，为图层添加“描边”图层样式，如图 8-33 所示。

图 8-32 添加素材

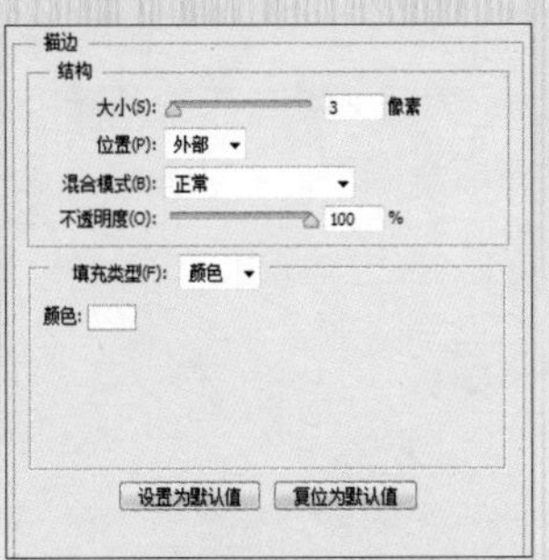

图 8-33 添加“描边”图层样式

07 确定操作后的图像效果如图 8-34 所示。

图 8-34 确定后效果

08 使用绘图工具绘制相机图标，如图 8-35 所示。

图 8-35 绘制相机图标

09 使用“横排文字工具”输入文字，并使用“圆角矩形工具”绘制圆角矩形，如图 8-36 所示。使用“直线工具”绘制线条，如图 8-37 所示。

图 8-36 输入文字并绘制圆角矩形

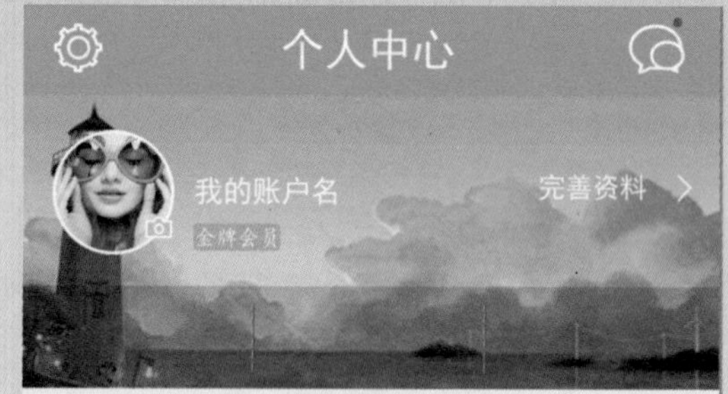

图 8-37 绘制线条

10 使用“横排文字工具”输入文字，完成界面的制作，如图 8-38 所示。

图 8-38 完成制作

8.2.3 侧边菜单界面

侧边菜单界面用于菜单的选择，在节省界面的同时可以深入访问。

设计思路

本实例制作的侧边菜单界面使用深灰色调来制作，有利于文字的阅读。使用线性图标，和其他界面统一，制作流程如图 8-39 所示。

图 8-39 制作流程图

制作步骤

知识点	新建参考线、图层蒙版
光盘路径	第 8 章\8.2.3 侧边菜单界面

01 将“个人中心界面”另存为“侧边菜单界面”，删除除状态栏和背景外的所有图层。将画布颜色改为深灰色，如图 8-40 所示。

02 新建参考线，确定状态栏和侧边栏的区域。打开“购物主界面”文档，按 Ctrl+Alt+Shift+E 组合键盖印可见图层。使用“移动工具”将盖印的图像拖入到“侧边菜单界面”中，如图 8-41 所示。

03 为图层新建图层蒙版，使用“矩形选框工具”选择参考线上方的区域，填充黑色，如图 8-42 所示。

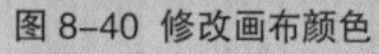
图 8-40 修改画布颜色

图 8-41 添加盖印图

图 8-42 添加蒙版后效果

04 使用“直线工具”绘制分割线，并复制多个，进行排列，如图 8-43 所示。使用绘图工具绘制图标，如图 8-44 所示。使用“横排文字工具”输入文字，如图 8-45 所示。

图 8-43 绘制分割线

图 8-44 绘制图标

图 8-45 输入文字

05 使用“圆角矩形工具”绘制箭头，如图 8-46 所示。复制图层，修改颜色，并使用方向键调整位置，如图 8-47 所示。

06 复制多个箭头，并使用“矩形工具”在“首页”文字下绘制一个填充色为黑色的矩形，完成制作，如图 8-48 所示。

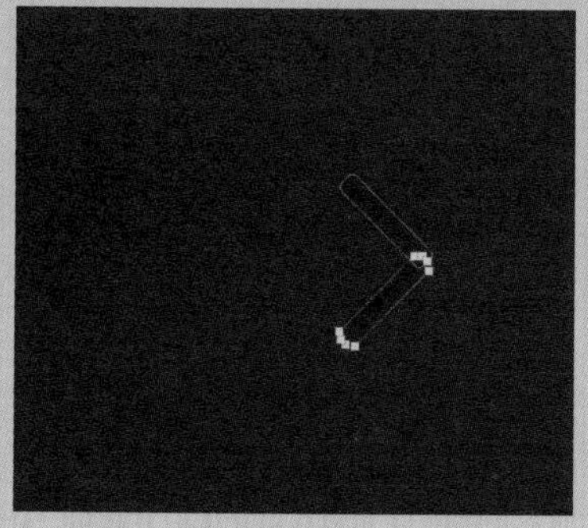

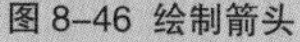

图 8-46 绘制箭头

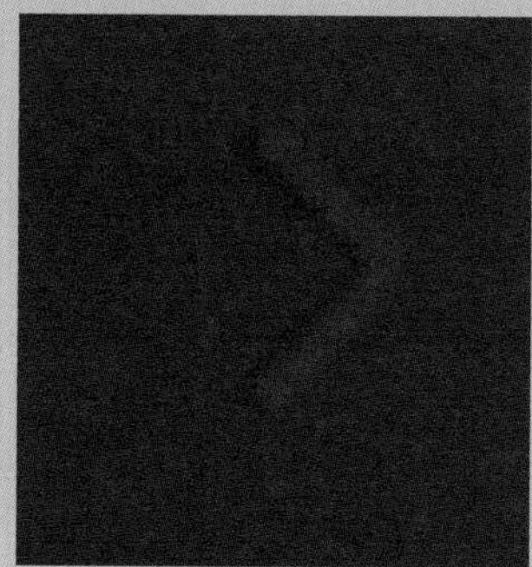

图 8-47 复制并修改

图 8-48 完成制作

8.3 设计师心得

下面将 APP UI 设计的相关专业知识分享给大家。

8.3.1 APP 中反馈提示的设计方法

很多新手设计师不懂为什么要反馈。以人与人的交流为例，在人与人的交流过程中，无法忍受的一种情况是：对方对自己说的话没有反应，好像视而不见。没有反馈或是不友好的反馈，就好像冷冰冰的人一样，会给用户带来无助或不悦的负面体验。

及时恰当地反馈能够告诉用户下一步该做什么，帮助用户做出判断和决定。

1. 反馈的形式

反馈的形式多样，所有的提示都应该在恰当的时候出现在恰当的位置，用简短而清晰的文字提供有用的信息，不让用户产生迷惑。

- 气泡状提示。

> - 通常用于告诉任务状态、操作结果，短暂出现在画面上，就像气泡一样过一会儿就会自己消失，并不需要对它进行任何操作。
> - 用于引导，就像漫画中的对话框一样，带有一个指向具体位置的小尖，提示用户需要关注哪个位置。与用处一不同，这种引导类提示通常不会很快消失。

不足之处是容易被用户忽略，所以不适合承载太多文字或重要信息。

⊙ 弹出框。

一般会带有一两句说明文字和两个操作按钮，用于确认和取消重要操作（比如，是否删除内容），通常会用明显的颜色，突出显示可能造成用户损失的操作项（比如，“删除”“不保存”）。

弹出框的出现，会强迫用户关注弹窗的内容和操作，并屏蔽背景的所有内容，会对用户形成较大干扰。

弹出框上的说明、按钮上的文字，最好言简意赅、一目了然，能帮助用户快速做出决策。因为通常用户都想赶快关掉弹出框，以便接着完成被打断的操作。设计过程中要避免滥用弹出框提示，对于不太重要又要反馈的事可以用气泡提示表示。

⊙ 按钮/图标/超链接的按下状态。

这是基于人在现实生活中按一个按钮会立即有按下状态而是设计的。当用户在屏幕上按下一个按钮或超链接时，也需要有状态的改变，让用户知道界面已经接收到他的操作了。

- 声音：比如虚拟键盘在按下时的咔嚓声；短信、邮件发送成功后的“嗖”一声；手机微信“摇一摇”之后的咔嚓声；拍照APP按下按钮的咔嚓声等。恰当使用声音反馈有点睛的效果，但过多地使用反而会变成一种打扰。因此，不能将声音作为主要反馈，且要给用户关闭提示音的权利（因为用户所处的环境多样，可能很吵而听不见声音，也可能不适合打开声音）。
- 振动：这是一种比较强烈的触觉反馈，可用来代替或加强声音提示。在手机系统中应用广泛，比如来电、短信、已连接充电等，在手机APP中较少用到。
- 动画：给用户提供有意义的反馈，帮助用户直观了解操作的结果；精美有趣的动画，能给用户留下深刻印象、提升使用时的愉悦感，甚至成为产品吸引用户的一个因素。

iOS系统在删除邮件、照片时，通过拟物化的动画效果，让用户知道操作已经生效。这种形象的动画，可以帮助用户清晰地感受到操作的执行过程，并增添了乐趣。

在一些会持续比较久的操作里，比如下载、删除大量文件，用动态的进度条展示已完成的进度，并在可能的时候提供解释信息，能够减少用户的焦虑。还有很多APP中添加有趣的下拉刷新、上滑加载的例子，可以让等待不再枯燥。

2. 反馈的内容

反馈的内容包括以下几个方面：

⊙ 信息。

文字信息应该简洁易懂，避免使用倒装句，最好一两句就能将意思表达清楚，避免使用过于程序化的语言。页面已有详细说明文字的操作，其反馈信息可以简单一些，不必重复页面已有文字。比如昵称，当界面上已有格式要求时，反馈错误时只需提示“昵称不符合要求”即可。适当使用图标，可以吸引用户注意，帮助用户判断提示的类型。

◎ 警告。

警告框用于向用户展示对使用程序有重要影响的信息。警告一般浮现在程序中央，覆盖在主程序之上。它的到来，是由于程序或设备的状态发生了重要变动，并不一定是用户最近的操作导致的。

通常在该界面上至少有一个按钮，用户点击后即可关闭窗口。一般会有标题，并展示额外的辅助信息。

◎ 错误。

提示用户操作出现了问题或异常，无法继续执行。用提示反馈告知用户为什么操作被中断，以及出现了什么错误。错误信息要尽量准确、通俗易懂。有效的错误提示信息要解释发生的原因，并提供解决方案，以使用户能够从错误中恢复。

◎ 确认。

用于询问用户是否要继续某个操作，让用户进一步确认，为用户提供可反悔、可撤销的退路。当用户的操作结果较危险或不可逆时，通过二次选择和确认，防止用户误操作。

3. 反馈出现的位置

反馈信息会出现在手机界面中的哪些位置？下面进行介绍。

- 状态栏：在状态栏中出现能很好地利用空间。但是位置不是很明显，建议只提示重要程度不高或有跨画面显示需求的提示。
- 导航栏：一般是连接状态的展示，表示产品正在努力连接网络、拉取数据中，适合显示临时的较重要的提示类信息。
- 内容区上方：位置在内容区上方、导航栏下方，通常为下拉刷新，是加载新内容的一种快捷方式。默认的提示信息是隐藏的，向下拉界面时才显示对应的提示信息，以引导用户操作。
- 屏幕中心通常为整体性的比较重要的信息提示，需要引起用户重视的内容、系统提示信息均可以显示在此位置。
- 菜单栏上方可根据需要灵活地使用，基本上没什么限制，可以是应用的整体信息的提示，也可以是与界面底部内容相关的提示。比如，加载更多内容或气泡提示表示图片上传中等。
- 底部（覆盖菜单栏）：在此位置显示提示，并没有什么特别的好处，或许是对于新形式的一种追求。

4. 反馈的设计原则

- 为用户在各个阶段的反馈提供必要、积极、及时的反馈。
- 避免过渡反馈，以免给用户带来不必要的打扰。
- 能够及时看到有效果的、简单的操作，可以省略反馈提示。
- 所提供的反馈，要能让用户用最便捷的方式完成选择。

- 为不同类型的反馈做差异化设计。
- 不要干扰用户的意识流，避免遮挡用户可能回去查看或操作的对象。

8.3.2 如何做好扁平化设计

扁平化设计的特点是十分鲜明的，把握扁平化的特点才能做好扁平化设计。

1. 拒绝特效

扁平化设计最核心的概念就是放弃一切装饰效果，如阴影、透视、纹理、渐变等能做出 3D 效果的元素一概不用。所有元素的边界都干净俐落，没有任何羽化、渐变或者阴影。这一设计趋势极力避免任何拟物化设计的元素，这导致这一设计风格在其他平台有时候显得突兀，前景图片、按钮、文本和导航栏与背景图片格格不入，各成一派。

因为这种设计有着鲜明的视觉效果，它所使用的元素之间有清晰的层次和布局，这使得用户能直观地了解每个元素的作用及交互方式。如今从网页到手机应用无不在使用扁平化的设计风格，尤其是在手机上，因为屏幕的限制，使得这一风格在用户体验上更有优势，更少的按钮和选项使得界面干净整齐，使用起来格外简单，如图 8-49 所示。

图 8-49 拒绝特效

2. 界面元素

扁平化设计通常采用许多简单的用户界面元素，如按钮或者图标之类。设计师们通常坚持使用简单的外形，如矩形或者圆形，并且尽量突出外形。这些用户界面元素方便用户点击，这能极大地减少用户学习新交互方式的成本，因为用户凭经验就能大概知道每个按钮的作用。

此外，扁平化除了简单的形状之外，还包括大胆的配色。但是需要注意的是，扁平化设计不是说简单地使用形状和颜色搭配就行，它和其他设计风格一样，是由许多的概念与方法组成的，如图 8-50 所示。

图 8-50 简单的用户界面元素

3. 优化排版

由于扁平化设计使用特别简单的元素，排版就成了很重要的一环，排版的好坏直接影响视觉效果，甚至可能间接影响用户体验。

字体是排版中很重要的一部分，和其他元素相辅相成。一款花体字在扁平化的界面里会显得很突兀。如图 8–51 所示是一些扁平化网站使用无衬线字体的例子。无衬线字体家族庞大，分支众多，其中有些字体在特殊的情景下会有意想不到的效果。但注意，过犹不及，不要使用那些极为生僻的字体。

图 8–51 优化排版

4. 惯用明亮的配色

在扁平化设计中，配色貌似是最重要的一环，扁平化设计通常采用比其他风格更明亮、炫丽的颜色。同时，扁平化设计中的配色还意味着更多的色调。比如，其他设计最多只包含两三种主要颜色，但是扁平化设计中会平均使用 6 ~ 8 种，如图 8–52 所示。

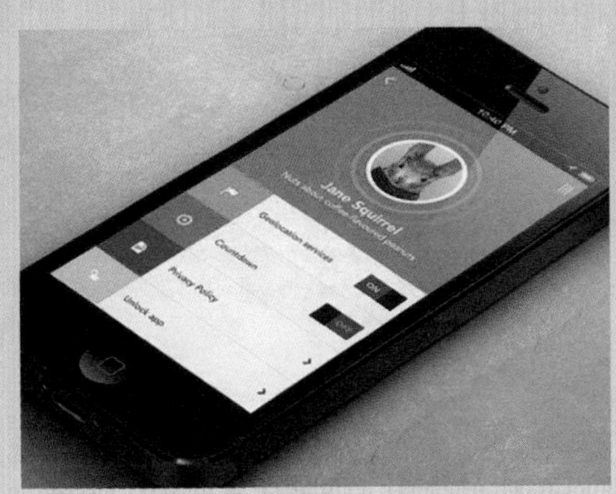

图 8–52 更多的色调

而且，扁平化设计中往往倾向于使用单色调，尤其是纯色，并且不做任何淡化或柔化处理，最受欢迎的颜色是纯色和二次色。另外，还有一些颜色也非常受欢迎，如复古色，包括浅橙、紫色、绿色、蓝色等，如图 8–53 所示。

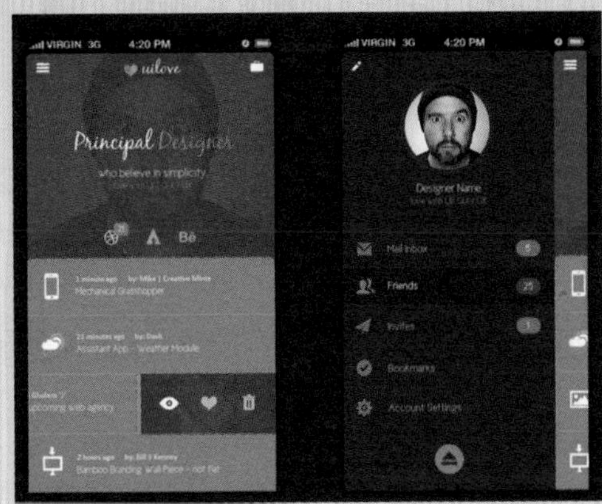

图 8–53 复古色

5. 最简方案

设计师要尽量简化自己的设计方案，避免不必要的元素在设计中出现。简单的颜色和字体就足够了，如果还想添加一些内容，尽量选择简单的图案。扁平化设计尤其对一些做零售的网站帮助巨大，它能很有效地把商品组织起来，以简单但合理的方式排列。

第9章

生活工具类 APP UI 设计

生活工具类 APP 和其他类的 APP 应用相比，无疑是一个大规模的应用，它涵盖了摄影、旅游、天气、时事、美食等各个领域。它不仅能够丰富人们的生活，而且可以让人们在足不出户的前提下，迅速地了解多方面的信息。因此，此类 APP 在应用市场中深受用户的欢迎。

9.1 设计准备与规划

关于这个实例的前期准备与规划，主要是收集美食素材图片，依据美食的特点，要设计出精准的配色方案及人性化界面。

9.1.1 素材准备

本实例是一款美食类 APP UI 设计，在图片方面，由于对象相对而言比较单一，因此在界面设计的过程中，主要需要收集一些蔬菜、水果、调味辅料和菜肴成品图，以及相关的细节装饰即可，如图 9-1 所示。

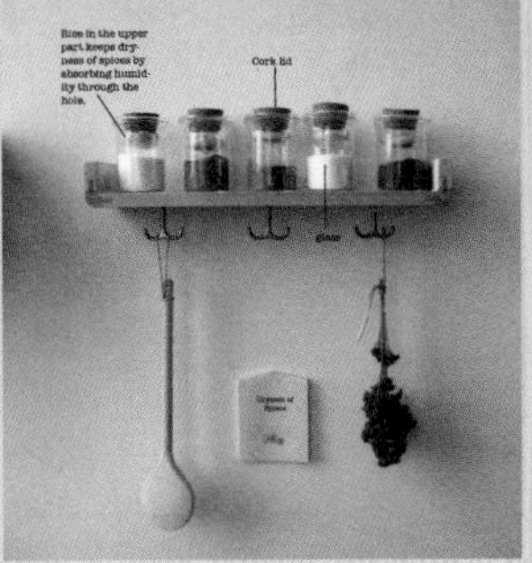

图 9-1 参考素材

9.1.2 界面布局规划

作为一款美食生活类的 APP 系列界面，根据其本身的特点，在设计中需要设计出一个欢迎启动界面和三个不同功能的单屏界面。根据相关的设计要求和规范，在实际操作前，我们先对这四个界面进行大致的画面布局与界面分隔，具体如图 9-2 所示。

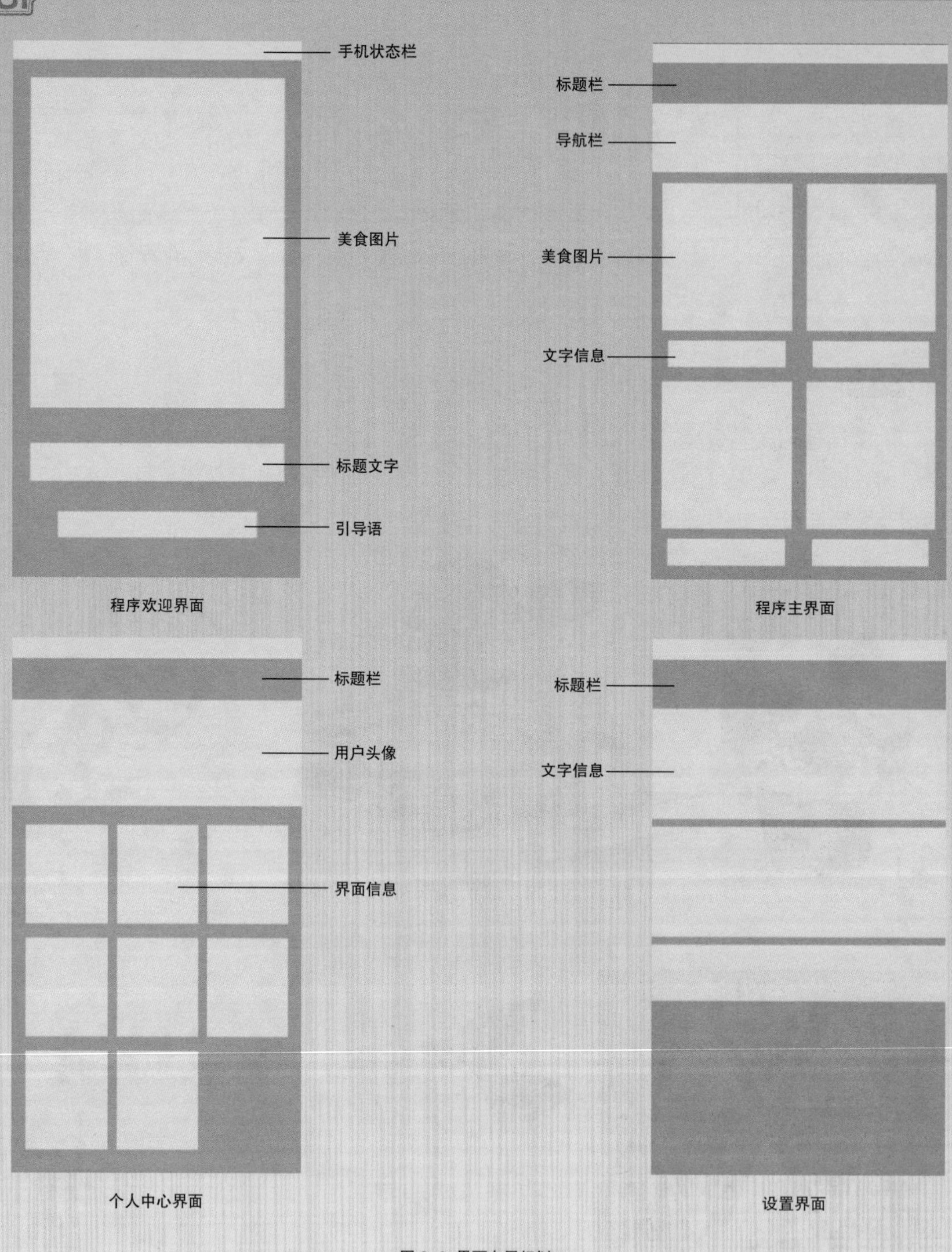

图 9-2 界面布局规划

9.1.3 确定风格与配色

本实例是一款关于美食的 APP UI 设计，在配色方面应当多使用一些能够刺激用户食欲，或者可以使用户通过整体的颜色就能够辨识 APP 类别的颜色，例如绿色、橙色、黄色、米色、金色等。在整体的界面效果上，要呈现出一种唯美、秀色可餐的感觉，刺激用户的味觉，增加用户的使用度，从而增强 APP 的实用性，这是设计本实例的最大意义，具体如图 9-3 所示。

图 9-3 色彩搭配

9.2 界面制作

在收集到足够的素材以后，根据已经构架好的设计思路，从程序欢迎界面开始制作这款美食 APP 的界面设计。在设计的过程中，注意一定不能偏离设计好的框架，时刻注意前后整体的风格、颜色、结构，下面介绍具体的制作方法。

9.2.1 程序欢迎界面

程序欢迎界面也就是大家通常看到的程序启动页，作为美食类 APP，要设计出能刺激用户食欲的界面。

设计思路

本界面首先选取了简约的橙色系渐变色作为背景，半透明的天空设计，抓住了设计要讲究的轻松感，使得界面干净并耐看，制作流程如图 9-4 所示。

图 9-4 制作流程

制作步骤

知识点	"圆角矩形工具"、渐变填充、"椭圆工具"、剪贴蒙版、图层样式
光盘路径	第 9 章 \9.2.1 程序欢迎界面

01 新建一个 1136×640 像素的空白文档并填充渐变效果，新建图层并使用画笔工具在右侧涂抹，增加界面的丰富感，绘制出界面的背景，如图 9-5 所示。

02 载入美食素材图片并调整位置，使用"圆角矩形工具"绘制圆角矩形并下移一层，之后运用剪贴蒙版使图片变成圆角，如图 9-6 所示。

图 9-5 绘制背景

图 9-6 编辑图片

03 接着复制圆角矩形图层，移动图层到顶层，使用“圆角矩形工具”，绘制出一个圆角矩形框，并调整“不透明度”为35%，如图9-7所示。

04 使用“圆角矩形工具”沿着图片边框的内测绘制一个边框线，调整“不透明度”为80%、描边宽度为5点，除背景以外，将所有的图层建组，命名为“图片”，并将所有元素居中对齐，此时的图像效果如图9-8所示。

图 9-7 绘制图片边框

图 9-8 图像效果

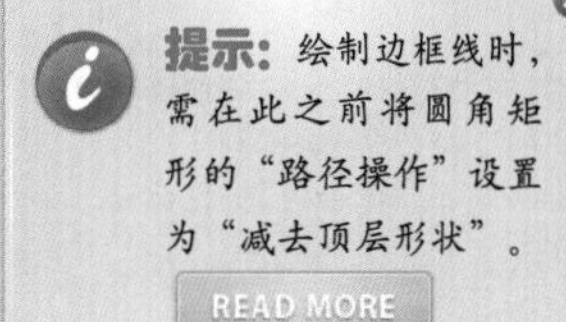

05 使用“矩形工具”绘制出一个矩形形状后，给其添加“投影”图层样式并设置参数值，在形状之上，输入文字信息，如图9-9所示。

06 选择“圆角矩形工具”，绘制出隐形按钮的形状，接着使用“横排文字工具”在隐形按钮的上方输入文字信息。选中“钢笔工具”，在文字的后方绘制出箭头的形状，最后，绘制出手机状态栏的信息，到此本界面的绘制完成，如图9-10所示。

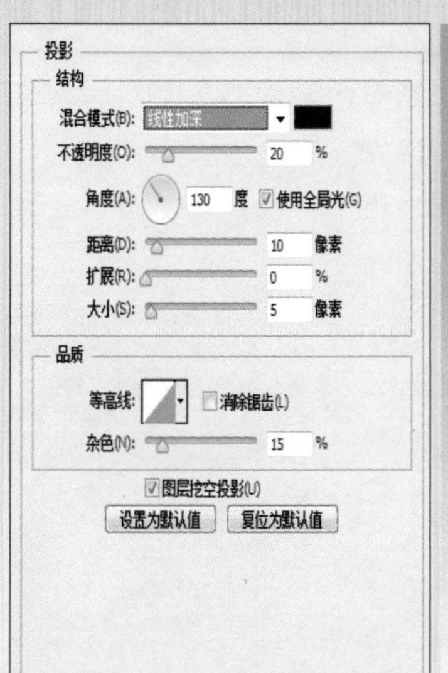

图 9-9 绘制图片边框

图 9-10 图像效果

9.2.2 程序主界面

本界面是主要是用来展示美食图文的界面，在设计中，要注重图文的结合，以及界面中的版式设计，既要突出重点，又要简洁明了。

设计思路

提取程序欢迎界面的背景底纹加以白色的底板作为本界面的基础版式框，使用剪贴蒙版，对图片进行编辑，搭配文字，并调整颜色，使得界面的内容更丰富、和谐，如图 9-11 所示为制作流程。

图 9-11 制作流程

制作步骤

知识点	"钢笔工具"、剪贴蒙版、"矩形工具"、创建填充、图层样式
光盘路径	第 9 章\9.2.2 程序主界面

01 新建一个 1136×640 像素的空白文档，将程序欢迎界面的背景图层复制到此文档中，使用"矩形工具"绘制出白色底板，如图 9-12 所示。

02 在界面上方位置使用"椭圆工具"绘制出一个正圆，添加"描边"图层样式，设置该图层的"填充"为 10%，如图 9-13 所示。

图 9-12 绘制白色底板

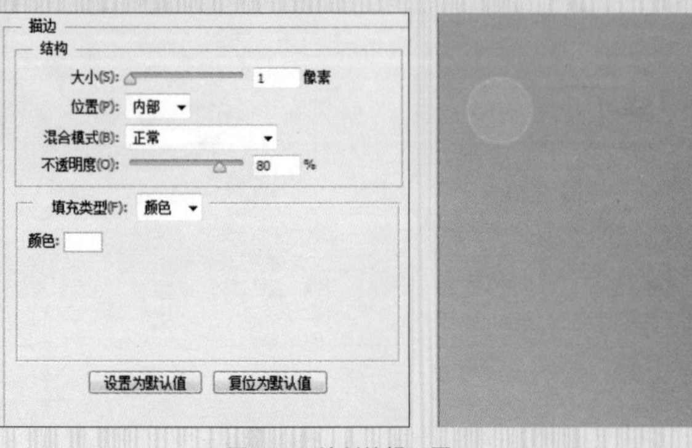

图 9-13 绘制编辑正圆

03 使用“钢笔工具”和“椭圆工具”绘制形状并与上一步骤中的正圆一起编组，将组进行命名。用同样的方法，绘制出另一个图标，命名为“搜索”，接着输入文字信息并居中对齐，此时的界面效果如图 9-14 所示。使用“圆角矩形工具”绘制形状并添加“描边”图层样式，如图 9-15 所示。

图 9-14 界面效果

描边
结构
大小(S): 1 像素
位置(P): 内部
混合模式(B): 正常
不透明度(O): 100 %
填充类型(F): 颜色
颜色:
设置为默认值 复位为默认值

商店
美食主题

图 9-15 绘制形状并添加图层样式

04 复制上一步骤的形状，并调整其填充颜色为白色、宽度为 50%，选中两个形状进行左对齐。

05 使用“横排文字工具”将字体颜色设置橙色系，在相对应的位置输入文字信息，此时效果如图 9-16 所示。

06 导入素材图片，使用“矩形工具”并结合剪贴蒙版，对图片进行调整和编辑，在图片下方输入相应的文字信息并编辑。

07 选择“自定形状工具”，在选项栏中选择心形形状，在图片的右上角绘制形状并使用“直接选择工具”编辑形状，最后建组命名为“美食 1”，如图 9-17 所示。

图 9-16 界面效果

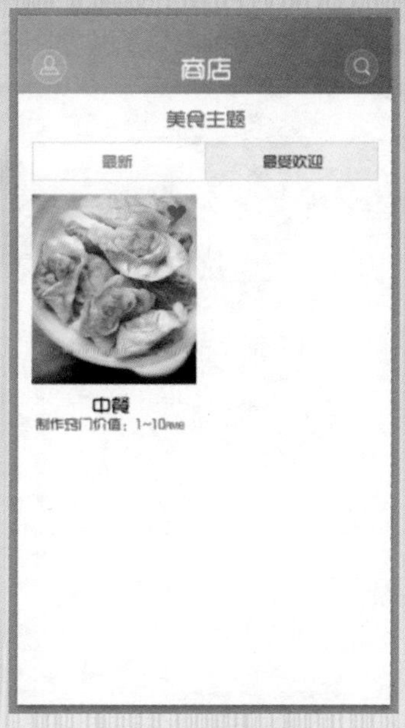

图 9-17 图文编辑

08 依照“美食 1”组的绘制方法，绘制出其他 3 个组，并分别命名为“美食 2”“美食 3”及“美食 4”，将“美食 1”和“美食 3”进行左对齐、“美食 2”和“美食 4”进行右对齐，最后将程序欢迎界面中的“手机状态栏”图层复制到此界面文档中，此时界面效果如图 9-18 所示。

图 9-18 界面效果

9.2.3 个人中心界面

个人中心界面的主要内容是用户的个人信息，以及与之相关的各种需求。因此，界面的图文设计要清晰明了，并且内容信息要丰富饱满，以满足用户的便捷体验。

设计思路

根据 APP UI 设计的基本原则，在此界面中，仍然以整个 APP UI 设计的主色系——橙色作为主色调，界面中的各个小图标在橙色的基础上根据所搭配的文字加以细微变化。这样既能保证设计的连贯性，又能统一画面，重复的背景设计可以刺激用户的感官，增加用户的体验印象，其制作流程如图 9-19 所示。

图 9-19 制作流程

制作步骤

知识点	“钢笔工具”“圆角矩形工具”“自定形状工具”“椭圆工具”
光盘路径	第9章\9.2.3个人中心界面

01 新建一个1136×640像素的空白文档，将制作的程序主界面文档中的背景图层复制到本文档中，制作成新的背景，如图9-20所示。

02 使用“矩形工具”在界面底部绘制出一个合适大小的白色底板，此时的界面效果如图9-21所示。

图9-20 界面背景

图9-21 界面效果

03 按照上一个文档中绘制图标的方法在本界面中相应位置绘制出“首页”图标和“设置”图标，并在导航栏中输入相对应的文字信息，如图9-22所示。

04 使用“矩形工具”绘制形状并载入素材图片，利用剪贴蒙版将图片调整到合适大小，接着利用“椭圆工具”及剪贴蒙版，绘制出头像，并在头像下方添加文字信息，此时的效果如图9-23所示。

图9-22 绘制图标并输入文字

图9-23 制作头像

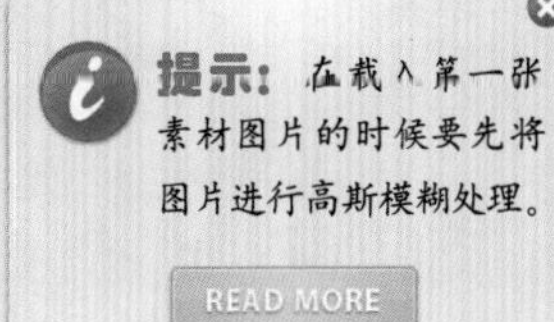

提示： 在载入第一张素材图片的时候要先将图片进行高斯模糊处理。

READ MORE

05 使用“矩形工具”绘制出合适大小的形状并输入文字，在文字的上方输入相应的文字信息，如图 9-24 所示。

06 接着将上一个图层复制多个并修改文字信息，使用“钢笔工具”结合“自定形状工具”和“直接选择工具”，对图标进行调整，如图 9-25 所示。

图 9-24 绘制单个选项

图 9-25 复制并编辑多个选项

07 最后，将上个文档中的“手机状态栏”图层复制到本文档中，最终界面效果如图 9-26 所示。

图 9-26 最终界面效果

9.2.4 设置界面

在整个 APP 界面设计的过程中，相对于其他界面而言，设置界面无论是在画面中还是在内容上，都算是比较好设计的界面了，此时需要做的就是把握好一个大概的方向，将应当体现的内容、图标及排版设计等做好，下面介绍具体方法。

设计思路

为了保证整个设计的一致性与和谐性，这里仍然保持大致背景不变，在原有的基础上，对界面进行调整和制作。为了能使界面看起来不那么单调，对其文字颜色和图标进行了细微调整，并且在界面分隔色块上调整了“不透明度”，使界面更加丰富，如图 9-27 所示为制作流程。

图 9-27 制作流程

制作步骤

知识点	“钢笔工具”“圆角矩形工具”、图层样式
光盘路径	第 9 章 \9.2.4 设置界面

01 新建一个 1136 × 640 像素的空白文档，将制作的程序主界面文档中的背景图层复制到本文档中，制作成新的背景，如图 9-28 所示。

02 使用“矩形工具”绘制出形状，并设置形状填充颜色为灰色，如图 9-29 所示。

图 9-28 绘制背景　　图 9-29 绘制矩形

03 继续使用“矩形工具”绘制矩形并设置其“不透明度”为 80%，在矩形上输入文字信息。使用“椭圆工具”绘制一个正圆，添加“描边”图层样式，设置“填充”为 20%，如图 9-30 所示。

04 使用“矩形工具”绘制矩形，设置填充色为白色并设置描边颜色，使用“直线工具”在矩形上绘制出一条直线并移动到合适位置，此时的界面效果如图 9-31 所示。

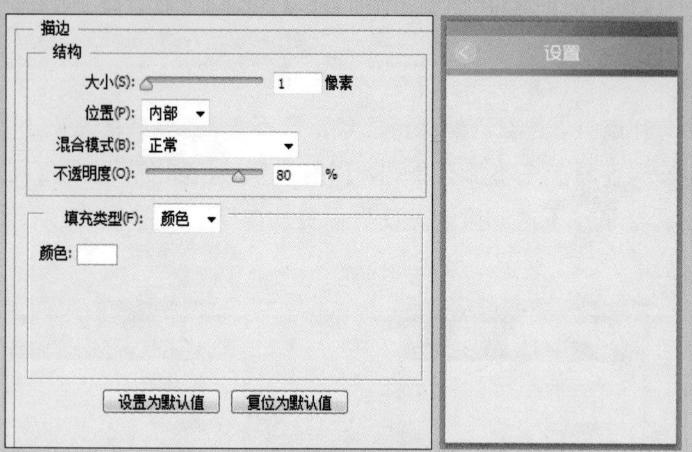

图 9-30 绘制导航栏

图 9-31 界面效果

05 使用“钢笔工具”和“矩形工具”，绘制出图标和箭头，然后输入文字信息并设置颜色，如图 9-32 所示。

06 按照上一步骤的方法绘制出其他的矩形形状、图标及文字信息，并添加手机状态栏，最终效果如图 9-33 所示。

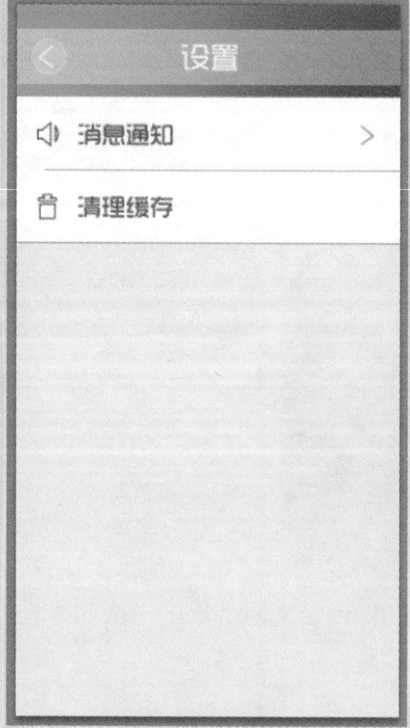

图 9-32 绘制图标并输入文字

图 9-33 最终效果

9.3 设计师心得

9.3.1 界面设计中需要注意的小细节

俗话说：“细节决定成败”。在界面设计中，细节也同样会影响用户的体验感受。下面看一看都有哪些细节会有如此的影响力，又应该怎么处理才能恰到好处，给设计师所设计的 APP 加分。

- 文案：首先要注意的就是界面设计中的文案内容，虽然这一点与界面设计没有直接联系，也不是界面的直接设计元素，但是前期文案文员所策划文案的严谨和完整性都会给整个 APP 的设计加分。
- 界面统一性：在设计的过程中，要时刻注意界面的统一性，无论设计到哪一阶段，都要仔细检查界面中的元素、颜色、文字阴影和图标的阴影等是否一致，所有窗口按钮的位置是否一致，标签和信息是否一致，颜色方案是否一致，当出现不一致的时候，要及时进行修改，以防忘记，如图 9-34 所示。

图 9-34 CNZZ 界面设计

- 像素精准化：虽然 APP 界面设计与 PC 端界面设计相比，在尺寸上相差比较大，但是仍然要注意界面中各个按钮、图标的边缘及其他元素放大后边缘是否出现了垂直或者水平的虚化。

- 界面齐整化：这个细节和上一细节有一个共同点，就是需要对界面元素进行放大，看清楚元素的大小是否一致。对于多个相同或者应处于统一位置等的对象，我们不能只是靠自己的眼睛去对齐，这样只是能保证在视觉上界面的各个元素是对齐的，但是如果要做到真正的对齐，需要借助网格和辅助线等。
- 整体配色：颜色的搭配是能带给用户第一视觉感受的，所以在最初给设计对象进行配色的分析中，就应该把握好一个大致的配色方案，要谨慎地使用高饱和度颜色，但是从另一个方面来讲，配色只要是能带给用户舒适的感觉，都算得上是好的配色，如图 9-35 所示。

图 9-35 Nike 界面配色

- 适当地留白：对于移动端 APP 来讲，鉴于对象的特殊性，需要在有限的空间内表达出精准简洁的内容。所以，适当留白能够让用户更快捷地使用，从另一个方面来讲，在视觉上也能让用户心情不那么堵塞。

9.3.2 需要遵守的设计准则

无论是做哪一方面的设计，都要在遵守其设计准则的基础上添加自己的创意，这样才能保证设计具有更强的实用性及吸引力，同时在该激烈竞争中脱颖而出。那么，作为 APP 的 UI 设计，又要遵守哪些设计准则呢？下面就给大家一一列举。

- 屏幕尺寸合适：在创建屏幕布局的时候，一定要选择适配设备的屏幕大小。具体体现于用户在体验的时候，应该一次就看清主要内容，而无须缩放或者是水平滚动来寻找想要看到的内容，如图 9-36 和图 9-37 所示。

图 9-36 屏幕尺寸适配

图 9-37 屏幕尺寸不适配

- 可触控控件大小合适：在设计可触控的控件时，其尺寸不能小于 44×44 像素，只有这样才能确保用户在使用时触摸的命中率，如图 9-38 和图 9-39 所示。

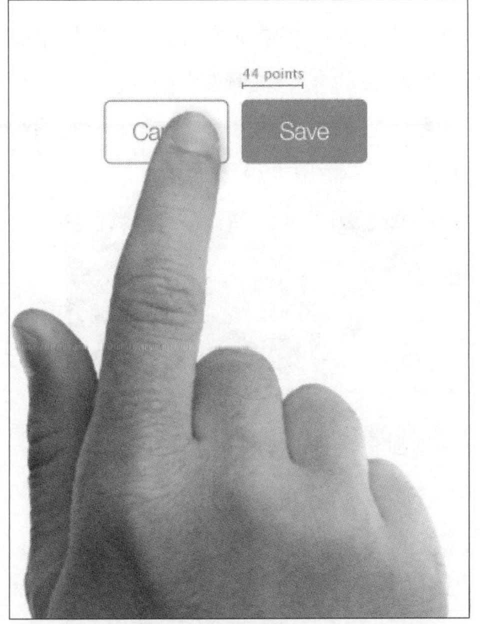

图 9-38 可触控控件大小合适

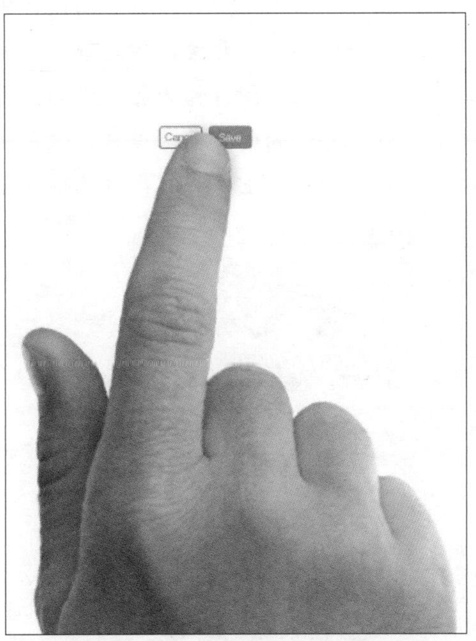

图 9-39 可触控控件大小不合适

- 文字尺寸大小要合适：作为 APP 的 UI 设计，一般要注意界面中的文字不得小于 11 点，这样用户在观看界面的时候才能在正常距离下不需要缩放画面就能清楚地看到文字所传递的信息，如图 9-40 和图 9-41 所示。

图 9-40 文字尺寸大小合适

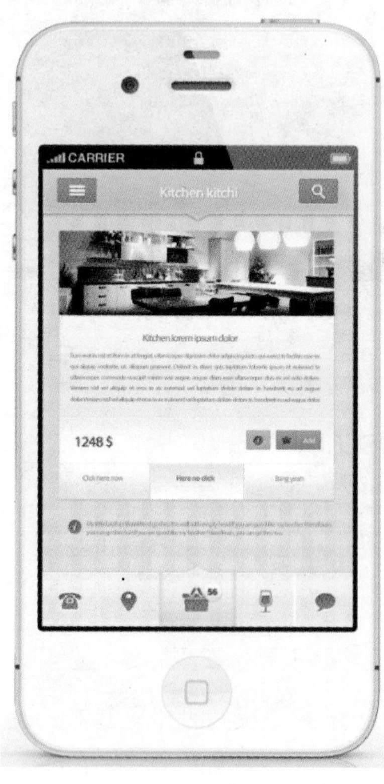

图 9-41 文字尺寸大小不合适

- 使用高像素的图片：在界面设计中，会使用“钢笔工具”及“矩形工具”绘制出一些形象等元素，但是每个界面中，都会使用到一些在网络或者是书籍中收集到的相关图片作为界面中的图片元素，所以在收集的过程中一定要注意，好看、合适的图片固然重要，但是一定不能忽视它的像素大小，这样在一些高分辨率的屏幕上才能够得以清晰地展示，如图 9-42 和图 9-43 所示。

图 9-42 高像素图片

图 9-43 低像素图片

避免图片拉伸：这是界面设计中使用的图片，还需要注意的另外一点。在设计时，要时刻注意检查界面中的图片在进行缩放的时候是否是等比例缩放，在调整其他图层的时候是否一不小心将图片跟着进行了移动和缩放。尤其要注意，如果在设计过程中有喜欢编组的习惯，一定要注意在移动时，界面中不需要移动的图层是否也跟着移动，如图 9-44 和图 9-45 所示。

图 9-44 等比例缩放

图 9-45 图片变形

本书是一本介绍使用Photoshop设计制作APP UI的图书。全书分为9章，包括APP UI设计基础、Photoshop在APP UI中的基础应用、APP界面中常见元素设计、常见界面构图与设计、游戏类APP UI设计、音乐类APP UI设计、社交类APP UI设计、购物理财类APP UI设计，以及生活工具类APP UI设计等方面知识。从基础到完整界面的讲解，涵盖了各类热门APP UI的设计制作，使读者由浅及深，逐步了解使用Photoshop制作APP UI的整体设计思路和制作过程。

本书将APP UI设计的相关理论与实例操作相结合，不仅能使读者学到专业知识，也能在实例操作中掌握实际应用，全面掌握APP UI的设计方法和技巧。

图书在版编目（CIP）数据

更赞的UI：Photoshop热门APP类型设计从入门到精通／陈玉芳编著．—北京：机械工业出版社，2016.5

ISBN 978-7-111-54283-4

Ⅰ．①更… Ⅱ．①陈… Ⅲ．①移动电话机—应用程序—程序设计 ②图象处理软件 Ⅳ．①TN929.53 ②TP391.41

中国版本图书馆CIP数据核字（2016）第161013号

机械工业出版社（北京市百万庄大街22号 邮政编码100037）

责任编辑：丁 伦　　　责任校对：张艳霞

责任印制：李 洋

北京中科印刷有限公司印刷

2016年11月第1版·第1次印刷

185mm×260mm·17.5印张·490千字

0001—3000册

标准书号：ISBN 978-7-111-54283-4

ISBN 978-7-89386-074-4（光盘）

定价：69.90元（附赠1DVD，含教学视频）

凡购本书，如有缺页、倒页、脱页，由本社发行部调换

电话服务

服务咨询热线：（010）88361066

读者购书热线：（010）68326294

（010）88379203

网络服务

机 工 官 网：www.cmpbook.com

机 工 官 博：weibo.com/cmp1952

教育服务网：www.cmpedu.com

金 书 网：www.golden-book.com